哈尔滨工程大学精品教材出版资助

多关节机器人场景动态重建与智能轨迹规划技术

王立鹏　张　智　刘志林　著

哈尔滨工程大学出版社
Harbin Engineering University Press

内 容 简 介

现代先进的多关节机器人均具有感知能力和关节轨迹规划能力,具体包括环境建模、手眼标定、关节轨迹规划和碰撞检测等功能,其中环境模型的构建和碰撞检测存在着精度上的依赖关系。本专著重点围绕多关节机器人环境智能重建及轨迹精准规划任务,详细阐述多关节机器人建模、视觉、位姿估计、场景重建、轨迹规划等关键技术,以近些年流行的 Kinova Mico2 多关节机器人为具体对象,并借助最新的 ROS 系统、Gazebo 和 Rviz 等软件,辅助展示本专著中各项关键技术的实现和运行效果。

本书可供初级读者了解多关节机器人的部分功能,同时也可为中高级读者提供多关节机器人执行任务过程中的关键技术实现方案。

图书在版编目(CIP)数据

多关节机器人场景动态重建与智能轨迹规划技术 / 王立鹏,张智,刘志林著. —哈尔滨 : 哈尔滨工程大学出版社,2023.11

ISBN 978-7-5661-4180-4

Ⅰ. ①多… Ⅱ. ①王… ②张… ③刘… Ⅲ. ①多关节机器人-研究 Ⅳ. ①TP242

中国国家版本馆 CIP 数据核字(2023)第 235753 号

多关节机器人场景动态重建与智能轨迹规划技术
DUOGUANJIE JIQIREN CHANGJING DONGTAI CHONGJIAN YU ZHINENG GUIJI GUIHUA JISHU

选题策划 唐欢欢
责任编辑 唐欢欢
封面设计 李海波

出版发行 哈尔滨工程大学出版社
社　　址 哈尔滨市南岗区南通大街 145 号
邮政编码 150001
发行电话 0451-82519328
传　　真 0451-82519699
经　　销 新华书店
印　　刷 哈尔滨市海德利商务印刷有限公司
开　　本 787 mm×1 092 mm　1/16
印　　张 12.75
字　　数 336 千字
版　　次 2023 年 11 月第 1 版
印　　次 2023 年 11 月第 1 次印刷
书　　号 ISBN 978-7-5661-4180-4
定　　价 78.00 元
http://www.hrbeupress.com
E-mail:heupress@hrbeu.edu.cn

前　言

机器人是人类社会最伟大的发明之一，其知识涵盖范围广泛且系统组成复杂，集力学、机构学、机械制造及设计、计算机、控制工程、仿生学、人工智能等众多技术于体。机器人已成为独立的学科，机器人学科也成为当今世界发展势头最猛的学科，机器人技术水平的高低已经成为衡量一个国家的综合国力及科学技术水平的标准。机器人技术成为大多数国家的核心科技之一，欧美国家，日、韩等国都在对机器人产业进行强有力的推广，将机器人技术列为国家发展战略目标。相比之下，我国拥有最大的机器人市场，发展前景广阔，相继出台了众多政策来支持机器人智能产品、机器人先进自主设备研发，给予机器人行业、企业及其产品极大的支持，机器人产业的发展在《中国制造 2025》中有明确具体的规划。

在机器人研究领域中，家庭服务型机器人是一个新兴的研究方向，它从先前机器人研究及社会发展的基础上细分出来，市场容量巨大，具有广阔的发展和应用前景。结合视觉系统的多关节机器人是目前最接近人类工作方式的机器人系统，以机器人四大家族（ABB、发那科、安川电机、库卡）为代表的工业领域的多关节机器人蓬勃发展，应用领域越来越广，但目前多关节机器人产品主要集中在工业领域，在家庭服务方面的发展势头远远低于工业领域。

多关节机器人在家庭服务方面发挥作用，需要感知周围环境，创建无障碍的位型空间，在无障碍位型空间中开展运动规划。本书将多关节机器人与机器视觉相结合，利用视觉传感器获取可视化信息，在实际工作环境中重建多关节机器人的工作场景，引导多关节机器人避障或者识别场景中的目标物，针对家庭服务任务来规划机器人的运动状态，重点介绍以上多关节机器人任务中涉及的一系列关键技术，从控制科学与工程、机器人、人工智能、计算机科学与技术等多学科交叉角度，论述多关节机器人场景动态重建与智能轨迹规划方面关键技术的实现过程。

本书以作者多年的研究成果为基础，共分为 6 章，其中第 1 章介绍本书的研究背景，以及多关节机器人建模、机器视觉、三维场景重建、轨迹规划等方面国内外研究现状，第 2 章介绍多关节机器人模型构建技术，第 3 章介绍多关节机器人机器视觉相关基础，第 4 章介绍多关节机器人抓取物位姿估计技术，第 5 章介绍多关节机器人三维场景动态重建技术，第 6 章介绍多关节机器人智能轨迹规划技术。

本书的研究工作得到了国家自然科学基金（62173103）、中央高校基本科研业务费专项资金（3072022JC0402）、黑龙江省教育科学规划重点课题（GJB1423059）、哈尔滨工程大学本科教学改革项目(JG2021B0409)、哈尔滨工程大学研究生教学改革项目(JG2021Y050)、哈尔滨工程大学智能科学与工程学院研究生高水平核心课程“数字信号处理及应用”、哈尔滨工程大学精品教材出版资助工程等资助,在此表示特别感谢。

本书承蒙下列人员的仔细审稿:朱齐丹、孟浩、吕晓龙、王立辉、李莹、齐尧、王小晨、赵鑫。同时,李伟、刘梦杰、邹盛涛、厉进步、刘钲、刘凯、王君航等人为本书提供了部分素材,在此一并表示感谢。

希望我们在多关节机器人场景动态重建与智能轨迹规划方面的研究成果,会对从事家庭服务型多关节机器人研究的专业技术人员有所帮助,为我国的家庭服务型机器人的智能化发展做出贡献。

著　者

2023 年 8 月

目　录

第1章 绪　　论

1.1 研究背景及意义

机器人是包含传感器、执行器、软件算法的复杂系统，是一个多学科交叉融合的复杂智能体。机器人技术的研究和发展、机器人的研制水平和普及程度，已成为衡量一个国家科技发展创造能力大小和制造业水平高低的重要因素，因此机器人对于国家科学技术创新和高端生产力的发展具有重要的意义。

机器人是当代科技发展的重要成果，由诸多知识学科组成，包括了机械设计、软件技术、自动控制、智能算法等领域的最新成果，代表了机电一体化和自动化技术的最高成就，机器人领域也是当今世界科学发展最活跃的领域之一。机器人通常分为用于生产的工业机器人和用于家庭的服务型机器人，工业机器人已经发展为现代高端制造业的支撑技术，在材料焊接、喷涂、物品搬运、物料切割等多个行业得到了广泛的应用，已经成为一个国家高端制造业水平的象征。相比之下，家庭服务型机器人能够改善和提高人们的生活质量，在人类的生活中扮演着越来越重要的角色。在机器人领域中，典型代表是以家庭服务型机器人为首的第三代机器人技术的发展。据相关部门推算，预计到2040年，全国将会有20%的人口为65岁及以上老年人，人口老龄化问题在我国越来越严重。机器人应用于家庭服务领域，可以在一定程度上减轻我们的生活负担，改善和提高生活质量，尤其在应对人口老龄化问题上，将会扮演重要角色。

家庭服务型机器人拥有多关节构成的臂，即为多关节机器人。机器人手臂构型在一定程度上决定了机器人的运动能力，手臂具有高度灵活性和大范围工作空间是人们极力追求的目标。自20世纪50年代以来，多关节机器人已经具备控制精度高、负载能力强的优点，同时被广泛使用在搬运、组装、喷涂、焊接等高重复性作业中。在高精度领域，机器人已经完全超过人类，并逐步取代人类完成高重复性、高危险、高强度的生产作业，大幅提高生产效率。据有关资料显示，2017年，服务型机器人销量约为386万台，销售额为10.76亿美元，环比增长43%，残疾人辅助机器人的销量为246万台，环比增长20%。

多关节机器人的研究和发展，成为现代国家科学技术创新和高端生产力水平的重要体现，对国民经济的蓬勃发展具有重要的影响，但也存在一些需要解决的问题，例如多关节机器人的绝对定位精度受多关节机器人连杆加工精度影响、D-H参数通常是不精准的、关节控制器的线性化模型通常难以辨识摩擦力系数、规划算法的最优性与实时性难以同时兼顾、多关节机器人操作复杂、有些工作需要专业的编程人员操作等；在计算机视觉与机器人结合的实践中，也存在诸多问题，例如多关节机器人想要进行运动规划，需要感知周围环境并创建无障碍的位型空间,在无障碍位型空间中进行规划,这个工作较为困难。

本书将多关节机器人与三维场景重建相结合,在实际工作环境重建多关节机器人工作场景,引导多关节机器人避障或者识别场景中的目标物,利用视觉处理技术对重建场景进行智能化处理,在此基础上对多关节机器人开展轨迹规划技术研究。本书中相关技术可为多关节机器人研究人员,尤其是从事多关节机器人场景重建及轨迹规划领域工作的技术人员提供一定的技术支持。

1.2 国内外研究现状

针对本书中相关技术内容,下面将从多关节机器人模型构建、机器视觉、三维场景重建、轨迹规划等方面,介绍国内外相关研究情况和进展。

1.2.1 多关节机器人模型构建研究现状

多关节机器人表现出高度集成化、柔顺化、智能化、便捷化,在不同工作情景中有不同的构型设计。

家庭服务型机器人是面向生活的多关节机器人或多自由度机器装置,其主要应对非结构环境,将移动平台、视觉、触觉传感器等多种高新技术集于一体,为人类提供所需的各种服务。图 1-1 所示为典型的家庭服务型多关节机器人。

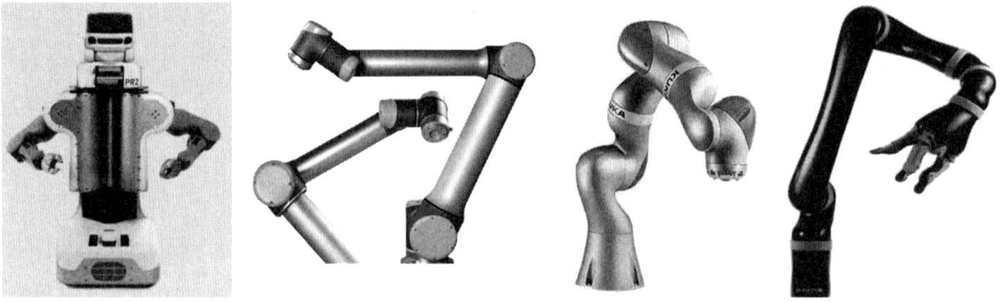

(a)PR2　　(b)UR　　(c)iiwa　　(d)Kinova

图 1-1　家庭服务型多关节机器人

多关节机器人手臂多种多样,为了能够适应不同任务的需求,其外观、结构、功能都有很大区别。多关节机器人只有在自由度大于等于 6 时,才可到达工作空间任意位姿,因此含有六自由度旋转关节构型的多关节机器人使用最为广泛。图 1-2 所示为典型构型的多关节机器人 Reinovo。

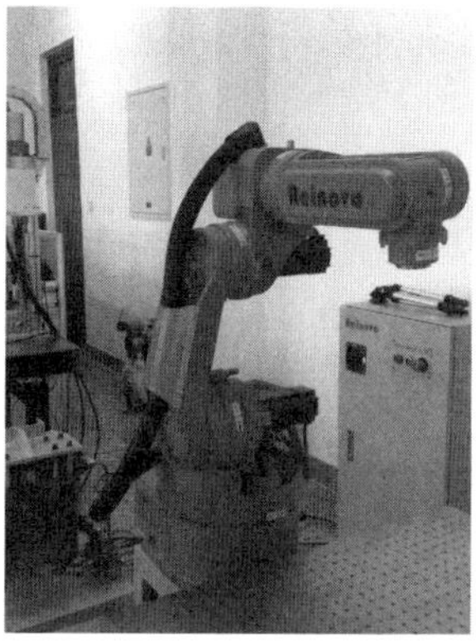

图 1-2　Reinovo 机器人

多关节机器人建模需要通过构建正、逆运动学方程实现，正运动学和逆运动学的方程不同，需求解的变量也不同。多关节机器人正运动学是从关节空间到笛卡儿空间的映射，逆运动学则是从笛卡儿空间到空间的映射，即给定笛卡儿空间的位姿，求出对应的关节角，正运动学较为简单，通过坐标变换可直接计算，并且具有唯一解；多关节机器人逆运动学的求解是正运动学求解的相反过程，即已知末端执行器的位置(x,y,z)、姿态(α,β,γ)求解出各个关节的转动角度，相比于正运动学解的唯一性，逆运动学可能存在多组解，也可能无解。逆运动学最优解计算较为困难，最终解与选取相应算法有一定的关联，因此很多学者和工程师研究逆运动学的求解问题，逆运动学求解也是多关节机器人研究领域最基础、最重要的方向之一，是多关节机器人轨迹规划、实时控制的基础，只有通过逆运动学分析把笛卡儿坐标系下的位姿转换为关节空间的关节变量，才能够控制机器人手臂末端的执行器。多关节机器人都是通过控制各关节的角度，逐步实现机器人手臂空间各个关节的运动。

多关节机器人逆运动学的解算复杂度与其结构有直接关系，对于六自由度多关节机器人，如果存在相邻的三个关节为球腕关节或相互平行或轴线长度为零时，其逆运动学运算相对简单，这种构型的多关节机器人可以求出其封闭解，如果多关节机器人结构尺寸一般，同时六个关节又是转动副，则逆运动学较难求解。

逆运动学的求解方法很多，根据多关节机器人的关节连接方式和自由度，求解算法也不一样，同任何非线性方程组的求解一样，多关节机器人的逆运动学求解并没有固定的求解算法，通常都是针对不同的多关节机器人开展具体分析。多关节机器人的逆运动学求解算法可以分为封闭解（也叫解析解）法和数值解法两大类，封闭解法又可分为代数法和几何法，数值解法不依赖于多关节机器人的具体结构，适用性较强。封闭解法通常要对多关节机器人的几何结构进行分析后才能得出结果，但不像数值解法那样需要迭代求解，因此封闭解法的求解速度要比相应的数值解法快。在逆运动学成解问题中对于位置和姿态高度耦合的多关节机器人，一般无法对所得线性方程组进行变量分离，此时需要借助于数值算法，不同种类的数值算法又各有特点：

（1）数值-解析法、牛顿-拉夫森法等，先建立含有多个为未知量的方程组，再通过优化算法进行迭代，使之逐步收敛于一组解，这类算法满足实时性要求，但较难得到全部逆解，同时还必须提供一组初值。

(2)优化算法、区间迭代算法、遗传算法等,这类算法收敛区间大、可求出全部逆解,但实时性一般较差。

(3)位置和姿态分别迭代法,这类算法可快速求得全部解,但是当多关节机器人位置、姿态存在高度耦合时,迭代过程会发散。

(4)代数法,主要有聚筛法、析配消元法、吴文俊消元法和 Groebner 基法,这类代数法求解过程是先建立一组关系式,接着进行消元,最后得到只含一个未知量的一元高次方程,求出一元高次方程的解后,接着用此变量求出被消掉的中间变量,这种方法可保证每一步都为同解变换,且不会有增根,但是求解过程比较烦琐。

1.2.2 机器视觉研究现状

在机器视觉创建之初,人们就希望机器人达到甚至超越人的视觉感知系统,通过计算机视觉观察、理解和探索世界。为此多关节机器人与机器视觉技术密不可分,只有为多关节机器人赋予视觉感知和理解能力,才能让多关节机器人服务于家庭生活,并较好地完成服务型工作目标。

1. 机器人视觉研究现状

多关节机器人在开展任务过程中,往往通过安装在机器人平台上的成像设备,对目标进行视觉测量,提取图像目标的几何特征,与不同视角图像或目标特征库进行匹配就能完成对三维目标的跟踪、识别和姿态估计等,从而为机器人的自主控制和动作、路径规划提供准确的目标信息,因此机器视觉是多关节机器人智能化必不可少的技术手段。

随着传感器技术的发展,使用各种传感器,例如相机(单目、立体、视频或全景)、激光雷达和深度相机,可开展数据收集和机器人定位与建图任务。机器人使用的视觉传感器有单目传感器、双目传感器和深度传感器三大类,分别应用于单目相机、双目相机和深度相机,如图 1-3 所示。其中单目传感器成本低,已成为收集数据的主流。廉价的深度传感器,如 Microsoft Kinect 可以用于使用深度和彩色图像流快速数字化和重建室内 3D 模型。此外,地面或移动激光扫描系统非常先进,可以轻松快速地捕捉工作环境的详细几何信息。

(a)单目相机

(b)双目相机

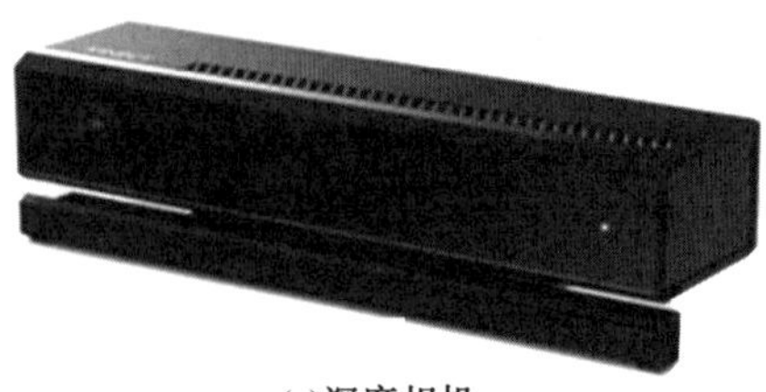
(c)深度相机

图 1-3 机器人使用的视觉传感器

在各类传感器中,Kinect 相机是多关节机器人的常用视觉传感器,可实时动态地捕捉周围环境,它具有两个摄像头:深度摄像头用来采集深度图像信息,RGB 摄像头用来拍摄彩色图像。Kinect 相机采集的图像信息可转换为点云信息,应用较为广泛,如图 1-4 所示。

图 1-4　Kinect 相机正面照

Kinect 相机使用系统级芯片 PS1080 SoC 控制红外光源，需要两个摄像头之间配合使用，只有这样才能获取现实场景中的图像信息，图 1-5 所示为 Kinect V2 相机内部构造。

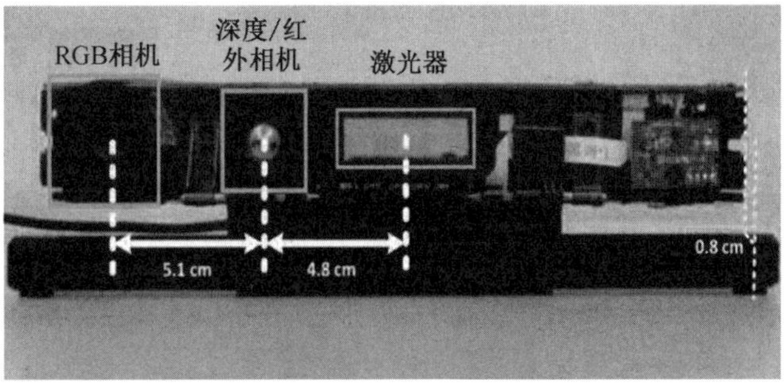

图 1-5　Kinect V2 相机内部构造

在深度图像方面，Kinect V2 相机采用的是 TOF(time-of-flight)深度测量方法。即飞行时间法，飞行时间法首先发射连续的脉冲光，当这些光到达物体表面时，会发生折射，最后由传感器接收物体折射光并进行一定的计算。这个计算的过程并不复杂，只是飞行时间法的使用需要满足相应的条件：发送和接收设备同步且接收设备有信号传输时间。图 1-6 所示为 Kinect V2 相机拍摄的深度图像。

图 1-6　Kinect V2 相机拍摄的深度图像

2. 机器人建图研究现状

多关节机器人工作空间建图，利用传感器采集整个机器人的工作空间，根据机器人工作方式和处理地图的方法不同，选择是否将机器人一同建图。常见的是利用传感器采集的数据构建体素地图，另一种是将传感器安装到机器人上实时建图，根据对环境的了解，设定好建图方案，在机器人工作运行的同时完成场景数据采集和任务规划。

实时建图主要采用的是SLAM技术，SLAM全称为simultaneous localization and mapping，意为即时定位与地图构建，是指移动型机器人搭载特定传感器，在没有环境先验信息的基础上，在运动过程中实现实时定位和建图功能，并将建立的地图优化。SLAM主要包括单目SLAM和双目SLAM。单目SLAM是一种低成本的SLAM方案，传感器只有一个摄像机，所以获得的信息缺少深度维度，也就是没有距离信息，没有办法通过一张图片进行定位，自然也无法建图，但是可以通过已知机器人的运动获得其他的图像，利用视差法确定位置。双目SLAM是机器人利用双目相机和深度相机开展SLAM任务，双目相机通常需要标定后配合大量的计算，匹配两个图像中的关键点，而大多数深度相机又有精度低、易受外部光线影响、噪声大等缺点。以上传感器的使用都是为了获取一系列深度图像，拼接成一个完整的地图。SLAM是一套有固定框架的解决方案，研究成果较为成熟，实用性强。在SLAM使用过程中，对地图的建立并不要求精度极高，也不要求使用较精准的传感器，对物体表面的处理不需要像三维重建那样精准。

ORB-SLAM是基于特征点法的单目SLAM算法，整个系统都采用ORB特征进行计算，创建的地图为稀疏地图，只能满足定位需求，无法提供导航、避障等功能，且在低纹理环境下定位精度下降。LSD-SLAM算法将直接法应用到了半稠密单目SLAM中，重建半稠密点云地图，比稀疏地图具有更多的信息，可以很好地反映场景高纹理特征，但是该算法在相机快速运动时容易跟踪丢失。DVO-SLAM是基于直接法的稠密SLAM算法，该算法对图像的每一个像素深度都进行估计和优化，可以实现场景的完全重构，但是具有较高的计算代价，扩展效率低下，需要借助图形处理单元(GPU)来处理数据。VINS系统是视觉惯性状态估计系统，基于特征点法和惯性测量单元(IMU)预积分框架，提高了机器人定位鲁棒性，但是由于采用特征点法，创建的地图为稀疏地图，无法用于机器人导航与避障。微软研究院提出的KinectFusion是一种利用GPU加速计算的实时定位和重建系统，也是一种SLAM技术，在KinectFusion的成像效果上实现了动态场景的增强显示，KinectFusion利用深度图像和TSDF地图，通过GPU处理迭代最近点(ICP)算法实现快速的高精度地图构建，如图1-7所示。该系统实现了利用GPU运行ICP算法的功能，并能够同步地建立三维地图。由于ICP算法计算量较大，所以利用GPU加速了ICP算法，但是也同时提高了试验设备的硬件要求。

图1-7　KinectFusion建图效果

除此以外，经典的三维场景建图还有三维几何图、高程图、立体栅格图和八叉树地图。点云映射是最常用的三维模型表示方法之一，具有采集数据方便、表述方法简单通用的特点。与传统的建图方法相比,基于深度学习架构的端到端框架表现出优越的性能,可以在分层结构下提取和组合不同尺度的信息,同时具有强大的计算能力,特别是在使用 GPU 时,可以使用大规模数据进行学习。对于服务型机器人来说,利用激光设备、深度相机或图像可以获得点云数据,用场景点云信息建立八叉树地图以实现对于场景的描述,在八叉树地图中进行直角空间轨迹规划,并不要求建立细致的模型表面和纹理。场景建模的大框架主要内容有数据预处理、获取点云特征点、点云配准、表面重建和纹理映射。

ICP(iterative closest point)是一种迭代算法,用于实现对两个点云之间的相对变换的初步估计。在每一步,算法尝试从一个变换估计开始匹配两个云之间的点对,最小化对应点之间的欧几里得距离可以得到一个更好的变换,这个变换将在算法的下一次迭代中用作初始猜测。在点云建图方面,Libpointmatcher 模块化库实现了用于对齐点云的 ICP 算法,Generalized-ICP 提出了一种基于移动机器人的室内外环境三维形状重建算法,数据是通过安装在移动机器人上的激光测距仪来获取的,该方法结合了机器人姿态估计的有效扫描匹配例程和使用平面逼近环境的算法。NICP(normal iterative closest point)是 ICP 算法的一个变种。与 ICP 不同的是,NICP 考虑每个点以及表面的局部特征并利用点周围的三维结构来确定两点云之间的数据关联,基于一个最小二乘公式的对准问题,使一个扩大的误差度量最小,不仅依赖于点坐标,也依赖于这些表面特征。NDT(normal distributions transform)匹配二维扫描点云,是许多定位和映射算法的基本组成部分。大多数扫描匹配算法都需要找到所使用特征之间的对应关系,即点或线。

1.2.3　机器人三维场景重建研究现状

多关节机器人三维场景重建过程可以采用不同的传感器,由于激光点云可直接反映出三维空间场景,为此利用激光点云开展三维场景重建是较为普遍的方法。在获取激光点云的基础上,需要对点云原始文件数据开展分割处理,并对三维激光点云集合加以识别和位姿估计,最终形成重建后的三维场景。

1. 激光雷达点云分割

激光雷达是多关节机器人极为重要的传感器,尤其是目前激光雷达性能不断提升,稳定性较好,价格低廉,为多关节机器人提供了极为重要的激光点云信息,而点云分割是激光点云使用的前提。点云分割工作有多种方法,如图 1-8 所示。

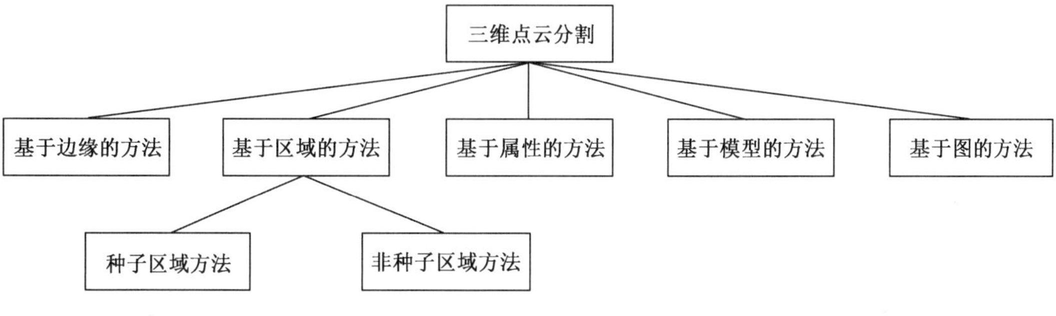

图 1-8　点云分割方法

(1)基于边缘的点云分割方法

点云的边缘不同于图像的边缘,点云的边缘能够表达模型曲面的轮廓特点。点云的边缘点并没有一个明确的定义方法,其可以具有多种定义,所以点云的边缘点判别方法可以有多种,不过通常的原则是能够较完整、明确地表达数据的轮廓特征。点云边缘判定方法有角度差法、八邻域深度差法、微切平面法等。

因为点云具有散乱无规律的特性,所以点云边缘分割需要先构建点云的空间拓扑关系以便利用邻域关系快速查找,建立关系可以用 kd-tree、oc-tree 等。接着计算点云邻域半径,类似于二维图像的八邻域,在点云空间中也构建类似的邻域,当作提取边缘的基础。定义如下:在点云里随机抽取 N 个点,并对所有点 p_i 相邻的八个点计算与 p_i 最远的点和距离 d_i。由全部的 d_i 求平均值能够计算得到邻域半径的平均值 $\overline{R}$,再得到 d_i 的标准差 σ,进而计算出邻域半径 $R_0=\overline{R}+\sigma$。根据边缘系数,判断在邻域内的边缘种子点,同时依靠搜索视角来决定点云搜索的方向,最后闭合,得到点云的边缘。

(2)基于区域的点云分割方法

利用邻域内的数据把其中属性特征相似的点划分到一起,以此获得分割区域,得到每个区域之间的区别,该方法比基于边缘的方法更可靠。不过该方法在确定区域边界方面存在不足。一般将基于区域的点云分割方法划分成两类:种子区域方法与非种子区域方法。

种子区域方法顾名思义就是在空间中分布多个种子点来做点云分割,把种子点作为起始点,然后通过种子点和邻域范围,渐渐地生成点云区域,通常由两步完成:以曲率为标准判断种子点;设定标准,用点本身或者点云轮廓的相似度来扩展种子点。该方法容易受到噪声点的影响,并且效率低,虽然有很多后续的改进方法,但由于该方法很依赖种子点的初始选择,对分割结果影响很大,种子点选择得不好会产生分割不足或过分割的结果。

非种子区域方法是自上而下的方法:将全部点划分到同一个区域,把其分割成更小区域,通过这个方法进行聚类平面区域的过程,以重建物体轮廓的形状,而且加入了基于局部区域的置信率的分割算法,其缺点则是有过分割的可能,而且分割其他物体效果不好。该方法的最大问题是如何进行细分,所以需要很多先验知识,而复杂场景很难获得这些信息。

(3)基于属性的点云分割方法

该方法具有很好的鲁棒性,可根据点云属性聚类,可以适应空间关系和点云的特征属性,将不同特征属性的点云区分开,这个方法的关键在于非常依赖属性质量的好坏,因此点云数据的属性一定要准确,能够精确反映点的各项特征,才能进行分割并得到较好的结果。有学者提出基于特征空间的聚类方法,使用了基于自适应斜率的法向量聚类算法以及点云的属性,如点的分布、距离、密度等来定义邻域,通过不同方向的法向量的斜率和邻域内的差作为聚类的标准,该方法能够消除噪声影响。基于属性的点云分割方法高效而且准确,不过在数据较大时,获取属性计算比较费时,但整体来说该方法仍是比较优秀的。

(4)基于模型的点云分割方法

通过目标物体的轮廓外形,例如圆柱、平面、球形等,将具有同样数学表达式的点分割出来。有一种普遍的算法是利用 RANSAC,该方法是一种很优秀的算法,能够判断出圆和直线等,应用范围广,模型效果好,在点云分割中很多算法都以此为基础进行改进。RANSAC

全称为 random sample consensus，即为随机抽样一致，先输入观测数据，设定能够解释观测数据的参数模型和一些参数，通过从数据中随机选择一部分数据设为数据集 S 来生成一个模型 M，再用剩余的其他数据来测试这个模型，如果这个模型的误差小于一定的值，则将符合该模型的点加入数据集 S 中构成新的数据集，如果点数超过设定的阈值，则认为模型参数正确，否则，用新的数据集 S 再生成模型，重复之前的步骤，直到达到一定次数或者满足条件结束。RANSAC 生成的模型具有优秀的鲁棒性，参数准确度高。RANSAC 算法的缺点是计算迭代次数可能没有上限，而设置了上限后可能就达不到最优解，而且只能生成一个模型。

2. 物体姿态估计方法

物体姿态估计是服务型多关节机器人的重要任务，按照机器人实现物体定位所使用的数据源，可将物体姿态估计划分为基于二维图像和基于三维图像的物体姿态估计。

基于二维图像的物体姿态估计方法大多从图像整体出发，最典型的是基于特征点匹配的姿态估计算法，在这类算法中，特征点的选取与描述是整个算法的核心，通过选取图像的不变量特征作为其特征点。目前比较典型的图像不变量特征有尺度旋转不变量特征，如 ORB（oriented fast and rotated brief）、SIFT（scale-invariant feature transform）、SURF（speeded up robust features）、BRIEF（binary robust independent elementary features），其中 SIFT 应用较为广泛，利用 HOG（histogram of oriented gradients）作为特征描述符，对环境信息变化具有很强的鲁棒性，训练阶段建立基于特征的物体模型稀疏表达，识别阶段通过提取场景的图像特征和物体特征模型数据库进行特征匹配识别物体，同时计算物体当前的位姿。

华盛顿大学与微软公司合作研制了宽基线双目立体视觉系统，使得火星卫星“探测者”号能够通过该系统准确知道火星一定范围内的地形情况，并能够为其他外部设备提供火星上重要目标的定位信息，最终通过其他系统计算出最优导航路线。有些学者使用主动式外貌模型估计物体的六自由度姿态，但是初始化步骤繁杂且对遮挡非常敏感；还有些学者提出创建具有鲜明特征的紧密特征点集作为固有三维标志，但是仅仅对合成图像提供简单的二值化试验。POSESEQ 方法基于视觉的感知系统，能够在杂乱场景中进行物体识别和姿态估计，使用物体的固有特征建立物体的三维学习模型并保存为数据库，系统能够实时检测多个物体和物体的多个实例以及相应的六自由度姿态。另外，多物体识别和姿态估计系统 MOPED（model-free object pose estimation dataset）优化了带宽和内存管理，将特征提取和匹配在标准 GPU 显卡上实现，提出充分利用多核 GPU 所有内核的新颖调度机制，以此提高了 POSESEQ 的可伸缩性，并优化了识别和位姿估计的速度且不减弱鲁棒性和精度。

二维图像并不能表示物体三维空间位置信息，与之相比，基于三维物体的识别方法受到广泛关注。有些学者研制出一种使用颜色相关直方图和几何模型的复杂方法，估计物体的六自由度姿态。尽管这种方法提供了一种完全自主的系统，但有几个限制：算法对颜色变化非常敏感、基于直方图的方法识别物体的多个近似实例极其困难、几何模型依靠线和边缘准确定位限制了适用物体的范围。3D-POLY 系统在工件的体、面、边、顶点间建立拓扑关系，通过图匹配实现深度图像中工件的识别，该系统通过合并不同视角下的多幅深度图像建立物体模型，在匹配过程中使用位置、朝向等几何特征进行识别。

以上方法基本上都是基于物体的边缘、轮廓、三维表面等信息，主要用于对工件的识别，这些方法受许多环境条件限制，不适合一般物体的识别。为了解决上述问题，许多局部特征不变算子被提出，基于几何特征的物体识别和姿态估计弥补了依靠纹理信息定位的不足，例如 Deepak 等采用传感器采集的 RGB-D 信息对物体进行定位，充分利用图像的深度信息，采用区域增长算法区分物体和背景信息，然后采用学习监督算法对场景的物体进行分类和定位。尽管该方法有很好的实时性，但其高度依赖环境信息，对于结构信息不太明显的环境，基于区域增长的算法有可能把物体识别为环境信息，同时，对于一般环境，基于像素数量的物体判定方法不具有通用性。Chavdarl 等则基于形状匹配实现物体定位，通过引入哈希表和相应的特征提高匹配效率，通过 ICP 定位特殊的物体，很难达到实时性要求。

3. 三维场景重建地图

多关节机器人场景重建主要是指机器人采集视觉信息后完成的三维空间场景重建。在提供语义丰富且几何精确的空间模型方面，三维重建已成为一项重要且具有挑战性的任务，也是许多应用的基础，如机器人导航指南、应急管理以及一系列基于室内位置服务。机器人三维重建是多学科交叉技术，对很多科学领域有着重要的影响。三维重建应用很广，可节省大量的工作和物力。在三维场景重建工作中，由于激光点云具有获取方便、表达方法简单灵活的特点，同时激光点云拼接也较为常用，因此点云映射已成为最常用的三维模型表示方法之一，利用激光点云开展场景重建较为普遍。

场景重建最终提供三维地图，根据数据结构和融合方式，可以将场景常见地图分为以下几种：

(1)栅格地图，通过在欧式空间直接划分等距离的小空间；

(2)表示地图，例如大型开源库 Universal Grid Map Library；

(3)八叉树地图，例如 Octomap；

(4)Voxel hashing 体素哈希散列化，利用压缩映射，将空间中的栅格转换到哈希表，这种表示方法使存储空间的利用率最高，可以表示的分辨率更高，如 InfiniTAM$_{\infty}$ V3；

(5)点云地图，通过测量仪器得到的物体外观表面的点数据集合，如 PCL；

(6)ESDF(euclidean signed distance field)地图(欧式距离场)，每个栅格中有数据距离场的值，适用于势场法，求解轨迹软约束问题，如开源工具 voxblox；

(7)TSDF(truncated signed distance field)地图，由栅格体素构成，体素中包含 tsdf 值，TSDF 是截断符号函数，在描述障碍物表面时距离值由正变负，从而根据深度信息对整个环境中障碍物的表面进行描述，同时 TSDF 地图与实际场景的物理坐标系是可转换的，例如 Kinect Fusiuon。

以上各种地图如图 1-9 所示。

1.2.4 多关节机器人轨迹规划研究现状

多关节机器人运动轨迹通常可表示为时间的函数，在每个时刻提供相应的所需位置，其目的是在高维构型空间规划出机器人的无碰撞路径。多关节机器人轨迹规划相比路径规划多了时间、速度、加速度、关节限位等约束。另外，在轨迹规划问题中需要开展轨迹优化，轨迹优化是在前者无碰撞轨迹的基础上附加速度等动力学信息，保证多关节机器人能够实现目标运动轨迹。

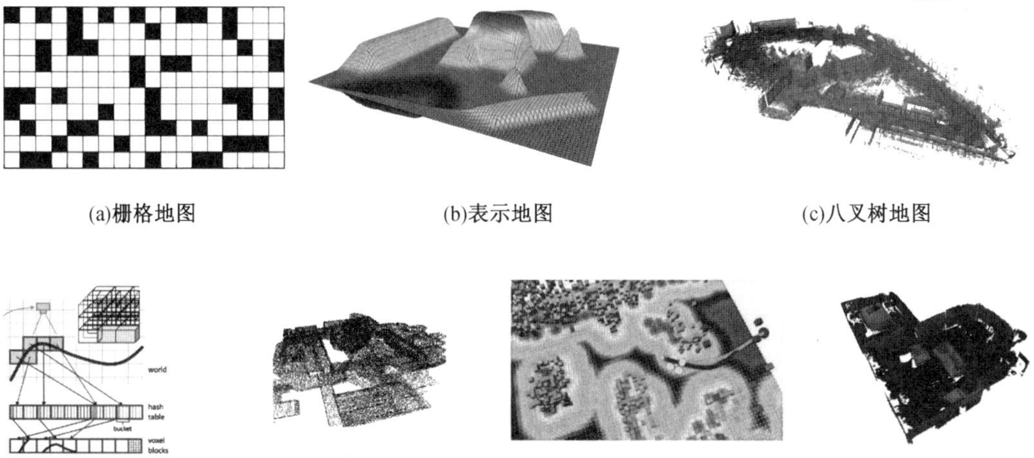

(a)栅格地图　(b)表示地图　(c)八叉树地图

(d)体素哈希　(e)点云地图　(f)ESDF　(g)TSDF

图 1-9　栅格地图、八叉树、Voxel hashing、点云地图、TSDF 等

1. 多关节机器人轨迹规划

多关节机器人轨迹规划要求在控制机器人运动时能够做到快速、准确、平稳地运动，且符合任务要求和评价标准，在这样的条件下对机器人末端执行器在规定的工作过程中的状态进行控制，计算起点终点的无碰撞路径。轨迹规划有两种：关节空间的轨迹规划和笛卡儿空间的轨迹规划，具体如下。

关节空间的轨迹规划是指对多关节机器人的关节角进行时间上的控制，从而使多关节机器人能够平滑地运动到目标点，但是由于关节空间的高维性，难以控制多关节机器人的末端运动姿态，这给轨迹规划带来了很大的不确定性。在关节空间采样时，由关节的限位可以方便地规定采样空间的边界，而且采样后不用进行逆运动学的解算，节约了算法的时间成本，关节空间采样的缺点是采样时对障碍物的信息不明确，使关节空间的采样具有一定的盲目性。

笛卡儿空间规划通常只需要描述起点和目标的位姿，在这个过程中进行轨迹插值，即得到这些所需轨迹的过程点或是过程位姿后，求解这些值对应的各个关节角，通过求取运动学逆解，得出在关节空间对应的关节角变化并进行控制，使多关节机器人可以按照期望的位姿在笛卡儿空间完成运动。由于关节空间的高维性，一般情况下多关节机器人的末端运动都难以控制，这样就会给轨迹规划带来很大的不确定性。根据末端位姿求解，得出此时关节空间上的多关节机器人对应的各个连杆的关节角，通过控制这些关节角使得多关节机器人的末端执行器按照预先设定好的轨迹在笛卡儿空间中完成相关的运动任务。在笛卡儿空间进行采样时，采样的对象为末端执行器的位姿，相比关节空间的采样更为直观，但是在笛卡儿空间需要对每个采样点进行逆运动学的求解，会导致规划效率下降，同时采样空间的边界条件也难以确定。

需要说明的是，在多关节机器人轨迹规划过程中，避碰是必须要完成的工作，避碰规划问题存在诸多难点。首先是环境建模技术的复杂性，真实环境下机器人和环境物体往往形状复杂并且位姿随时间发生变化，没有固定规律，而且场景中物体数量极多，物体的摆放相对自由，这就需要较好的环境建模技术来描述复杂环境；其次是碰撞检测算法的复杂性，由于环境的复杂性，要求机器人的碰撞检测技术具有较高的准确性，并且在各种情况下可靠运行，同时具有较快的检测速度，除此之外，算法应该支持机器人连续运动状态下的动态碰撞检测；最后是路径规划方法的复杂性，由于机器人的工作环境中可能障碍物较多，机器人存在几何约束和物理约束，各种规划指标之间往往相互矛盾，这就要求具备一种行之有效的避碰路径规划方法，使得尽可能搜索到一条安全的避碰路径。

下面分别介绍传统的路径规划方法、基于智能算法和基于随机采样的路径规划方法。

(1)传统路径规划方法

传统的路径规划方法有人工势场法、可视图法、栅格法等。

人工势场法的主要原理为依照重力场的方式分别对目标点和障碍物建立引力场和斥力场，两者共同形成人工势场。根据不同的环境，人工势场法在建立势场时可以有不同的选择，例如虚拟力场、圆形对称场等。机器人在人工势场的合力作用下向目标点运动。此方法运算量小，实时性高，可以快速规划无碰撞路径。但是该方法也存在明显的缺陷，当合力为零时，机器人在人工势场中会陷入局部极小值，无法运动，且规划出的路径也并非最优解。

可视图法利用几何体将障碍物包围起来，然后将起始点、目标点与几何体的各个顶点连接起来，从而构成一幅图。在这幅图中，所有的线段均为无碰撞路径，任何一条连接起始点和目标点的线段都可以构成一条可执行路径。这种方法可以规划出最优路径，其思想是保证无碰撞路径的线段之和最小。可视图法的缺点是灵活性差、耗时长。

栅格法通过栅格将机器人的工作空间分为有障碍物的障碍栅格和无障碍物的自由栅格，机器人可以在自由栅格的连通区域内进行无碰撞运动。显然栅格尺寸越小，对环境的描述就越清晰，障碍物的表达也就越精确，但是相应的规划耗时也就越长。

传统的路径规划方法在平面移动机器人领域应用广泛，针对多关节机器人进行路径规划时，对低自由度的多关节机器人适用性也较好，但是当多关节机器人的自由度和构型空间的维数升高时，传统的路径规划方法就不能很好地工作了。人工势场法在高维空间建立引力场与斥力场难度过大，无法利用经典方法建立人工势场；可视图法对障碍物描述时存在旋转的概念，在高维空间无法体现；栅格法在高维空间进行栅格划分后，对每个栅格进行碰撞检测的时间过长，无法做到实时的路径规划。

(2)基于智能算法的规划方法

基于人工智能技术的大力发展，国内外学者把智能算法与路径规划相结合，引入了新的路径规划方法。以蚁群算法和遗传算法为例，蚁群算法的原理是蚂蚁觅食的体现，蚂蚁在觅食时会释放一种信息素，假设现在蚂蚁有两条觅食路径 A 和 B，A 路径较长，由于信息素的挥发特性，B 路径的信息素浓度将逐渐高于 A 路径，蚂蚁会选择信息素浓度高的 B 路径进行觅食,蚁群算法根据这一特征将可抵达目标点的多个可行解同时进行优化,并且仿照信息素建立反馈的信息机制,通过的“蚂蚁”越多,反馈的信息就越完善,路径被选择的概率就越大。通过这种方式,蚁群算法可以得到路径的最优解,缺点是运算量大、耗时长、容易陷入局部最小点等。遗传算法的原理是利用数学方法来模拟生物的自然选择和进化过程,可以对其他算法规划出的路径进行优化得到全局最优解,优化路径的步骤为种群初始化、适应度函数计算、并行运算选择、交叉和变异流程,最终得到规划路径的最优解。遗传算法的优点是具有自适应性与学习性,缺点是进化过程依赖参数、需要大量计算空间。

基于智能算法的规划方法可以在传统路径规划方法的基础上进行优化,但是当多关节机器人的构型空间维数较高时,计算量会随着维数的升高几何式提升,智能算法也会因陷入维度灾难的问题而无法很好地工作。

(3)基于随机采样的规划方法

多关节机器人的自由度越高、构型维度越高,对障碍物在构型空间的描述难度就越大,相应地进行路径规划的计算量与难度也随之大幅提升。而基于随机采样的规划方法通过避免对障碍物的描述大量减少了机器人在高维空间进行路径规划时的计算量。基于随机采样的路径规划方法可以分为两大类、概率路图法(PRM,probabilistic roadmap)与快速搜索随机树法(RRT,rapidly-exploring random trees)。

PRM 是一种基于图搜索的方法,与可视图法类似,通过在工作空间内进行随机采样,然后连接邻近采样点的方式生成路标图,得到路标图之后,PRM 通过搜索路标图来连接起始点和目标点,规划出完整的无碰撞路径。在得到路标图的情况下,PRM 可以很快地规划出完整的无碰撞路径,耗时相比传统路径规划方法低了几个量级,且不受空间维数与规划环境大小的限制。PRM 的缺点也非常明显,由于其具有随机采样的特点,当采样数较少时或者采样点分布不合理时,PRM 是不完备的,而且随机性决定了 PRM 规划出的路径并非最优路径。PRM 通过随机采样选取不碰撞的点,两点连接采用简单的局部规划器,将起止点连入路图,用图搜索求解,概率完备但不最优。

RRT 是基于树状结构的搜索算法,六维转动关节空间是一个流形,是在关节空间中的一个可以到达的 C 空间。该算法保证在多关节机器人路径可解的情况下,求出可行路径。RRT 的原理是在机器人的工作空间中进行采样,然后从随机树上寻找距离采样点最近的点,使其朝着采样点进行生长,如果没有发生碰撞,就将生长点加入随机树中,通过这种方式来对空间进行探索,进而规划无碰撞路径。与 PRM 相同,RRT 也是概率完备但不最优的。

2. 多关节机器人避碰研究现状

避碰路径规划问题具体的内容是按照某个评价指标,规划出一条从起始点到达期望点的最优或次优的无碰撞路径。避碰路径规划问题的研究意义重大,使用高效的避碰路径规划方法可以提高机器人的工作效率,延长机器人的使用时间,避免对周边环境的危害,保证机器人作业时人类的安全,因此良好的避碰路径规划一直受到研究人员的重视。以往的相关研究大多局限于某些特定情况,但是随着多关节机器人在生产生活中的普及,其面临的工作环境将越来越复杂,用户要求的各种性能指标将越来越严格,为了保证通用性,有必要对机器人在一般复杂环境下的避碰路径规划问题进行相应的研究。多关节机器人避碰运动规划的目的：一是在工作空间中规划出一条具有安全性、无碰撞、可行性的路径；二是识别出操作场景中的部分或者全部障碍物，以此保证机器人在空间中完成任务规划。

多关节机器人碰撞检测算法主要包含3个指标：快速性、准确性和可靠性。对多关节机器人避碰路径规划而言，快速性是指碰撞检测的速率，影响多关节机器人避碰路径规划的快慢；准确性是指碰撞检测能否准确地给出碰撞结果，关系着多关节机器人运动路径的安全；可靠性是指算法能否在各种情况下均有效，表明了当前多关节机器人避碰路径的有效与否。

对于多关节机器人的碰撞检测，国内外学者进行了大量研究，目前的主要检测方法为包围盒碰撞检测方法，该方法利用常见的各种包围盒对机器人的关节以及环境障碍的复杂形状进行近似，通过判断包围盒的相交快速而近似地得到多关节机器人的碰撞结果。但上述传统包围盒碰撞检测方法仍存在局限性，利用球体、柱体或方向包围盒近似机器人形状时必然浪费许多空间间隙，易导致碰撞检测不够精确，并且当多关节机器人在复杂环境规划时很可能错过可行解，尤其当考虑作业环境中各类复杂形状的物体时，更加难以用球体或柱体等简单形状来逼近。为了实现复杂环境下多关节机器人的碰撞检测，需要解决凸多面体之间的碰撞检测。

凸多面体具有良好的空间几何特性，如将凸多面体某一表面延展，则其余顶点、棱边均在表面的一侧，因此不相交的两个凸多面体均可以找到一个分离面将它们分开，此外凸多面体局部距离极小值必定是全局的距离极小值。基于凸多面体上述优秀的几何特点，研究凸多面体的碰撞检测算法成为碰撞检测研究的热点，当前凸多面体碰撞检测算法主要是离散时间下的碰撞检测算法，有以下4类：

(1) GJK(gillbert-johnson-keerthi)算法，用于在凸多面体中计算Minkowski差顶点并且得到最小距离点对，该算法的时间复杂度为线性；

(2)基于特征的算法V-Clip，该算法能够快速收敛到凸多面体的邻近特征，碰撞检测效率较高，但需要考虑5种特征组合，实现难度较大；

(3)分离向量算法CW(collision world)，其计算速度是GJK算法的2倍，但CW算法的收敛性证明不完善，对CW算法进行改进的HS-jump算法给出了严格的终止条件，该算法对于近似球状凸多面体效率较高；

(4)投影分离法，通过构造准投影分离面来加速和实现碰撞检测，该方法是近年来凸多面体碰撞检测算法的创新，通过凸多面体向二维坐标平面投影的方法，将三维空间凸多面体的相交问题转换为二维平面凸多边形的相交问题，该算法相对传统算法简单易行，并且平均检测效率较高。

在多关节机器人避碰路径规划中，主流算法主要有以下几种：自由空间法、快速搜索随机树法、随机路标法、人工势场法、遗传算法、神经网络法。

(1)自由空间法

该方法首先根据障碍物的形状和结构构造出自由空间，然后将机器人看成一个质点，再在自由空间区域内进行搜索。采用自由空间法进行机器人避碰运动规划，基本思想是映射三维空间的障碍物到C空间进而形成空间区域的构型障碍，最终自由空间表示为上述构型障碍的补集，路径在自由空间的搜索利用启发式方法。自由空间法的缺点是在复杂环境下难以搜索出可行路径。

(2)快速搜索随机树法

搜索随机树从起始点首先生成,树的构建是利用随机采样和向目标点采样两种方法完成的,直至目标点。有些学者为了降低采样点数限制了采样空间的边界,使得搜索随机树更容易连通;有些学者利用代价惩罚和路标点两种方法改进搜索策略,以此提高机器人规划效率。

(3)随机路标法

随机路标法依靠离线方法构建出路标图,在初始点和目标点之间实时搜索出一段可行路径。随机路标法的优势在于具备在纬度较高的空间搜索出可行路径的能力,但是该方法的不足是难以对路径的优劣进行掌握。有些学者通过结合全局搜索和局部搜索两种方法改进了随机路标法,主要思路是利用全局搜索法搜索路径中间点,在路径中间点中进行局部可行路径搜索,如果搜索不成功,则重新开始全局搜索。

(4)人工势场法

当在具有障碍物环境中运动时,机器人将受到环境阻碍对其产生的排斥力场,同时受到目标产生的引力场,因而机器人在环境中搜索时会受到排斥力和引力的相互作用,这两种作用力组合形成的合力引导着机器人躲避障碍并朝着目标点运动。该算法方便进行数学建模,实时性较好,但是容易存在局部极小值,不适用于复杂环境下的避碰规划。有些学者利用人工势场法成功地规划了机器人的避碰路径,但是容易陷入局部极小值问题;还有些学者为了解决极小值问题,在目标引力势场中建立了一个最小值人工势场函数,取得了较好的避碰效果。

(5)遗传算法

遗传算法是模拟生物的遗传进化规律用于进化寻优求解目标问题。遗传算法注重适应度函数的设计,适应度函数可以选择出优良个体,决定了进化方向,适应度函数需要为正,可以是离散函数或者不可导的情况。遗传算法的缺陷是需要搜索比较多的次数,运算时间较长。

(6)神经网络法

神经网络法是一个分布式的并行系统,经常用于机器人的实时路径搜索,有些学者在机器人逆解运算中利用了人工神经网络的方法,较好地解决了奇异问题。

上述几种算法中,自由空间法、快速搜索随机树法、随机路标法都属于全局避碰路径规划方法,在规划时需要知道全部的环境信息,缺点是需要处理大量的信息,在静态环境的避障路径搜索方面具有较大优势,但是在复杂环境下的避碰路径搜索方面难以有效进行。而人工势场法、遗传算法、神经网络算法均属于局部避碰路径规划方法,首先对局部环境信息进行检测,其次是经过决策系统对环境状态进行分析和决策来引导后续的搜索过程,最后得到一条安全的避碰路径。局部避碰路径规划方法相对于全局避碰路径规划方法,规划效率比较高,适用于时变系统,缺点是全局搜索能力较弱。针对复杂环境的避碰路径规划,人工势场法搜索时容易陷入局部极小点,而神经网络法需要进行大量的样本试验,当环境信息发生改变时神经网络需要重新训练。遗传算法可以用于复杂环境下的避碰路径规划,当工作环境发生改变时,只需重新搜索即可。

第2章　典型多关节机器人模型构建技术

2.1　引　　言

在多关节机器人中，非球腕多关节机器人和双臂机器人是目前工业领域中应用最广的，这两类机器人具有不同的特性。在对多关节机器人操作时，需要表达其基座、连杆以及末端执行器的位置和姿态，在多关节机器人运动过程中，各个部位的位置与姿态时刻在发生变化，因此需要对多关节机器人开展运动学分析，主要涉及机器人的正运动学与逆运动学建模。多关节机器人模型构建是场景重建和任务规划的基础，本章将介绍以上两类多关节机器人模型构建方法。

2.2　多关节机器人坐标系基础

2.2.1　多关节机器人坐标系描述

机器人位姿是指其在空间中的位置和姿态，要准确描述位置和姿态，需要构建相关坐标系，即用一个 3×1 的矢量来描述坐标系中的任何点的位置，也可以用一个 3×3 的旋转矩阵来描述两个坐标系之间的姿态关系。以下是常用的 4 种坐标系。

(1)世界坐标系：是指固定的笛卡儿坐标系，如图 2-1 所示，红色代表 X 轴，绿色代表 Y 轴，蓝色代表 Z 轴，用以描述机器人所在环境的全局坐标系。

(2)基座坐标系：位于机器人的基座上，为了方便计算，通常使基座坐标系与世界坐标系重合，如图 2-2 所示。

(3)关节坐标系：位于机器人的连杆上，单独描述多关节机器人每个关节的运动情况，如图 2-3 所示。

(4)工具坐标系：位于多关节机器人末端执行器上，如图 2-4 所示。这里需要注意，虽然末端执行器与最后一个关节坐标系仍存在坐标系的相对变换，但并不将末端执行器的运动计入多关节机器人的自由度。

构建坐标系后可以准确描述机器人位姿，如图 2-5 所示，在参考坐标系 A 中，可以用一个 3×1 的矢量来表示 P 点在 A 坐标系下的位置，如式(2-1)所示，位置矢量的前置上标表示参考的坐标系。

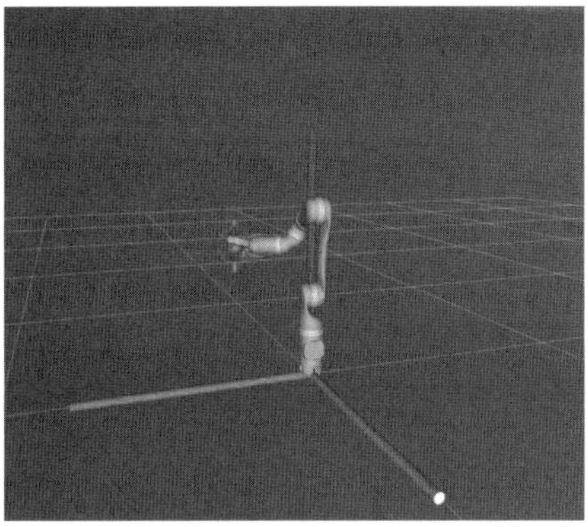

图 2-1　世界坐标系

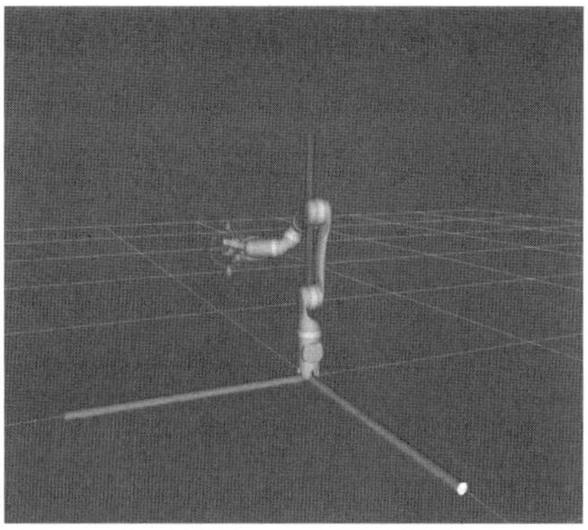

图 2-2　基座坐标系

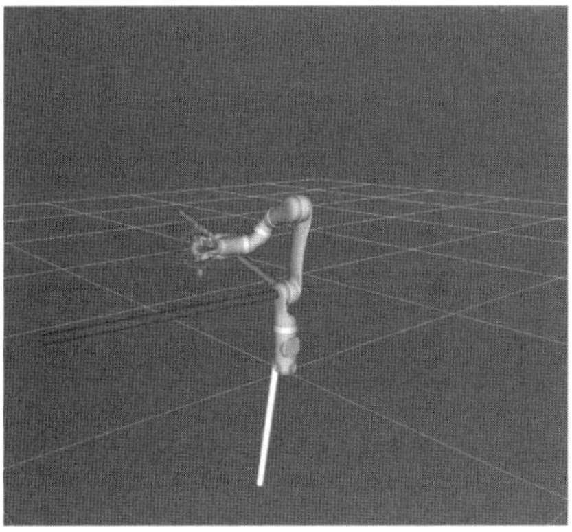

图 2-3　关节坐标系

图 2-4　工具坐标系

图 2-1～图 2-4
彩色版

$$
{}^{A}\boldsymbol{P}=\begin{bmatrix} p_x \\ p_y \\ p_z \end{bmatrix} \tag{2-1}
$$

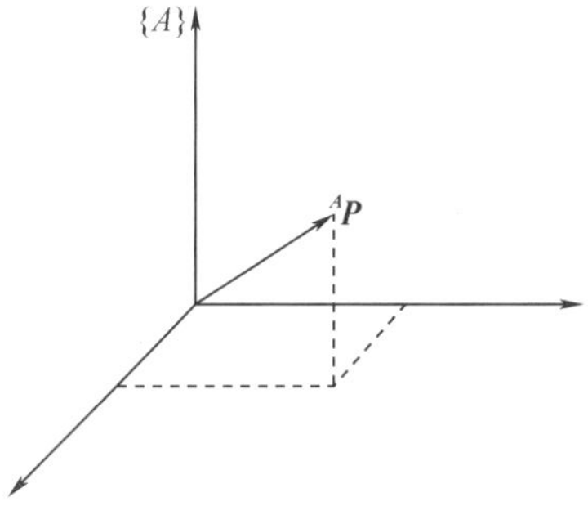

图 2-5　在 *A* 坐标系下描述 *P* 的位置

位置描述可以用来表示参考坐标系中的任何点，而当需要在参考坐标系中表示另外一个坐标系时就需要使用姿态描述的概念，姿态描述表示的是两个坐标系之间姿态的相对变换矩阵。如图 2-6 所示，要在坐标系 *A* 中表示坐标系 *B* 的姿态时，可以用式(2-2)来表示。

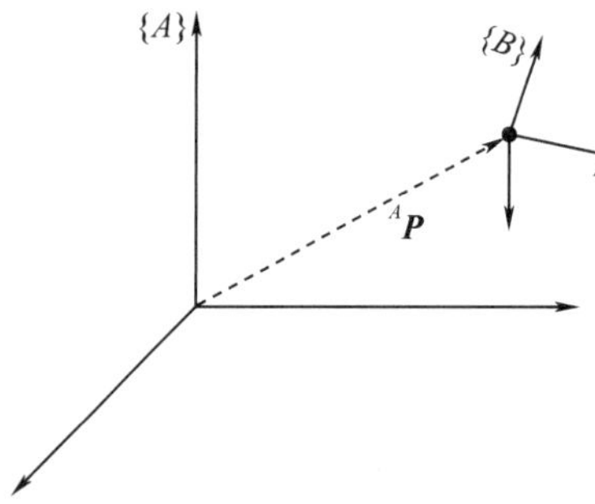

图 2-6　坐标系 B 在坐标系 A 下的姿态和位置确定

$$ {}_{B}^{A}\boldsymbol{R} = [\,{}^{A}\hat{\boldsymbol{X}}_{B}\ {}^{A}\hat{\boldsymbol{Y}}_{B}\ {}^{A}\hat{\boldsymbol{Z}}_{B}\,] = \begin{bmatrix} r_{11} & r_{12} & r_{13} \\ r_{21} & r_{22} & r_{23} \\ r_{31} & r_{32} & r_{33} \end{bmatrix} \tag{2-2} $$

在式(2-2)中，${}_{B}^{A}\boldsymbol{R}$ 的上下标表示在 A 中描述 B 的姿态，${}^{A}\hat{\boldsymbol{X}}_{B}$、${}^{A}\hat{\boldsymbol{Y}}_{B}$、${}^{A}\hat{\boldsymbol{Z}}_{B}$ 则分别表示在坐标系 A 中描述坐标系 B 的三个主轴的单位矢量，将${}^{A}\hat{\boldsymbol{X}}_{B}$、${}^{A}\hat{\boldsymbol{Y}}_{B}$、${}^{A}\hat{\boldsymbol{Z}}_{B}$ 按顺序排列下来组成一个 3×3 的旋转矩阵，用这个旋转矩阵来表示坐标系 B 相对于坐标系 A 的姿态描述。

在多关节机器人的研究中，通常将位置和姿态放在一起描述，称为坐标系描述。例如，坐标系 B 在参考坐标系 A 下的位姿描述可以用一个位置矢量和一个旋转矩阵来等价描述，如图 2-6 所示，具体描述为

$$ \{B\} = \{{}_{B}^{A}\boldsymbol{R},\ {}^{A}\boldsymbol{P}_{\mathrm{BORG}}\} \tag{2-3} $$

式中，${}^{A}\boldsymbol{P}_{\mathrm{BORG}}$ 表示坐标系 B 的原点在坐标系 A 下的位置矢量。

为了计算方便，通常将这种坐标系写成齐次变换的形式，用一个 4×4 的齐次变换矩阵来表示坐标系 B 相对于坐标系 A 的变换描述，这种描述可以方便地定义不同坐标系之间的平移、旋转和变换：

$$ {}_{B}^{A}\boldsymbol{T} = \begin{bmatrix} {}_{B}^{A}\boldsymbol{R} & {}^{A}\boldsymbol{P}_{\mathrm{BORG}} \\ 0\quad 0\quad 0 & 1 \end{bmatrix} \tag{2-4} $$

2.2.2　坐标系的平移、旋转和变换

这里用${}_{B}^{A}\boldsymbol{R}$ 表示坐标系之间的姿态变换，用${}^{A}\boldsymbol{P}_{\mathrm{BORG}}$ 表示一个坐标系相对于另一个坐标系的位置关系。因此，当如图 2-7 所示要表示坐标系 B 相对坐标系 A 进行平移变换时，可以将${}_{B}^{A}\boldsymbol{R}$ 表示为单位阵，即不发生旋转，将${}^{A}\boldsymbol{P}_{\mathrm{BORG}}$ 表示为在坐标系 A 下对坐标系 B 原点的描述，如式(2-5)：

$$ {}_{B}^{A}\boldsymbol{T} = \begin{bmatrix} 1 & 0 & 0 & p_x \\ 0 & 1 & 0 & p_y \\ 0 & 0 & 1 & p_z \\ 0 & 0 & 0 & 1 \end{bmatrix} \tag{2-5} $$

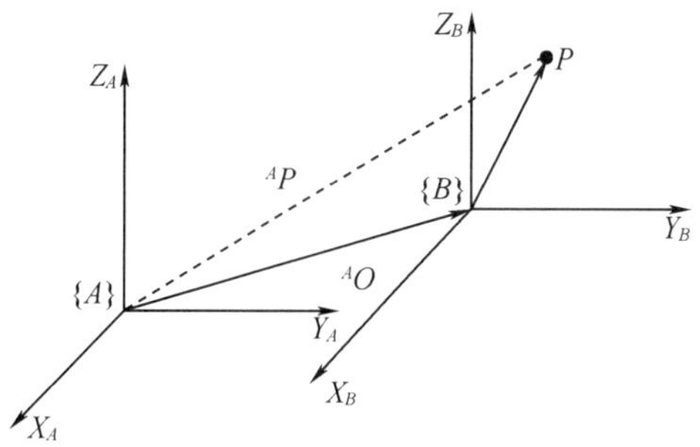

图 2-7　坐标系 *B* 相对坐标系 *A* 的平移变换

同样地，当要表示坐标系 B 相对坐标系 A 之间的姿态变换时，可以将${}^A\boldsymbol{P}_{\mathrm{BORG}}$ 视为零向量，只表示${}^A_B\boldsymbol{R}$，以绕参考坐标系 A 的坐标轴的旋转变换，即 $X-Y-Z$ 固定角坐标系为例，${}^A_B\boldsymbol{R}$ 可表示为

$$
\begin{aligned}
{}^A_B\boldsymbol{R}_{XYZ}(\gamma,\beta,\alpha) &= \boldsymbol{R}_Z(\alpha)\boldsymbol{R}_Y(\beta)\boldsymbol{R}_X(\gamma)\\
&=\begin{bmatrix} \mathrm{c}\,\alpha & -\mathrm{s}\,\alpha & 0\\ \mathrm{s}\,\alpha & \mathrm{c}\,\alpha & 0\\ 0 & 0 & 1\end{bmatrix}\begin{bmatrix} \mathrm{c}\,\beta & 0 & \mathrm{s}\,\beta\\ 0 & 1 & 0\\ -\mathrm{s}\,\beta & 0 & \mathrm{c}\,\beta\end{bmatrix}\begin{bmatrix} 1 & 0 & 0\\ 0 & \mathrm{c}\,\gamma & -\mathrm{s}\,\gamma\\ 0 & \mathrm{s}\,\gamma & \mathrm{c}\,\gamma\end{bmatrix}\\
&=\begin{bmatrix} \mathrm{c}\,\alpha\,\mathrm{c}\,\beta & \mathrm{c}\,\alpha\mathrm{s}\,\beta\mathrm{s}\,\gamma-\mathrm{s}\,\alpha\,\mathrm{c}\,\gamma & \mathrm{c}\,\alpha\mathrm{s}\,\beta\mathrm{c}\,\gamma+\mathrm{s}\,\alpha\mathrm{s}\,\gamma\\ \mathrm{s}\,\alpha\mathrm{c}\,\beta & \mathrm{s}\,\alpha\mathrm{s}\,\beta\mathrm{s}\,\gamma+\mathrm{c}\,\alpha\mathrm{c}\,\gamma & \mathrm{s}\,\alpha\mathrm{s}\,\beta\mathrm{c}\,\gamma-\mathrm{c}\,\alpha\mathrm{s}\,\gamma\\ -\mathrm{s}\,\beta & \mathrm{c}\,\beta\mathrm{s}\,\gamma & \mathrm{c}\,\beta\mathrm{c}\,\gamma\end{bmatrix}
\end{aligned}
\tag{2-6}
$$

式中　$\mathrm{c}\,\alpha$——$\cos\alpha$ 的简写；

$\mathrm{s}\,\alpha$——$\sin\alpha$ 的简写；

$\boldsymbol{R}_Z(\alpha)$、$\boldsymbol{R}_Y(\beta)$、$\boldsymbol{R}_X(\gamma)$——坐标系 B 绕坐标系 A 的 Z 轴、Y 轴、X 轴分别旋转 α、β、γ 角，旋转顺序为先绕 X 轴旋转 γ 角，再绕 Y 轴旋转 β 角，最后绕 Z 轴旋转 α 角。

由式(2-6)可得出坐标系 B 相对坐标系 A 的旋转变换如下：

$$
{}^A_B\boldsymbol{T}=\begin{bmatrix} \mathrm{c}\,\alpha\mathrm{c}\,\beta & \mathrm{c}\,\alpha\mathrm{s}\,\beta\mathrm{s}\,\gamma-\mathrm{s}\,\alpha\mathrm{c}\,\gamma & \mathrm{c}\,\alpha\mathrm{s}\,\beta\mathrm{c}\,\gamma+\mathrm{s}\,\alpha\mathrm{s}\,\gamma & 0\\ \mathrm{s}\,\alpha\mathrm{c}\,\beta & \mathrm{s}\,\alpha\mathrm{s}\,\beta\mathrm{s}\,\gamma+\mathrm{c}\,\alpha\mathrm{c}\,\gamma & \mathrm{s}\,\alpha\mathrm{s}\,\beta\mathrm{c}\,\gamma-\mathrm{c}\,\alpha\mathrm{s}\,\gamma & 0\\ -\mathrm{s}\,\beta & \mathrm{c}\,\beta\mathrm{s}\,\gamma & \mathrm{c}\,\beta\mathrm{c}\,\gamma & 0\\ 0 & 0 & 0 & 1\end{bmatrix}
\tag{2-7}
$$

当坐标系同时发生平移变换和旋转变换时，坐标系的位姿均发生变换，称这种变换为复合变换，表达式如下：

$$
{}^A_B\boldsymbol{T}=\begin{bmatrix} \mathrm{c}\,\alpha\mathrm{c}\,\beta & \mathrm{c}\,\alpha\mathrm{s}\,\beta\mathrm{s}\,\gamma-\mathrm{s}\,\alpha\mathrm{c}\,\gamma & \mathrm{c}\,\alpha\mathrm{s}\,\beta\mathrm{c}\,\gamma+\mathrm{s}\,\alpha\mathrm{s}\,\gamma & p_x\\ \mathrm{s}\,\alpha\mathrm{c}\,\beta & \mathrm{s}\,\alpha\mathrm{s}\,\beta\mathrm{s}\,\gamma+\mathrm{c}\,\alpha\mathrm{c}\,\gamma & \mathrm{s}\,\alpha\mathrm{s}\,\beta\mathrm{c}\,\gamma-\mathrm{c}\,\alpha\mathrm{s}\,\gamma & p_y\\ -\mathrm{s}\,\beta & \mathrm{c}\,\beta\mathrm{s}\,\gamma & \mathrm{c}\,\beta\mathrm{c}\,\gamma & p_z\\ 0 & 0 & 0 & 1\end{bmatrix}
\tag{2-8}
$$

建立坐标系得到位姿描述与坐标变换后，可以对多关节机器人开展构型分析，从而建立 D-H 模型，达到对多关节机器人开展运动学分析的目的。

假设坐标系 A 和 B 姿态一致，只是原点的位置不同，此时坐标系 A、B 的三个相应的坐标轴彼此平行，如图 2-8 所示，坐标系 B 可以先看作与坐标系 A 重合，然后沿 ${}^{A}\boldsymbol{Q}$ 向量平移得到的坐标系。

给定空间中任意一点 P，${}^{A}\boldsymbol{P}$、${}^{B}\boldsymbol{P}$ 分别代表 P 在坐标系 A、坐标系 B 中的坐标，图 2-8 给出了固连坐标系平移变换关系图，由向量的加法可以得

$$ {}^{A}\boldsymbol{P} = {}^{A}\boldsymbol{Q} + {}^{B}\boldsymbol{P} \tag{2-9} $$

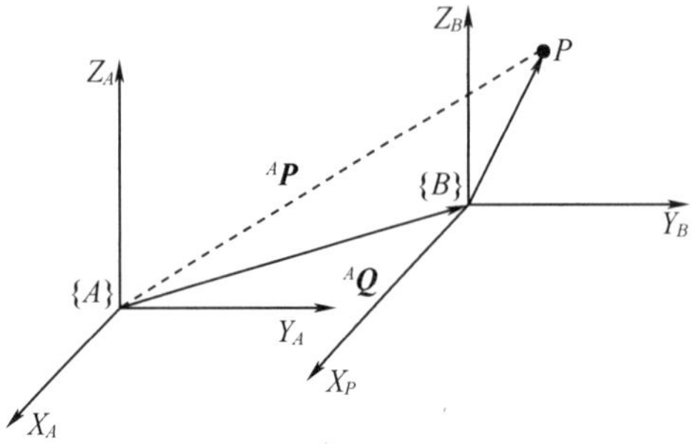

图 2-8　固连坐标系平移变换

绕 X、Y、Z 轴旋转角度 θ，则刚体的旋转矩阵如下：

$$ \boldsymbol{R}(X,\theta) = \begin{bmatrix} 1 & 0 & 0 \\ 0 & \cos\theta & -\sin\theta \\ 0 & \sin\theta & \cos\theta \end{bmatrix} \tag{2-10} $$

$$ \boldsymbol{R}(Y,\ \theta) = \begin{bmatrix} \cos\theta & 0 & \sin\theta \\ 0 & 1 & 0 \\ -\sin\theta & 0 & \cos\theta \end{bmatrix} \tag{2-11} $$

$$ \boldsymbol{R}(Z,\ \theta) = \begin{bmatrix} \cos\theta & -\sin\theta & 0 \\ \sin\theta & \cos\theta & 0 \\ 0 & 0 & 1 \end{bmatrix} \tag{2-12} $$

设定坐标系 A 为参考坐标系，坐标系 B 的原点位置用矢量 ${}^{A}\boldsymbol{P}_{BO}$ 表示，坐标系 B 的姿态用旋转矩阵 ${}^{A}_{B}\boldsymbol{R}$ 表示，则刚体 B 的位姿可用 $\{B\} = \{{}^{A}_{B}\boldsymbol{R}, {}^{A}\boldsymbol{P}_{BO}\} = {}^{A}_{B}\boldsymbol{T}$ 表示。如果 ${}^{A}\boldsymbol{P}$、${}^{B}\boldsymbol{P}$ 分别表示 P 点在坐标系 A 和 B 中的坐标，那么 ${}^{A}\boldsymbol{P}$、${}^{B}\boldsymbol{P}$ 之间的关系可由下面的齐次变换来表示：

$$ \begin{bmatrix} {}^{A}\boldsymbol{P} \\ 1 \end{bmatrix} = \begin{bmatrix} {}^{A}_{B}\boldsymbol{R} & & & {}^{A}\boldsymbol{P}_{BO} \\ 0 & 0 & 0 & 1 \end{bmatrix} \begin{bmatrix} {}^{B}\boldsymbol{P} \\ 1 \end{bmatrix} \tag{2-13} $$

可以简单表示为

$$ {}^{A}\boldsymbol{P} = {}^{A}_{B}\boldsymbol{T}\,{}^{B}\boldsymbol{P} \tag{2-14} $$

2.2.3　多关节机器人 D-H 描述

多关节机器人通过关节将一系列刚体组成一个运动链，关节可以用来表示多关节机器人的自由度，刚体被称为连杆，关节可以将相邻的两个连杆组合起来，而描述两个相邻连杆之间的坐标系变换的方法就是 D-H 方法。

Denavit 和 Hartenberg 提出的 D-H 方法将连杆之间的坐标变换关系用 4 个参数来表示,对所有多关节机器人都具有适用性。连杆的 4 个参数分别为连杆长度 a、连杆转角 α、连杆偏距 d 和关节角 θ。对于转动关节来说,θ 为关节变量,其他 3 个连杆参数固定不变。对于移动关节来说,d 为关节变量,其他参数固定不变,在本书中,多关节机器人以 Kinova 为例,其由 6 个转动关节组成,所以有 6 个关节变量,其他参数均为固定值。

有很多建立坐标系的方法都称为 D-H 方法,但在细节处有所不同,这就导致了 D-H 的参数不同,但是只要建立的坐标系正确无误,最后得到的末端位姿就都是相同的。D-H 参数的选取依赖于坐标系的建立,D-H 方法可分为 Standard D-H 方法和 Modified D-H 方法,两种方法并无本质区别,只是在坐标系的建立与参数的定义上采取了不同的方法,但其目的都是使用较少的参数来表示复杂的坐标系变换。

这里采用 Standard D-H 方法,以连杆的后一个关节为其固定坐标系来进行 D-H 建模,Standard D-H 方法建立坐标系的准则如下,转动关节的坐标系建立与 4 个参数的关系如图 2-9 所示。

(1) Z_{i-1} 沿第 i 关节建立;

(2) X_i 垂直于 Z_{i-1} 和 Z_i;

(3) X_i 与 Z_{i-1} 相交;

(4)尽量使 a 和 d 的值为 0。

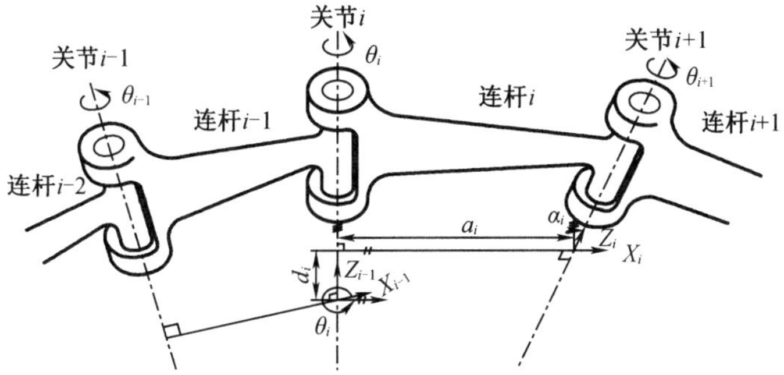

图 2-9　转动关节的坐标系建立与参数关系

图 2-9 中参数具体含义如下:

a_i——沿 X_i 轴,从 Z_{i-1} 移动到 Z_i 的距离;

α_i——绕 X_i 轴,从 Z_{i-1} 旋转到 Z_i 的角度;

d_i——沿 Z_{i-1} 轴,从 X_{i-1} 移动到 X_i 的距离;

θ_i——绕 Z_{i-1} 轴,从 X_{i-1} 旋转到 X_i 的角度。

以 Kinova 多关节机器人为例,其由 6 个转动关节和 6 个连杆以及 1 个末端执行器组成,几何构型与尺寸大小如图 2-10 所示。

这里把固定的基座称为连杆 0,并将其与世界坐标系重合。每个连杆都能够使用 4 个参数 a_{i-1}、α_{i-1}、d_i 和 θ_i 进行描述。a_{i-1} 和 α_{i-1} 描述连杆 i-1 自身参数,d_i 和 θ_i 描述第 i-1 与 i 连杆之间距离和夹角数值大小(图 2-11)。对于此 6 关节的多关节机器人,只有关节角 θ 是未知变量,由它们精确描述多关节机器人在运动学关系中关节的转换变动。

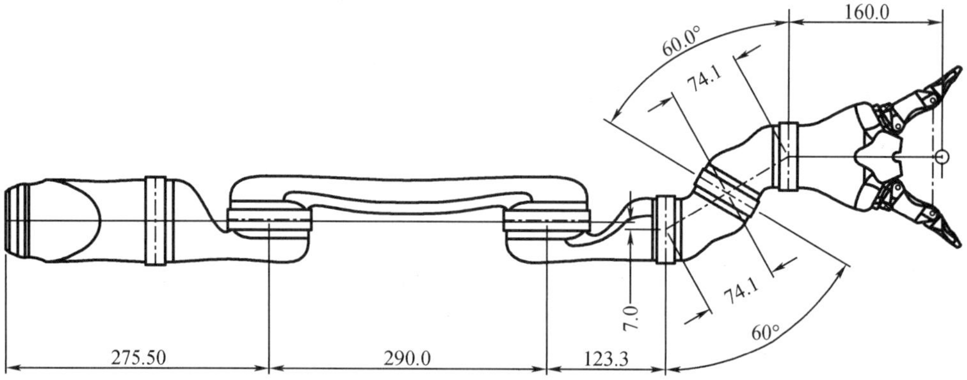

图 2-10　Kinova 多关节机器人几何结构与尺寸大小(单位:mm)

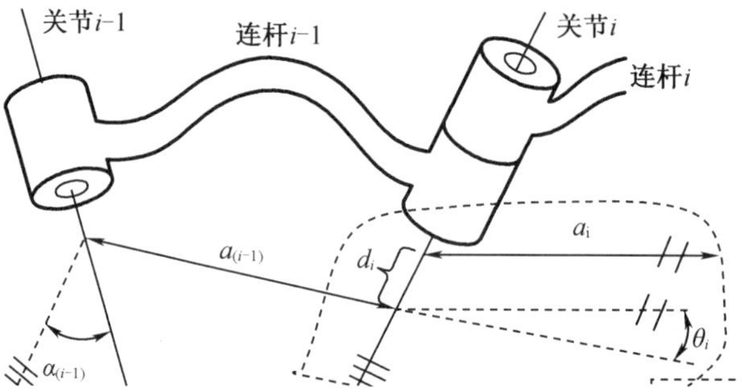

图 2-11　连杆及参数标注示意图

本书中,Kinova 多关节机器人的坐标系如图 2-12 所示。

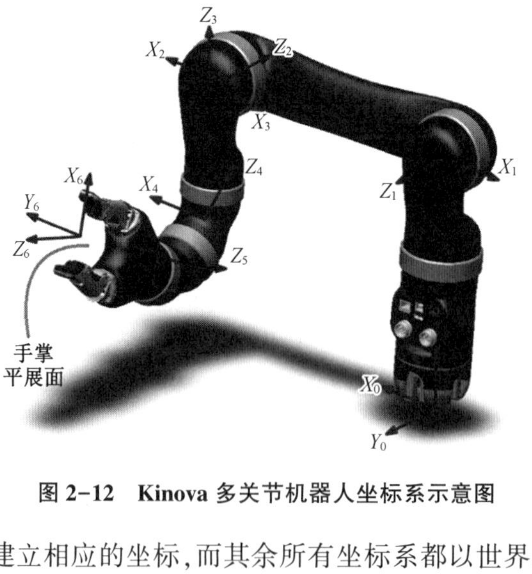

图 2-12　Kinova 多关节机器人坐标系示意图

在仿真软件中也建立相应的坐标,而其余所有坐标系都以世界坐标系为参考坐标系。图 2-13 是坐标系的对应关系图,利用 ROS 系统中的 TF 功能,显示坐标系以及进行齐次变换。

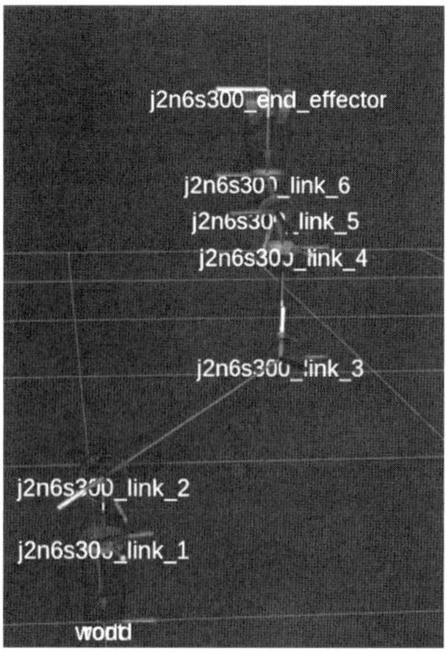

图 2-13　仿真多关节机器人建立的坐标系

根据此理论，可以得到 D-H 参数，具体数据信息从该产品的官网获得，表 2-1 是 Kinova 多关节机器人的 D-H 参数表。

表 2-1　Kinova 多关节机器人的 D-H 参数表

连杆序号 i	a_i/m	α_i/(°)	d_i/m	θ_i
1	0	90	0.275 5	$-\theta_1$
2	0.29	180	0	θ_2+90
3	0	90	-0.007	θ_3-90
4	0	60	-0.166 08	θ_4
5	0	60	-0.085 56	θ_5+180
6	0	180	-0.202 78	θ_6-90

2.3　双臂机器人正运动学模型

机器人正运动学模型是建立多关节机器人运动的基础，本节将介绍机器人正运动学模型，对物体的位置姿态描述进行简单介绍，这是空间几何变换的理论知识，并对机器人重要部件的尺寸进行描述，通过建立 D-H 参数表实现 A、B、C 三种构型机器人正运动学的描述。双臂机器人的正运动学模型可以看作是单臂模型的对称形式，所以可简化成单臂来描述双臂式多关节机器人的正运动学。但是，双臂机器人手臂正运动学模型的建立需要经过机器人本体系与世界坐标系、左右手臂基座坐标系与机器人本体系一系列坐标关系的描述，这里根据机器人本体相对世界坐标系的变换、手臂基座坐标系相对机器人本体系的变换、手臂连杆的几何参数和关节结构建立双臂的正运动学模型。

在 Standard D-H 方法中，第 i 组 D-H 参数描述的是第 $i-1$ 组坐标系到第 i 组坐标系的变换，以图 2-9 所示的两组坐标系为例，第 $i-1$ 组坐标系经过如下变换可得到第 i 组坐标系：首先绕 Z_{i-1} 轴，将 X_{i-1} 轴沿右手坐标系旋转 θ_i 角，使 X_{i-1} 轴与 X_i 轴方向相同；其次沿 Z_{i-1} 轴，将 X_{i-1} 轴向 X_i 轴平移距离 d_i，使其与 X_i 轴在一条直线上；然后沿 X_i 轴，将 Z_{i-1} 轴向 Z_i 轴平移距离 a_i，使两个坐标系的原点重合；最后绕 X_i 轴，将 Z_{i-1} 轴旋转 α_i 角，使 Z_{i-1} 轴与 Z_i 轴在一条直线上。由此可以得出第 $i-1$ 组坐标系与第 i 组坐标系之间的连杆变换方程：

$$ {}^{i-1}_{i}\boldsymbol{T}=R_Z(\theta_i)D_Z(d_i)D_X(a_i)R_X(\alpha_i) \tag{2-15}$$

由矩阵的连乘可以计算得到${}^{i-1}_{i}\boldsymbol{T}$ 的一般表达式为

$$ {}^{i-1}_{i}\boldsymbol{T}=\begin{bmatrix} \cos\theta_i & -\sin\theta_i\cos\alpha_i & \sin\theta_i\sin\alpha_i & a_i\cos\theta_i \\ \sin\theta_i & \cos\theta_i\cos\alpha_i & -\cos\theta_i\sin\alpha_i & a_i\sin\theta_i \\ 0 & \sin\alpha_i & \cos\alpha_i & d_i \\ 0 & 0 & 0 & 1 \end{bmatrix} \tag{2-16}$$

将 D-H 参数代入${}^{i-1}_{i}\boldsymbol{T}$ 之后进行矩阵连乘即可得到机器人的坐标系之间的正运动学方程：

$$ {}^{0}_{6}\boldsymbol{T}={}^{0}_{1}\boldsymbol{T}{}^{1}_{2}\boldsymbol{T}{}^{2}_{3}\boldsymbol{T}{}^{3}_{4}\boldsymbol{T}{}^{4}_{5}\boldsymbol{T}{}^{5}_{6}\boldsymbol{T} \tag{2-17}$$

根据 Kinova 机器人的结构，将第 6 个坐标系建立在了末端执行器上，因此只要求出${}^{0}_{6}T$ 的一般表达式，输入 6 个关节变量，即可得到末端执行器在笛卡儿空间的位姿。

正运动学方程的作用是将多关节机器人在关节空间的坐标映射到笛卡儿空间，由式(2-17)将 D-H 参数代入可以得出正运动学方程的一般表达式：

$$ {}^{0}_{6}\boldsymbol{T}=\begin{bmatrix} n_x & o_x & a_x & p_x \\ n_y & o_y & a_y & p_y \\ n_z & o_z & a_z & p_z \\ 0 & 0 & 0 & 1 \end{bmatrix} \tag{2-18}$$

在式(2-18)中，$[n_x \quad n_y \quad n_z]^{\mathrm{T}}=\boldsymbol{n}$，$[o_x \quad o_y \quad o_z]^{\mathrm{T}}=\boldsymbol{o}$，$[a_x \quad a_y \quad a_z]^{\mathrm{T}}=\boldsymbol{a}$，三个矢量组成的矩阵构成了末端执行器的姿态描述；$[p_x \quad p_y \quad p_z]^{\mathrm{T}}=\boldsymbol{p}$ 构成了末端执行器的位置描述。可以看到在式中只有 6 个关节变量是未知量，因此将 6 个关节角输入运动学方程即可得出末端执行器相对于基坐标系的位姿。

多关节机器人的运动仅仅是考虑和控制各个连杆相对于基座的位姿，其求解过程并不需要烦琐的步骤，只要各个关节角能够符合约束条件，在关节角已知的情况下就可以知道末端执行器相对于基坐标系也就是世界坐标系的位姿，也就是说其解唯一存在。

手臂构型是多关节机器人的重要研究部分，根据多关节机器人肩关节以及腕关节的结构特点，图 2-14 展示了 3 种不同构型的机器人手臂，这里重点分析这 3 种构型多关节机器人：第一种是肩部仅能侧向展开，末端为球腕关节，这里称之为 A 构型多关节机器人；第二种是肩部可同时向侧向和前后展开，末端为球腕关节，这里称为 B 构型多关节机器人；第 3 种是肩部可同时向侧向和前后展开，末端为非球腕关节，这里称为 C 构型多关节机器人。

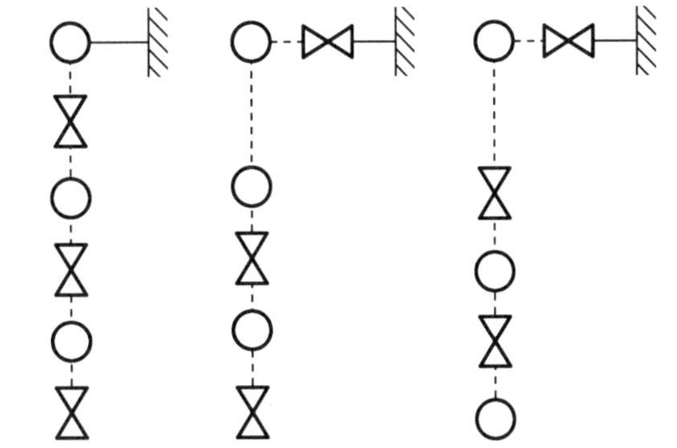

图 2-14　A、B、C3 种构型多关节机器人

本书中双臂式多关节机器人以 A 构型、B 构型、C 构型为例来描述，分别建立其运动学模型，分析其运动方式以及对比各自构型能力。下面依据每个机器人具体的杆件参数、关节结构建立正运动学模型，运动学正解算法主要是在已知手臂的连杆参数和各个关节的关节角度情况下进行末端位置和姿态的求解。

2.3.1　A 构型多关节机器人正运动学模型

使用标准 D-H 法建立 A 构型多关节机器人正运动学模型，这里的标准是指以关节旋转轴为 z 轴。图 2-15 给出了左手臂的手臂结构简图。

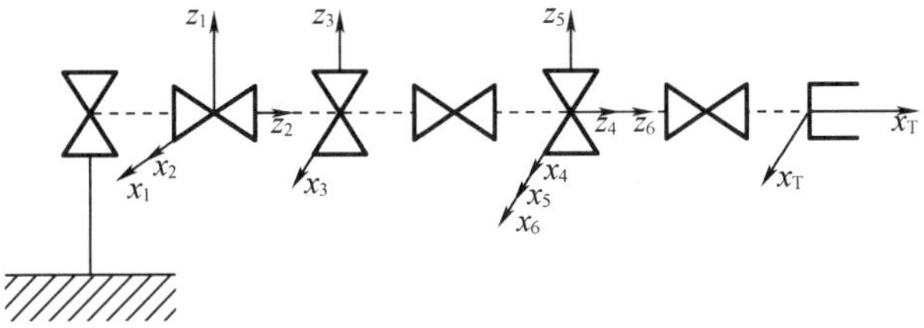

图 2-15　A 构型多关节机器人手臂(简称 A 型)手结构简图

该双臂机器人手臂是一种仿人的 6 自由度机器人，由关节 1、关节 2 组成肩关节，关节 3 构成肘关节，关节 4、5、6 组成典型的腕关节，同时 A 型手的关节类型均是旋转关节，为了便于逆解算法的计算，仍采用图 2-15 方法建立坐标系。

表 2-2 给出了 A 构型机器人左臂的各连杆 D-H 参数，接下来通过 D-H 法求得左手臂正运动学模型。

表 2-2　A 构型机器人左臂的 D-H 参数

关节	α_{i-1}/(°)	a_{i-1}	d_i	θ_i	初值/(°)
1	0	0	0	θ_1	0
2	-90	0	0	θ_2	0
3	90	0	0	θ_3	0
4	-90	0	d_4	θ_4	0
5	90	0	0	θ_5	0
6	-90	0	0	θ_6	0

注：$d_4=2.4$ m。

根据表 2-2 中给出的连杆参数可以得到各个关节坐标系的平移和旋转矩阵，进而得到相邻两坐标系间的齐次变换矩阵为

$$
\begin{aligned}
{}^{i-1}_{i}\boldsymbol{T} &= \boldsymbol{R}_Z(\theta_i)\boldsymbol{D}_Z(d_i)\boldsymbol{D}_X(a_{i-1})\boldsymbol{R}_X(\alpha_{i-1}) \\
&= \begin{bmatrix} c_i & -s_i & 0 & a_{i-1} \\ s_i\cos\alpha_{i-1} & c_i\cos\alpha_{i-1} & -\sin\alpha_{i-1} & -\sin\alpha_{i-1}d_i \\ s_i\sin\alpha_{i-1} & c_i\sin\alpha_{i-1} & \cos\alpha_{i-1} & \cos\alpha_{i-1}d_i \\ 0 & 0 & 0 & 1 \end{bmatrix}
\end{aligned} \tag{2-19}
$$

相邻关节的齐次变换矩阵为

$$
{}^{0}_{1}\boldsymbol{T}=\begin{bmatrix} \cos\theta_1 & -\sin\theta_1 & 0 & 0 \\ \sin\theta_1 & \cos\theta_1 & 0 & 0 \\ 0 & 0 & 1 & 0 \\ 0 & 0 & 0 & 1 \end{bmatrix}
$$

$$
{}^{1}_{2}\boldsymbol{T}=\begin{bmatrix} \cos\theta_2 & -\sin\theta_2 & 0 & 0 \\ 0 & 0 & 1 & 0 \\ -\sin\theta_2 & -\cos\theta_2 & 0 & 0 \\ 0 & 0 & 0 & 1 \end{bmatrix}
$$

$$
{}^{2}_{3}\boldsymbol{T}=\begin{bmatrix} \cos\theta_3 & -\sin\theta_3 & 0 & 0 \\ 0 & 0 & -1 & 0 \\ \sin\theta_3 & \cos\theta_3 & 0 & 0 \\ 0 & 0 & 0 & 1 \end{bmatrix}
$$

$$
{}^{3}_{4}\boldsymbol{T}=\begin{bmatrix} \cos\theta_4 & -\sin\theta_4 & 0 & 0 \\ 0 & 0 & 1 & d_4 \\ -\sin\theta_4 & -\cos\theta_4 & 0 & 0 \\ 0 & 0 & 0 & 1 \end{bmatrix}
$$

$$
{}^{4}_{5}\boldsymbol{T}=\begin{bmatrix}\cos\theta_5 & -\sin\theta_5 & 0 & 0\\ 0 & 0 & -1 & 0\\ \sin\theta_5 & \cos\theta_5 & 0 & 0\\ 0 & 0 & 0 & 1\end{bmatrix}
$$

$$
{}^{5}_{6}\boldsymbol{T}=\begin{bmatrix}\cos\theta_6 & -\sin\theta_6 & 0 & 0\\ 0 & 0 & 1 & 0\\ -\sin\theta_6 & -\cos\theta_6 & 0 & 0\\ 0 & 0 & 0 & 1\end{bmatrix}
$$

A 型手从左臂基座到末端执行器的变换矩阵为

$$
{}^{0}_{\mathrm{T}}\boldsymbol{T}={}^{0}_{1}\boldsymbol{T}{}^{1}_{2}\boldsymbol{T}{}^{2}_{3}\boldsymbol{T}{}^{3}_{4}\boldsymbol{T}{}^{4}_{5}\boldsymbol{T}{}^{5}_{6}\boldsymbol{T}{}^{6}_{T}\boldsymbol{T}=\begin{bmatrix}n_x & o_x & a_x & p_x\\ n_y & o_y & a_y & p_y\\ n_z & o_z & a_z & p_z\\ 0 & 0 & 0 & 1\end{bmatrix} \tag{2-20}
$$

2.3.2　B 构型多关节机器人正运动学模型

使用标准 D-H 法建立 B 构型机器人手臂(简称 B 型手)的正运动学模型,这里的标准是指以关节轴为 z 轴,图 2-16 给出了左手臂的手臂结构简图。

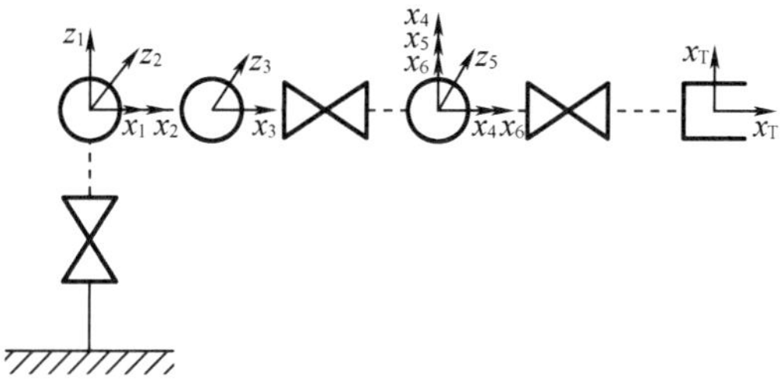

图 2-16　B 型手结构简图

如图 2-16 所示,该型手臂由关节 1、关节 2 组成肩关节,关节 3 为肘关节,关节 4、5、6 组成典型的球腕关节,关节类型均是旋转关节,为了便于逆解算法的计算,仍采用图 2-16 方式建立坐标系。

表 2-3 给出了 B 构型机器人左臂的各连杆 D-H 参数,接下来通过 D-H 法求得左手臂正运动学模型。

表 2-3　B 构型机器人左臂的 D-H 参数

关节	α_{i-1}/(°)	a_{i-1}	d_i	θ_i	初值/(°)
1	0	0	0	θ_1	0
2	-90	0	0	θ_2	0
3	0	a_2	0	θ_3	-90

表 2-3(续)

关节	α_{i-1}/deg	a_{i-1}	d_i	θ_i	初值/deg
4	-90	0	d_4	θ_4	0
5	90	0	0	θ_5	0
6	-90	0	0	θ_6	0

注:$a_2 = 1.5$ m,$d_4 = 3.0$ m。

根据表 2-3 中给出的连杆参数可以得到各个关节坐标系的平移和旋转矩阵,进而得到相邻两坐标系间的齐次变换矩阵,相邻关节的齐次变换矩阵为

$$ {}_1^0\boldsymbol{T}=\begin{bmatrix} \cos\theta_1 & -\sin\theta_1 & 0 & 0 \\ \sin\theta_1 & \cos\theta_1 & 0 & 0 \\ 0 & 0 & 1 & 0 \\ 0 & 0 & 0 & 1 \end{bmatrix} $$

$$ {}_2^1\boldsymbol{T}=\begin{bmatrix} \cos\theta_2 & -\sin\theta_2 & 0 & 0 \\ 0 & 0 & 1 & 0 \\ -\sin\theta_2 & -\cos\theta_2 & 0 & 0 \\ 0 & 0 & 0 & 1 \end{bmatrix} $$

$$ {}_3^2\boldsymbol{T}=\begin{bmatrix} \cos\theta_3 & -\sin\theta_3 & 0 & a_2 \\ \sin\theta_3 & \cos\theta_3 & 0 & 0 \\ 0 & 0 & 1 & 0 \\ 0 & 0 & 0 & 1 \end{bmatrix} $$

$$ {}_4^3\boldsymbol{T}=\begin{bmatrix} \cos\theta_4 & -\sin\theta_4 & 0 & 0 \\ 0 & 0 & 1 & d_4 \\ -\sin\theta_4 & -\cos\theta_4 & 0 & 0 \\ 0 & 0 & 0 & 1 \end{bmatrix} $$

$$ {}_5^4\boldsymbol{T}=\begin{bmatrix} \cos\theta_5 & -\sin\theta_5 & 0 & 0 \\ 0 & 0 & -1 & 0 \\ \sin\theta_5 & \cos\theta_5 & 0 & 0 \\ 0 & 0 & 0 & 1 \end{bmatrix} $$

$$ {}_6^5\boldsymbol{T}=\begin{bmatrix} \cos\theta_6 & -\sin\theta_6 & 0 & 0 \\ 0 & 0 & 1 & 0 \\ -\sin\theta_6 & -\cos\theta_6 & 0 & 0 \\ 0 & 0 & 0 & 1 \end{bmatrix} $$

左臂从基座到末端执行器的变换矩阵同 A 型手。

2.3.3 C 构型多关节机器人正运动学模型

这里使用非标准 D-H 法建立 C 构型机器人手臂(简称 C 型手)的正运动学模型,图 2-

17 给出了左手臂的手臂结构简图。

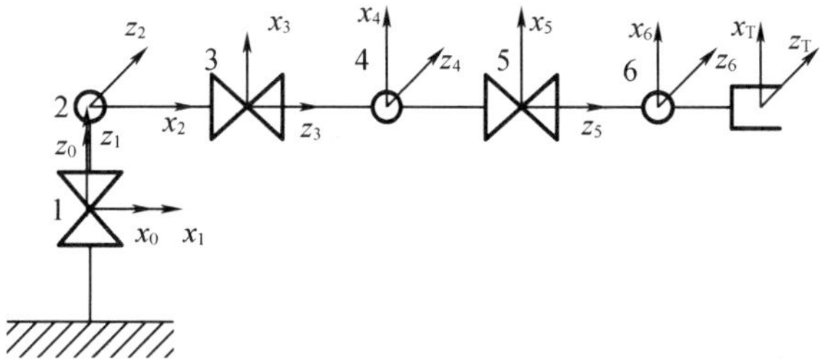

图 2-17　C 型手结构简图

该机器人手臂关节 1、2 构成肩关节，关节 3、4 构成肘关节，关节 5、6 构成非球腕关节，同时 C 型手的关节类型均是旋转关节，为了便于逆解算法的计算，仍采用图(2-17)方法建立坐标系。

表 2-4 给出了 C 构型机器人左臂的各连杆 D-H 参数，接下来通过 D-H 法求得左手臂正运动学模型。

表 2-4　C 构型机器人左臂的 D-H 参数

关节	α_{i-1}/(°)	a_{i-1}	d_i	θ_i	初值/(°)
1	0	0	0	θ_1	0
2	90	0	0	θ_2	0
3	0	0	0	θ_3	0
4	-90	0	0	θ_4	0
5	90	0	d_5	θ_5	0
6	-90	0	0	θ_6	0

注：$d_5 = 1.5$ m。

连杆参数确定后，可根据表中参数得出各关节坐标系的旋转和平移矩阵，进而直接写出相邻两坐标系间的齐次变换矩阵，相邻关节的齐次变换矩阵为

$$ {}_1^0\boldsymbol{T}=\begin{bmatrix}\cos\theta_1 & -\sin\theta_1 & 0 & 0\\ \sin\theta_1 & \cos\theta_1 & 0 & 0\\ 0 & 0 & 1 & 0\\ 0 & 0 & 0 & 1\end{bmatrix} $$

$$ {}_2^1\boldsymbol{T}=\begin{bmatrix}\cos\theta_2 & -\sin\theta_2 & 0 & 0\\ 0 & 0 & -1 & 0\\ \sin\theta_2 & \cos\theta_2 & 0 & 0\\ 0 & 0 & 0 & 1\end{bmatrix} $$

$$
{}_{3}^{2}\boldsymbol{T}=\begin{bmatrix}\cos\theta_3 & -\sin\theta_3 & 0 & 0\\ \sin\theta_3 & \cos\theta_3 & 0 & 0\\ 0 & 0 & 1 & 0\\ 0 & 0 & 0 & 1\end{bmatrix}
$$

$$
{}_{4}^{3}\boldsymbol{T}=\begin{bmatrix}\cos\theta_4 & -\sin\theta_4 & 0 & 0\\ 0 & 0 & 1 & 0\\ -\sin\theta_4 & -\cos\theta_4 & 0 & 0\\ 0 & 0 & 0 & 1\end{bmatrix}
$$

$$
{}_{5}^{4}\boldsymbol{T}=\begin{bmatrix}\cos\theta_5 & -\sin\theta_5 & 0 & 0\\ 0 & 0 & -1 & -d_5\\ \sin\theta_5 & \cos\theta_5 & 0 & 0\\ 0 & 0 & 0 & 1\end{bmatrix}
$$

$$
{}_{6}^{5}\boldsymbol{T}=\begin{bmatrix}\cos\theta_6 & -\sin\theta_6 & 0 & 0\\ 0 & 0 & 1 & 0\\ -\sin\theta_6 & -\cos\theta_6 & 0 & 0\\ 0 & 0 & 0 & 1\end{bmatrix}
$$

C 型手左臂从基座到末端执行器的变换矩阵同 A 型手。

2.3.4 机器人本体变换

经过对 A、B、C 三种构型多关节机器人手臂 D-H 描述的分析，可求出 A、B、C 三种构型机器人手臂末端夹具的齐次变换矩阵${}_{\mathrm{T}}^{\mathrm{B}}\boldsymbol{T}$，进而可以得到下式：

$$
\begin{cases}{}_{\mathrm{T}}^{\mathrm{B}}\boldsymbol{T}={}_{1}^{\mathrm{B}}\boldsymbol{T}{}_{2}^{1}\boldsymbol{T}{}_{3}^{2}\boldsymbol{T}{}_{4}^{3}\boldsymbol{T}{}_{5}^{4}\boldsymbol{T}{}_{6}^{5}\boldsymbol{T}{}_{T}^{6}\boldsymbol{T}\\ \begin{bmatrix}{}^{\mathrm{B}}\boldsymbol{P}\\ 1\end{bmatrix}={}_{\mathrm{T}}^{\mathrm{B}}\boldsymbol{T}\begin{bmatrix}{}^{\mathrm{T}}\boldsymbol{P}\\ 1\end{bmatrix}\end{cases}\tag{2-21}
$$

式中 ${}^{\mathrm{T}}\boldsymbol{P}$——末端执行器在工具坐标系中的位置矢量；

${}^{\mathrm{B}}\boldsymbol{P}$——末端执行器在基座坐标系中的位置矢量。

根据机器人本体相对于世界坐标系的变换矩阵为${}_{\mathrm{R}}^{\mathrm{W}}\boldsymbol{T}$，基座坐标系相对于机器人本体系的变换为${}_{\mathrm{B}}^{\mathrm{R}}\boldsymbol{T}$，因此可得基座相对于世界坐标系的变换矩阵为${}_{\mathrm{B}}^{\mathrm{W}}\boldsymbol{T}={}_{\mathrm{R}}^{\mathrm{W}}\boldsymbol{T}{}_{\mathrm{B}}^{\mathrm{R}}\boldsymbol{T}$。所以，末端夹具相对于世界坐标系的位置和旋转变换关系为

$$
\begin{cases}{}_{\mathrm{T}}^{\mathrm{W}}\boldsymbol{T}={}_{\mathrm{B}}^{\mathrm{W}}\boldsymbol{T}{}_{\mathrm{T}}^{\mathrm{B}}\boldsymbol{T}\\ \begin{bmatrix}{}^{\mathrm{W}}\boldsymbol{P}\\ 1\end{bmatrix}={}_{\mathrm{T}}^{\mathrm{W}}\boldsymbol{T}\begin{bmatrix}{}^{T}\boldsymbol{P}\\ 1\end{bmatrix}\end{cases}\tag{2-22}
$$

根据上述变换关系可得末端夹具相对世界坐标系的齐次变换矩阵：

$$
{}_{T}^{W}\boldsymbol{T}=\left[\begin{array}{ccc:c}\multicolumn{3}{c:}{{}_{T}^{W}\boldsymbol{R}} & {}^{W}\boldsymbol{P}\\ \hdashline 0 & 0 & 0 & 1\end{array}\right]\tag{2-23}
$$

式中 ${}^{W}\boldsymbol{P}$——末端执行器在世界坐标系中的位置矢量；

${}_{T}^{W}\boldsymbol{R}$——末端执行器坐标系变换到世界坐标系的旋转算子。

手臂末端执行器相对世界系的姿态矢量 $\boldsymbol{\varphi}(\alpha,\beta,\gamma)$ 与 ${}_{T}^{W}\boldsymbol{R}$ 关系紧密，这里在描述手臂姿态时使用 Y-Z-Y 欧拉角方法，即

$$
\begin{aligned}
{}_{T}^{W}\boldsymbol{R} &= \boldsymbol{R}_{Y}(\alpha)\boldsymbol{R}_{Z}(\beta)\boldsymbol{R}_{Y}(\gamma) \\
&= \begin{bmatrix} \cos\alpha & 0 & \sin\alpha \\ 0 & 1 & 0 \\ -\sin\alpha & 0 & \cos\alpha \end{bmatrix} \begin{bmatrix} \cos\beta & -\sin\beta & 0 \\ \sin\beta & \cos\beta & 0 \\ 0 & 0 & 1 \end{bmatrix} \begin{bmatrix} \cos\gamma & 0 & \sin\gamma \\ 0 & 1 & 0 \\ -\sin\gamma & 0 & \cos\gamma \end{bmatrix}
\end{aligned} \tag{2-24}
$$

根据式（2-24）可解得手臂末端执行器的姿态矢量 $\boldsymbol{\varphi}(\alpha,\beta,\gamma)$。

编写相应的 C++程序就可以显示 Kinova 多关节机器人在 Moveit 中的关节状态，再输入一组已知的满足约束的关节角就能够得到末端位姿了，图 2-18、图 2-19 是一些结果展示。

多关节机器人各关节角：[2. 301, 3. 144, 3. 089, 1. 378, -1. 210, -3. 282]

```
[ INFO] [1589534197.803185709]: set the jiont_states to get the effsctor's goal
positon
[ INFO] [1589534197.803245773]: joint_[0] = 2.301
[ INFO] [1589534197.803272631]: joint_[1] = 3.144
[ INFO] [1589534197.803296110]: joint_[2] = 3.089
[ INFO] [1589534197.803324188]: joint_[3] = 1.378
[ INFO] [1589534197.803346842]: joint_[4] = -1.210
[ INFO] [1589534197.803368766]: joint_[5] = -3.282
[ INFO] [1589534197.803390715]: the states to get position of end_effor
[ INFO] [1589534197.803427260]: Setting plan time to 30.000000 sec
at attemp: 1
plan success at attemp: 1
```

图 2-18　设定目标关节角

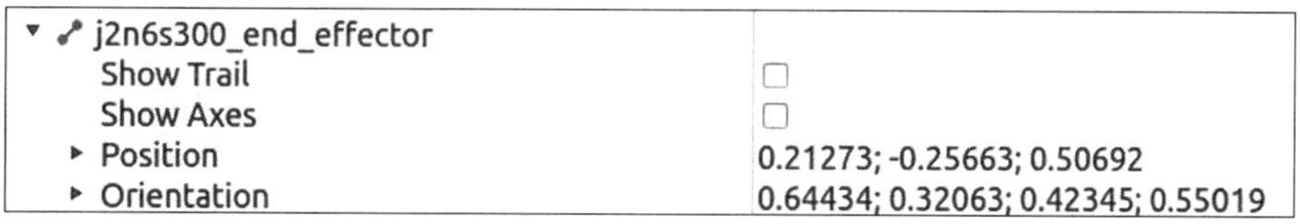

图 2-19　末端执行器位姿

可以从 RVIZ 上得知末端执行器位置：(0. 21273, -0. 25663, 0. 50692)，末端执行器姿态（四元数表示）：(0. 6443, 0. 3206, 0. 4235, 0. 5502)。

在得到多关节机器人的关节角信息之后，将关节角代入由 D-H 模型推出的正运动学方程，可以得出计算的末端执行器位姿，如图 2-20 所示，与仿真得到的位姿进行对比可以验证正运动学方程的正确性。

为了方便对比，将得到的计算结果保留小数点后四位，计算得到的末端执行器位置和四元数姿态分别为：

位置：(0. 2149, -0. 2034, 0. 4187)；

姿态：(0. 6443, 0. 3207, 0. 4235, 0. 5502)。

通过对比可以得出结论，由关节角根据正运动学方程求出的运动学正解与真实位姿符合且误差很小。

```
if __name__ == "__main__":
    th1 = 4.804690
    th2 = 2.924820
    th3 = 1.002000
    th4 = 4.203190
    th5 = 1.445800
    th6 = 1.323300

问题    输出    调试控制台    终端
[[ 0.21489636 -0.2033918   0.41870469]]
[0.6443053860031560l, 0.32065652036326397, 0.42345985973113803, 0.5502106075970660 8]
```

图 2-20　正运动学验证

2.4　双臂机器人逆运动学模型

逆运动学求解求的是在已知末端执行器处于某个特定的空间中可到达位置时机器人各个关节的角度。有时解出的关节角度甚至会不满足机器人的约束条件;有时会产生末端执行器的位置不在工作空间内这样的解,这种情况是没有解的;当计算完全解时,其中一些会超出实际的连接范围,因此多关节机器人的逆运动学求解过程十分复杂。

不同的逆运动学解求取算法有不同的特点,采用数值解法的速度慢、计算量大、无法实时控制,而封闭解法计算高效、快速,可用于对实时性有要求的算法。本书中 A 和 B 构型手臂后三关节交于一点构成典型的球腕关节,求解相对简单,C 构型手臂不存在球腕关节,求解过程相对烦琐,因此这里使用封闭解的代数法或几何法求解 3 种构型的位置逆解,其中 A 构型手臂采用 PIEPER 解法,B 构型手臂采用分离变量法,C 构型手臂采用几何解法。

下面针对 A、B、C 三种构型多关节机器人开展逆解算法说明,由于机器人工作的需要,这 3 种构型的手臂全部设计成旋转关节,进而对双臂机器人逆解算法进行介绍。

2.4.1　A 构型多关节机器人逆运动学模型

A 构型多关节机器人包括 L_1、L_2 构成的肩关节,L_3 构成的肘关节以及 L_4、L_5、L_6 组成的腕关节,这 6 个关节均是旋转类型关节。这里可以看出,L_4、L_5、L_6 这 3 个关节组成了典型的球腕关节,图 2-21 所示为 A 型多关节机器人手臂结构简图。本书使用 PIEPER 解法求解手臂的逆运动学解,坐标系同前面正运动学坐标系。

这里设定 ${}_6^0\boldsymbol{T}$ 为多关节机器人末关节相对基座坐标系的位姿矩阵。

$$
{}_6^0\boldsymbol{T}=\begin{bmatrix} r_{11} & r_{12} & r_{13} & p_x \\ r_{21} & r_{22} & r_{23} & p_y \\ r_{31} & r_{32} & r_{33} & p_z \\ 0 & 0 & 0 & 1 \end{bmatrix} \tag{2-25}
$$

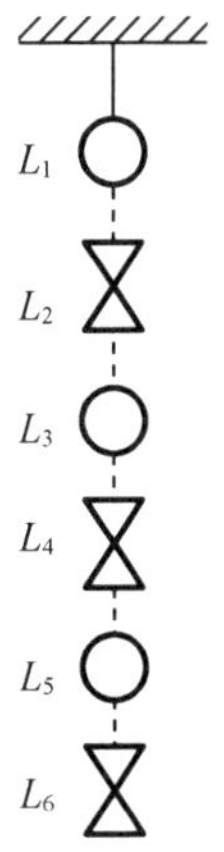

图 2-21　A 型手结构简图

式(2-25)两边同时左乘${}_1^0\boldsymbol{T}^{-1}$：

$${}_1^0\boldsymbol{T}^{-1}\,{}_6^0\boldsymbol{T}={}_2^1\boldsymbol{T}{}_3^2\boldsymbol{T}{}_4^3\boldsymbol{T}{}_5^4\boldsymbol{T}{}_6^5\boldsymbol{T} \tag{2-26}$$

式(2-26)描述了 A 型手末端矩阵${}_6^0\boldsymbol{T}$左乘${}_1^0\boldsymbol{T}^{-1}$后表示形式，其中式子左端只含有变量$\theta_1$(矩阵中)，式子右边矩阵如果存在一个常量元素，那么可以使用分离变量法来求解。

计算可得到上式两边(2,4)元素为

$$p_y\cos\theta_1-p_x\sin\theta_1=d_4\cos\theta_3 \tag{2-27}$$

由于式(2-27)左右两边分别存在θ_1、θ_3两个未知量，因此用分离变量计算 A 型手逆运动学解比较困难。

由上图可知连杆坐标系{4}、{5}和{6}原点重合，也就是后 3 个相邻的轴相交于一点，因此对 A 构型机器人手臂的逆解算法使用三轴相交的 PIEPER 解法，这个交点的坐标如下：

$${}^0\boldsymbol{P}_{4ORG}={}_1^0\boldsymbol{T}{}_2^1\boldsymbol{T}{}_3^2\boldsymbol{T}{}^3\boldsymbol{P}_{4ORG}=\begin{bmatrix}x\\y\\z\\1\end{bmatrix} \tag{2-28}$$

即对于$i=4$，由上式的第 4 列有

$${}^0\boldsymbol{P}_{4ORG}={}_1^0\boldsymbol{T}{}_2^1\boldsymbol{T}{}_3^2\boldsymbol{T}\begin{bmatrix}a_3\\-d_4s\alpha_3\\d_4c\alpha_3\\1\end{bmatrix} \tag{2-29}$$

或

$${}^0\boldsymbol{P}_{4ORG}={}_1^0\boldsymbol{T}{}_2^1\boldsymbol{T}\begin{bmatrix}f_1(\theta_3)\\f_2(\theta_3)\\f_3(\theta_3)\\1\end{bmatrix} \tag{2-30}$$

式中

$$\begin{bmatrix} f_1 \\ f_2 \\ f_3 \\ 1 \end{bmatrix} = {}_3^2\boldsymbol{T} \begin{bmatrix} a_3 \\ -d_4 \sin\alpha_3 \\ d_4 \cos\alpha_3 \\ 1 \end{bmatrix} \tag{2-31}$$

在式(2-31)中,对于${}_3^2\boldsymbol{T}$可得出下列f_i的表达式:

$$\begin{cases} f_1 = a_3 c_3 + d_4 \sin\alpha_3 s_3 + a_2 \\ f_2 = a_3 \cos\alpha_3 s_3 - d_4 \sin\alpha_3 \cos\alpha_2 c_3 - d_4 \sin\alpha_2 \cos\alpha_3 - d_3 \sin\alpha_2 \\ f_3 = a_3 \sin\alpha_2 s_3 - d_4 \sin\alpha_3 \sin\alpha_2 c_3 + d_4 \cos\alpha_2 \cos\alpha_3 + d_3 \cos\alpha_2 \end{cases} \tag{2-32}$$

对于式(2-28)至式(2-30),代入${}_1^0\boldsymbol{T}$和${}_2^1\boldsymbol{T}$,有

$${}^0\boldsymbol{P}_{4\mathrm{ORG}} = \begin{bmatrix} c_1 g_1 - s_1 g_2 \\ s_1 g_1 + c_1 g_2 \\ g_3 \\ 1 \end{bmatrix} \tag{2-33}$$

式中

$$\begin{cases} g_1 = c_2 f_1 - s_2 f_2 + a_1 \\ g_2 = s_2 \cos\alpha_1 f_1 + c_2 \cos\alpha_1 f_2 - \sin\alpha_1 f_3 - d_2 \sin\alpha_1 \\ g_3 = s_2 \sin\alpha_1 f_1 + c_2 \sin\alpha_1 f_2 + \cos\alpha_1 f_3 + d_2 \cos\alpha_1 \end{cases} \tag{2-34}$$

现在写出${}^0\boldsymbol{P}_{4\mathrm{ORG}}$平方的表达式,这里$r=x^2+y^2+z^2$,从式(2-33)可以看出:

$$r = g_1^2 + g_2^2 + g_3^2 \tag{2-35}$$

所以,对于g_i,由式(2-35)可得

$$r = f_1^2 + f_2^2 + f_3^2 + a_1^2 + d_2^2 + 2d_2 f_3 + 2a_1(c_2 f_1 - s_2 f_2) \tag{2-36}$$

现在,由式(2-33)写出z方向分量的方程,那么表示这个系统的两个方程如下:

$$\begin{cases} r = (k_1 c_2 + k_2 s_2) 2a_1 + k_3 \\ z = (k_1 s_2 - k_2 c_2) \sin\alpha_1 + k_4 \end{cases} \tag{2-37}$$

式中

$$\begin{cases} k_1 = f_1 \\ k_2 = -f_2 \\ k_3 = f_1^2 + f_2^2 + f_3^2 + a_1^2 + d_2^2 + 2d_2 f_3 \\ k_4 = f_3 \cos\alpha_1 + d_2 \cos\alpha_1 \end{cases} \tag{2-38}$$

式(2-37)作用非常大,消去了因变量θ_1,并且简化了因变量θ_2的形式。

现在讨论如何由式(2-37)求解θ_3,分3种情况:

(1)若$a_1=0$,则$r=k_3$,这里r是已知的,k_3的右边仅是关于θ_3的函数,代入式(2-39)后,由包含$\tan(\theta_3/2)$的一元二次方程可以解出θ_3。式(2-39)是求解运动学方程经常用到的一种很重要的几何变换方法,其变换为

$$\begin{cases} u = \tan(\theta/2) \\ \cos\theta = (1-u^2)/(1+u^2) \\ \sin\theta = (2u)/(1+u^2) \end{cases} \tag{2-39}$$

(2)若 $\sin\alpha_1=0$,则 $z=k_4$,这里 z 是已知的。在此代入式(2-39)后,利用上面的一元二次方程可以解出 θ_3。

(3)否则,从方程(2-37)中消去 s_2 和 c_2,得到

$$\frac{(r-k_3)^2}{4a_1^2}+\frac{(z-k_4)^2}{s^2\alpha_1}=k_1^2+k_2^2 \tag{2-40}$$

代入式(2-39)解得 θ_3,可得一个四次方程,由此可求出 θ_3。

解出 θ_3 后,就可以根据式(2-37)解出 θ_2,再根据式(2-33)解出 θ_1。

至此完成前 3 个关节的求解,接着在已知前 3 个关节轴转过的角度以及多关节机器人末端执行器的姿态矩阵 ${}_{\mathrm{T}}^{0}\boldsymbol{R}$(即 ${}_{\mathrm{T}}^{0}\boldsymbol{T}$)的情况下,求出多关节机器人的 $X-Y-Z$ 欧拉角变换矩阵,进而求得 4、5、6 关节轴转过的角度 θ_4、θ_5、θ_6。

由旋转矩阵的变换关系得

$${}_{\mathrm{T}}^{0}\boldsymbol{R}={}_{4}^{0}\boldsymbol{R}\big|_{\theta_4=0}\cdot{}_{6}^{4}\boldsymbol{R}\big|_{\theta_4=\theta_5=\theta_6=0}\cdot{}_{\mathrm{T}}^{6}\boldsymbol{R}_{xyz} \tag{2-41}$$

式中 ${}_{\mathrm{T}}^{0}\boldsymbol{R}$——执行器坐标系相对于基坐标系的旋转矩阵;

${}_{4}^{0}\boldsymbol{R}\big|_{\theta_4=0}$——由多关节机器人前 3 个关节角度所决定;

${}_{6}^{4}\boldsymbol{R}\big|_{\theta_4=\theta_5=\theta_6=0}$——关节 6 坐标系到关节 4 坐标系的变换,后 3 个关节角度都为 0°;

${}_{\mathrm{T}}^{6}\boldsymbol{R}_{xyz}$——$X-Y-Z$ 欧拉角变换矩阵。

$${}_{\mathrm{T}}^{6}\boldsymbol{R}_{xyz}={}_{6}^{4}\boldsymbol{R}\big|^{-1}_{\theta_4=\theta_5=\theta_6=0}\cdot{}_{4}^{0}\boldsymbol{R}\big|^{-1}_{\theta_4=0}\cdot{}_{\mathrm{T}}^{0}\boldsymbol{R} \tag{2-42}$$

其中,${}_{6}^{4}\boldsymbol{R}\big|^{-1}_{\theta_4=\theta_5=\theta_6=0}$ 是恒定矩阵,由已经求得的前 3 个关节轴转过的角度 θ_1、θ_2、θ_3 和 ${}_{6}^{4}\boldsymbol{R}\big|^{-1}_{\theta_4=\theta_5=\theta_6=0}$ 可确定 ${}_{6}^{4}\boldsymbol{R}\big|^{-1}_{\theta_4=\theta_5=\theta_6=0}\cdot{}_{4}^{0}\boldsymbol{R}\big|^{-1}_{\theta_4=0}$。

根据末端的姿态矩阵 ${}_{\mathrm{T}}^{0}\boldsymbol{R}$ 和 ${}_{6}^{4}\boldsymbol{R}\big|^{-1}_{\theta_4=\theta_5=\theta_6=0}\cdot{}_{4}^{0}\boldsymbol{R}\big|^{-1}_{\theta_4=0}$ 计算出 ${}_{\mathrm{T}}^{6}R_{xyz}$,$X-Y-Z$ 欧拉角变换矩阵为

$$\boldsymbol{R}_{xyz}(\theta_4,\theta_5,\theta_6)=\begin{bmatrix}\cos\theta_5\cos\theta_6 & -\cos\theta_5\sin\theta_6 & \sin\theta_5\\ \sin\theta_4\sin\theta_5\cos\theta_6+\cos\theta_4\sin\theta_6 & -\sin\theta_4\sin\theta_5\sin\theta_6+\cos\theta_4\cos\theta_6 & -\sin\theta_4\cos\theta_5\\ -\cos\theta_4\sin\theta_5\cos\theta_6+\sin\theta_4\sin\theta_6 & \cos\theta_4\sin\theta_5\sin\theta_6+\sin\theta_4\cos\theta_6 & \cos\theta_4\cos\theta_5\end{bmatrix} \tag{2-43}$$

上式可简化表示为

$$\boldsymbol{R}_{xyz}(\theta_4,\theta_5,\theta_6)=\begin{bmatrix}r_{11} & r_{12} & r_{13}\\ r_{21} & r_{22} & r_{23}\\ r_{31} & r_{32} & r_{33}\end{bmatrix}$$

若 $\cos\theta_5\neq0$,则有

$$\theta_5=\tan^{-1}\left(r_{13}/\sqrt{{r_{11}}^2+{r_{12}}^2}\right)$$

$$\theta_4=\tan^{-1}[(-r_{23}/\cos\theta_5)/(r_{33}/\cos\theta_5)]$$

$$\theta_6=\tan^{-1}[(-r_{12}/\cos\theta_5)/(r_{11}/\cos\theta_5)]$$

最后得到多关节机器人 4、5、6 号关节轴转过的角度 θ_4、θ_5、θ_6。

现在已经求解出 A 构型多关节机器人 6 个关节的角度,接下来通过编写程序设计对 A

构型多关节机器人逆运动学解的验证。对于逆运动学解的验证这里通过设计多组求解案例,分别通过正运动学和逆运动学两种手段对比分析结果的正确与否。

给定多组期望目标的位置(x,y,z)、姿态$\varphi(\alpha,\beta,\gamma)$,试验数据统计如表 2-5 所示。

表 2-5　A 构型多关节机器人逆运动学解试验数据统计

验证次数	位置/dm (x,y,z)	姿态/(°) (α,β,γ)	逆运动学解角度/(°)					
			θ_1	θ_2	θ_3	θ_4	θ_5	θ_6
1	(1,1,0.3)	(20,32,0)	-71.283	174.63	-139.02	-119.53	114.00	-144.13
2	(0.5,0.6,-0.4)	(12,40,20)	-47.27	162.57	-142.80	-144.77	101.31	-161.70
3	(1,0.6,-0.2)	(60,30,40)	-38.13	158.48	-139.75	-131.36	123.75	-104.04
4	(-0.5,0.5,0.6)	(0,-10,60)	149.74	136.97	-149.57	-137.11	104.15	21.44

表 2-5 是已知物体的位置和姿态通过逆运动学求得 $\theta_1 \sim \theta_6$,下面以 $\theta_1 \sim \theta_6$ 为输入、物体的位置和姿态为输出,进行反向验证多关节机器人解的正确性,结果如表 2-6 所示。

表 2-6　A 构型多关节机器人反向验证运动学试验数据统计

验证次数	关节角度/(°)						位置/dm (x,y,z)	姿态/(°) (α,β,γ)
	θ_1	θ_2	θ_3	θ_4	θ_5	θ_6		
1	-71.283	174.63	-139.02	-119.53	114.00	-144.13	(1,1,0.3)	(20,32,0)
2	-47.27	162.57	-142.80	-144.77	101.31	-161.70	(0.5,0.6,-0.4)	(12,40,20)
3	-38.13	158.48	-139.75	-131.36	123.75	-104.04	(1,0.6,-0.2)	(60,30,40)
4	149.74	136.97	-149.57	-137.11	104.15	21.44	(-0.5,0.5,0.6)	(0,-10,60)

通过表 2-5 和表 2-6 的对比可以看出,正运动学解的试验数据和逆运动学解的试验数据存在误差较小,这个误差是由于表格空间限制而采取的取舍造成的,可以忽略。

2.4.2　B 构型多关节机器人逆运动学模型

B 构型多关节机器人由 L_1、L_2 组成肩关节,L_3 构成肘关节以及 L_4、L_5、L_6 组成典型球腕关节,这 6 个关节类型均为旋转关节。这里可以看出,L_4、L_5、L_6 这 3 个关节组成典型的球腕关节,图 2-22 所示为手臂结构简图,使用分离变量法求解手臂的逆运动学解,坐标系同正运动学坐标系。

对于 B 构型这种典型球腕关节的机器人,通过使用分离变量法就可以求出各个关节角度,这里设定${}_6^0\boldsymbol{T}$为机器人末关节相对基座的位姿矩阵,其中

$$
{}_6^0\boldsymbol{T}=\begin{bmatrix} r_{11} & r_{12} & r_{13} & p_x \\ r_{21} & r_{22} & r_{23} & p_y \\ r_{31} & r_{32} & r_{33} & p_z \\ 0 & 0 & 0 & 1 \end{bmatrix} \tag{2-44}
$$

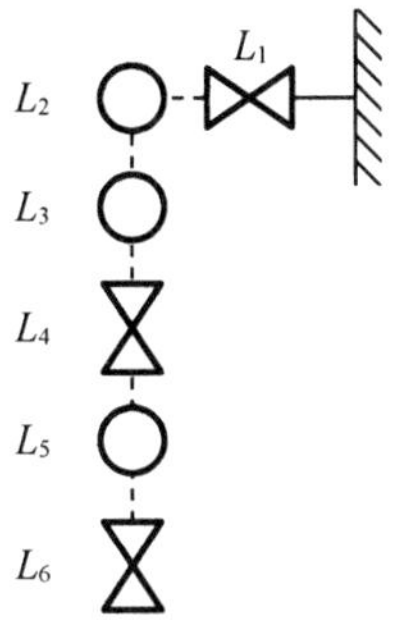

图 2-22　B 型手结构简图

在式(2-44)两边同时左乘${}^0_1\boldsymbol{T}^{-1}$：

$$
{}^0_1\boldsymbol{T}^{-1}\,{}^0_6\boldsymbol{T}={}^1_2\boldsymbol{T}\,{}^2_3\boldsymbol{T}\,{}^3_4\boldsymbol{T}\,{}^4_5\boldsymbol{T}\,{}^5_6\boldsymbol{T} \tag{2-45}
$$

这时上式左侧只有 θ_1 为未知量，令上式两边的对应元素(2,4)相等：

$$
-s_1p_x+c_1p_y=0 \tag{2-46}
$$

令 $p_x=r\cos\varphi, p_y=r\sin\varphi$，其中，$r=\sqrt{p_x^2+p_y^2}$，$\varphi=A\tan 2(p_y,p_x)$，经过三角变换得 $c_1\sin\varphi-s_1\cos\varphi=0$，即 $\sin(\varphi-\theta_1)=0$，又有 $\cos(\varphi-\theta_1)=\pm1$。

因此可得：$\theta_1=A\tan 2(p_y,p_x)-A\tan 2(0,\pm\sqrt{p_x^2+p_y^2})$，这样就求得 θ_1，其中正负号表示 θ_1 的两个可能取值。θ_1 求出之后，式(2-45)左边为已知量，此时令其两边的(1,4) 和(3,4)元素分别对应相等，可求出 θ_3：

$$
\theta_3=-A\tan 2(K,\pm\sqrt{9-K^2})
$$

式中，$K=(p_x^2+p_y^2+p_z^2-2.25-9)/3$。

在正运动学方程的两边同乘${}^0_3\boldsymbol{T}^{-1}$：

$$
{}^0_3\boldsymbol{T}^{-1}\,{}^0_6\boldsymbol{T}={}^3_4\boldsymbol{T}\,{}^4_5\boldsymbol{T}\,{}^5_6\boldsymbol{T} \tag{2-47}
$$

因 θ_1、θ_3 已经求出，等式左边只有 θ_2 是未知数，令两边的元素(1,4)和(2,4)对应相等：

$$
\begin{cases} c_1c_{23}p_x+s_1c_{23}p_y-s_{23}p_z-1.5c_3=0 \\ -c_1s_{23}p_x-s_1s_{23}p_y-c_{23}p_x+1.5s_3=3 \end{cases} \tag{2-48}
$$

由两个方程联立可求得 s_{23} 和 c_{23} 的值：

$$
\begin{cases} s_{23}=(-1.5c_3)p_z-(c_1p_z+s_1p_y)(1.5s_3-3)/[p_z^2+(c_1p_x+s_1p_y)^2] \\ c_{23}=(1.5s_3-3)p_z-(c_1p_x+s_1p_y)(-1.5c_3)/[p_z^2+(c_1p_x+s_1p_y)^2] \end{cases} \tag{2-49}
$$

因此可得：$\theta_{23}=A\tan 2[-1.5c_3p_z+(c_1p_x+s_1p_y)(1.5s_3-3),(1.5s_3-3)p_z+(c_1p_x+s_1p_y)(1.5c_3)]$。

可求得 $\theta_2=\theta_{23}-\theta_3$。

式(2-47)的左边全为已知量，令其两边的元素(1,3)和(3,3)分别对应相等：

$$
\begin{cases} r_{13}c_1c_{23}+r_{23}s_1c_{23}-s_{23}r_{33}=-c_4s_5 \\ -r_{13}s_1+r_{23}c_1=s_4s_5 \end{cases} \tag{2-50}
$$

如果 $s_5\neq0$，由上式求出 $\theta_4=A\tan 2(-r_{13}s_1+r_{23}c_1,-r_{13}c_1c_{23}-r_{23}s_1c_{23}+r_{33}s_{23})$。

如果 $s_5=0$，则关节 L_4 和关节 L_6 的轴线重合，机器人处于奇异状态，θ_4 可以取任意值，通常取 θ_4 的当前值。

在正运动学正方程的两边同乘${}^{0}_{4}\boldsymbol{T}^{-1}$得到${}^{0}_{4}\boldsymbol{T}^{-1}{}^{0}_{6}\boldsymbol{T}={}^{4}_{5}\boldsymbol{T}{}^{5}_{6}\boldsymbol{T}$，令两边的元素(1,3)和(3,3)对应相等：

$$\begin{cases}r_{13}(c_1c_{23}c_4+s_1s_4)+r_{23}(s_1c_{23}c_4-c_1s_4)-r_{33}s_{23}c_4=-s_5\\ r_{13}(-c_1s_{23})+r_{23}(-s_1s_{23})+r_{33}(-c_{23})=c_5\end{cases}\tag{2-51}$$

由上式可求出 $\theta_5=\mathrm{Atan2}(s_5,c_5)$，在运动学方程的两边同乘${}^{0}_{5}\boldsymbol{T}^{-1}$得到${}^{0}_{5}\boldsymbol{T}^{-1}{}^{0}_{6}\boldsymbol{T}={}^{5}_{6}\boldsymbol{T}$，令两边元素(3,1)和(1,1)对应相等，可求得 $\theta_6=\mathrm{Atan}\ 2(s_6,c_6)$，式中：

$$\begin{cases}s_6=-r_{11}(c_1c_{23}s_4-s_1c_4)-r_{21}(s_1c_{23}s_4+c_1c_4)+r_{31}s_{23}s_4\\ c_6=-r_{11}[(c_1c_{23}c_4+s_1s_4)c_5-c_1s_{23}s_5]+r_{21}[(s_1c_{23}c_4-c_1s_4)c_5]-s_1s_{23}s_5-r_{31}(s_{23}c_5c_4+c_{23}c_5)\end{cases}\tag{2-52}$$

因为 θ_1、θ_3 的解中存在正负值，所以它们的组合共有 4 组解，同时当机器人的手腕翻转 180°后，末端的位姿会保持不变，因此可得另外 4 组解，其中 θ、θ_3 可取正负值：

$$\theta_1'=\theta_1,\theta_2'=\theta_2,\theta_3'=\theta_3,\theta_4'=\theta_4+180°,\theta_5'=-\theta_5,\theta_6'=\theta_6+180°$$

这样就求出机器人各个关节的角度，但它们存在 8 组解，一般情况这 8 组解可能并不全都是可行解，因此还需要各关节的限位以及其他限制条件完成多解的筛选。

接下来通过编写程序设计对 B 构型机器人逆运动学解的验证，对于逆运动学解的验证这里通过设计多组求解案例，分别通过正运动学和逆运动学两种手段对比分析结果的正确与否。

给定多组期望目标的位置(x,y,z)、姿态 $\varphi(\alpha,\beta,\gamma)$，试验数据统计如表 2-7 所示。

表 2-7　B 构型多关节机器人逆运动学解试验数据统计

验证次数	位置/dm (x,y,z)	姿态/(°) (α,β,γ)	逆运动学解角度/(°)					
			θ_1	θ_2	θ_3	θ_4	θ_5	θ_6
1	(4,3.5,0)	(20,0,10)	90.00	-107.80	62.14	0.00	45.66	-60.00
2	(-4.2,2.5,2)	(-60,20,10)	-58.92	-104.58	29.95	20.64	75.95	3.63
3	(2,3.5,-2.5)	(60,-20,-10)	139.89	-121.67	104.61	-127.46	4.36	37.05
4	(-3.5,1.5,2.5)	(20,40,0)	-50.00	-144.17	84.69	30.52	24.36	46.17

表 2-7 是已知物体的位置和姿态，通过逆运动学求得 $\theta_1\sim\theta_6$，下面以 $\theta_1\sim\theta_6$ 为输入、物体的位置和姿态为输出，进行反向验证机器人解的正确性，结果如表 2-8 所示。

表 2-8　B 构型多关节机器人反向验证运动学试验数据统计

验证次数	关节角度/(°)						位置/dm (x,y,z)	姿态/(°) (α,β,γ)
	θ_1	θ_2	θ_3	θ_4	θ_5	θ_6		
1	90.00	-107.80	62.14	0.00	45.66	-60.00	(4,3.5,0)	(20,0,10)
2	-58.92	-104.58	29.95	20.64	75.95	3.63	(-4.2,2.5,2)	(-60,20,10)
3	139.89	-121.67	104.61	-127.46	4.36	37.05	(2,3.5,-2.5)	(60,-20,-10)
4	-50.00	-144.17	84.69	30.52	24.36	46.17	(-3.5,1.5,2.5)	(20,40,0)

通过上面两个表的对比可以看出,正运动学解的试验数据和逆运动学解的试验数据存在误差较小,这个误差是由于表格空间限制而采取的取舍造成的,可忽略。

2.4.3　C 构型多关节机器人逆运动学模型

C 构型多关节机器人由 L_1、L_2 组成肩关节,L_3、L_4 组成肘关节以及 L_5、L_6 组成非球腕关节,这 6 个关节均是旋转关节,手臂结构简图如图 2-23 所示,本书使用几何法求解手臂的逆运动学解,坐标系同前面正运动学坐标系。

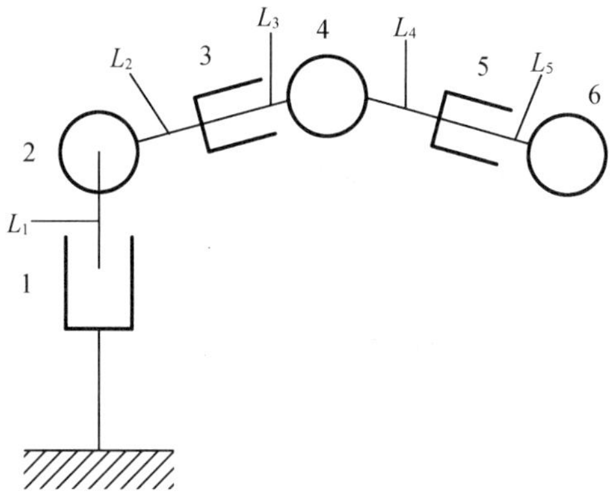

图 2-23　C 型手结构简图

由图 2-23 的手臂构型可知,C 构型多关节机器人为非典型球腕关节手臂,如果使用解析法进行逆运动学求解,其过程比较烦琐,并且会影响算法执行效率,这里提出一种几何法对手臂逆运动学进行求解。本文求解 C 型手逆运动学解的几何法思想包括以下内容:首先求取 O_4 点坐标;进而根据 O_4 的坐标求取,展开 6 个关节角度的求取。

1. 求解 O_4 点坐标

首先,利用坐标变换和空间几何关系求取第 4 关节坐标系原点在世界坐标系的表示,为此建立球与圆交点的几何模型,示意图如图 2-24 和图 2-25 所示。

图 2-24 和图 2-25 中,$l_1 \sim l_6$ 为手臂连杆长度;O_2、O_6 分别为第 2、第 6 关节坐标系原点;S 是以 O_2 为球心,以 l_2、l_3 长度之和为半径 R 的球;C 或 D 为第 4 关节坐标系的原点;C_1 是以 O_6 为圆心,以 l_4、l_5 长度之和为半径 r 的圆;C_2 为 Y_6Z_6 平面经过 S 截得的圆,圆心为 O'。

C_1 与 S 有交点,交点的个数由 $|x_{2in6}|$ 和 R 决定,当

$$\begin{cases} |x_{2in6}| < R, & \text{无交点} \\ |x_{2in6}| \leqslant R, & \text{交点 } C、D \end{cases} \tag{2-53}$$

式中,x_{2in6} 是第 2 关节坐标系原点在世界坐标系的 x 分量变换到第 6 关节坐标系下的形式,下述表示与此类似。

由图 2-24 和图 2-25 可求得 C_2 的半径 $r' = \sqrt{R^2 - {x_{2in6}}^2}$,接下来以 C、O'、O_6(或 D、O'、O_6)为顶点建立三角形,利用三角关系可求得边 CO'(或 DO')对应的角度 $\theta_{CO'}$(或 $\theta_{DO'}$):

$$\theta_{CO'}=\arccos\left(\frac{|CO_6|^2+|O'O_6|^2}{2*|CO_6|*|O'O_6|}\right) \tag{2-54}$$

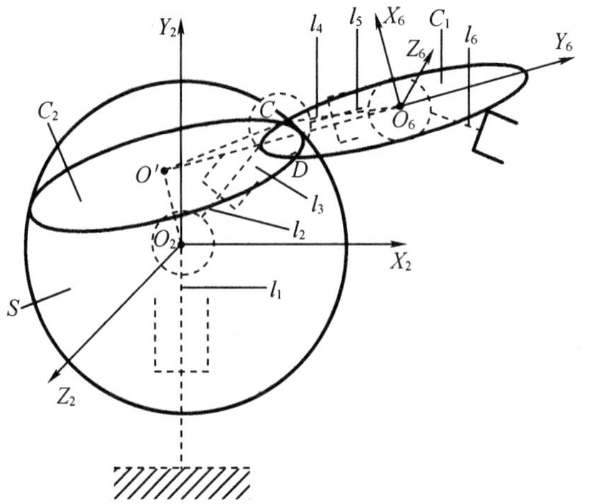

图 2-24　球与圆几何关系示意图

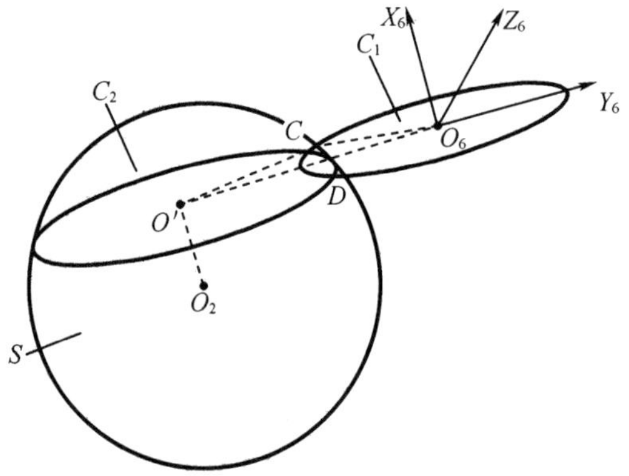

图 2-25　球与圆交点示意图

式(2-54)由三角形三边关系 $|CO'|^2=|CO_6|^2+|O'O_6|^2-2*|CO_6|*|O'O_6|*\cos\theta_{CO'}$ 求得($\theta_{DO'}$的求解同理)。

此时可以求出

$$O_4={}_6^0T*O_{4\text{in}6} \tag{2-55}$$

其中

$$\begin{cases}O_{4\text{in}6}=(x_{4\text{in}6},y_{4\text{in}6},z_{4\text{in}6})\\(x_{4\text{in}6},y_{4\text{in}6},z_{4\text{in}6})=(0,r*\cos\theta',r*\sin\theta')\\\theta'=\theta_{O'}+\theta_{CO'}\\\theta_{O'}=a\tan 2(z_{2\text{in}6},y_{2\text{in}6})\\O_2=(x_{2\text{in}6},y_{2\text{in}6},z_{2\text{in}6})\end{cases} \tag{2-56}$$

式中,O_4 表示第 4 关节坐标系原点在基座坐标系中的形式。由于 C、D 是 O_4 的两个可能解,因此 D 的变换同理。

2. 求解机器人各关节角度

由上述步骤可得 O_2、O_4、O_6 在世界坐标系中的描述，下面进行各关节角度的求解。为了将过程描述清晰，本节先针对其中一种情况推导求解过程，后面会单独讨论多解的计算方法。还应当注意 C 构型 6 自由度机器人在实际运动中存在多解问题。这里统一规定 S_i 代表第 i 关节的坐标系，S_0 代表基座坐标系。

（1）求解关节角度 θ_1

$$\begin{cases}\theta_3 = a\tan 2(y_{6in2}, z_{6in2}) \\ [x_{6in2}, y_{6in2}, z_{6in2}]^{T} = ({}_2^0\boldsymbol{T}) - 1{}_6^0\boldsymbol{T}\end{cases} \tag{2-57}$$

$$\theta_1 = a\tan 2(x_4, z_4) \tag{2-58}$$

式中　x_4、z_4——O_4 在 X_0Z_0 平面上的投影分量。

（2）求解关节角度 θ_2

$$\begin{cases}\theta_2 = a\tan 2(y_{4in1} - l_1, x_{4in1}) \\ (x_{4in1}, y_{4in1}, z_{4in1}) = {}_0^1TO_4\end{cases} \tag{2-59}$$

式中　$(x_{4in1}, y_{4in1}, z_{4in1})$——$O_{4in1}$ 的坐标表示。

（3）求解关节角度 θ_3

$$\begin{cases}\theta_3 = a\tan 2(y_{6in2}, z_{6in2}) \\ (x_{6in2}, y_{6in2}, z_{6in2}) = ({}_2^0\boldsymbol{T})_6^{-10}\boldsymbol{T}\end{cases} \tag{2-60}$$

式中　$(x_{6in2}, y_{6in2}, z_{6in2})$——$O_{6in2}$ 的坐标表示。

由于 θ_1（或 θ_1'）、θ_2（或 θ_2'）已知，故得 S_0 到 S_2 的齐次变换矩阵${}_0^2\boldsymbol{T} = {}_0^1\boldsymbol{T}_1^2\boldsymbol{T}$，进而可得 $O_{6in2} = ({}_2^0\boldsymbol{T})_6^{-10}\boldsymbol{T}$，将 O_{6in2} 向 Y_2Z_2 平面进行投影分别得 y_{6in2}、z_{6in2}，此时 $\theta_3 = a\tan 2(y_{6in2}, z_{6in2})$，考虑翻肘对称解为 θ_3'，此时 $\theta_3' = \theta_3 + 180°$。

（4）求解关节角度 θ_4

$$\begin{cases}\theta_4 = a\tan 2(z_{6in3} - l_3, y_{6in3}) \\ (x_{6in3}, y_{6in3}, z_{6in3}) = ({}_3^0\boldsymbol{T})^{-1}\boldsymbol{X}_6 \\ {}_3^0\boldsymbol{T} = {}_1^0\boldsymbol{T}_2^1\boldsymbol{T}_3^2\boldsymbol{T}\end{cases} \tag{2-61}$$

式中　$(x_{6in3}, y_{6in3}, z_{6in3})$——$O_{6in3}$ 的坐标表示。

（5）求解关节角度 θ_5

$$\begin{cases}\theta_5 = a\tan 2(z_{X_{6in4}}, y_{X_{6in4}}) \\ (x_{6in4}, y_{6in4}, z_{6in4}) = ({}_4^0\boldsymbol{T})^{-1}\boldsymbol{X}_6 \\ {}_4^0\boldsymbol{T} = {}_1^0\boldsymbol{T}_2^1\boldsymbol{T}_3^2\boldsymbol{T}_4^3\boldsymbol{T}\end{cases} \tag{2-62}$$

（6）求解关节角度 θ_6

$$\begin{cases}\theta_6 = a\tan 2(z_{Y_{6in5}}, y_{Y_{6in5}} - l_5) \\ (y_{6in5}, y_{6in5}, y_{6in5}) = ({}_5^0\boldsymbol{T})^{-1}\boldsymbol{Y}_6 \\ {}_5^0\boldsymbol{T} = {}_1^0\boldsymbol{T}_2^1\boldsymbol{T}_3^2\boldsymbol{T}_4^3\boldsymbol{T}_5^4\mathrm{T}\end{cases} \tag{2-63}$$

至此，图 2-23 对应手臂的 $\theta_1 \sim \theta_6$ 已经求解完毕，完成了手臂逆运动学的求解。

3. 多解的求解

本构型 6 自由度多关节机器人可能有 8 组解共存，在前面已经求得的一组解基础上，很容易获得其余 7 组解，实现方法如下：

（1）首先，将前面方法中第（1）步计算的 θ_1 代入新的角度 $\theta_1' = \theta_1 + 180°$，$\theta_2$ 代入新的角度 $\theta_2' = 180° - \theta_2$。令 θ_1'代替 θ_1，θ_2'代替 θ_2，并代入到后续步骤中，即可求得基座对称的另一组解。

（2）然后，将前面方法中第（2）步计算的 θ_3 代入新的角度 $\theta_2' = \theta_2 + 180°$，$\theta_4$ 代入新的角度 $\theta_3' = -\theta_3$。令 θ_2'代替 θ_2，θ_3'代替 θ_3，并代入到后续步骤中，即可求得中肘翻腕的另一组解。

（3）由第 4 关节位置的计算可知，在有解的情况下 O_4 的坐标存在两种可能。

至此，C 构型多关节机器人逆运动学解结果可由上述多解求解排列组合，共得 8 组解。

接下来通过编写程序设计对 C 构型多关节机器人逆运动学解进行验证。对于逆运动学解的验证，这里通过设计多组求解案例，分别通过正运动学和逆运动学两种手段对比分析结果的正确与否。

设定多组待抓取物体的位置 (x, y, z)、姿态 $\varphi(\alpha, \beta, \gamma)$，试验数据统计如表 2-9 所示。

表 2-9　C 构型多关节机器人逆运动学解试验数据统计

验证次数	位置/dm (x,y,z)	姿态/(°) (α,β,γ)	逆运动学解角度/(°)					
			θ_1	θ_2	θ_3	θ_4	θ_5	θ_6
1	(2.5,1,0)	(0,10,30)	−163.48	−136.07	−155.47	136.12	−57.31	−19.37
2	(2.1,2.6,0.3)	(22,−15,−45)	118.76	138.83	96.91	135.20	−43.65	102.01
3	(−1.4,1.6,1.2)	(−22,37,10)	72.46	−170.68	−122.00	151.27	24.21	54.28
4	(1,−1.2,0.8)	(60,20,22)	72.31	−171.70	−122.71	151.32	24.43	54.12

表 2-9 是已知物体的位置和姿态通过逆运动学求得 $\theta_1 \sim \theta_6$，下面以 $\theta_1 \sim \theta_6$ 为输入、物体的位置和姿态为输出，反向验证多关节机器人解的正确性，结果如表 2-10 所示。

表 2-10　C 构型多关节机器人反向验证运动学试验数据统计

验证次数	关节角度/(°)						位置/dm (x,y,z)	姿态/(°) (α,β,γ)
	θ_1	θ_2	θ_3	θ_4	θ_5	θ_6		
1	−163.48	−136.07	−155.47	136.12	−57.31	−19.37	(2.5,1,0)	(0,10,30)
2	118.76	138.83	96.91	135.20	−43.65	102.01	(2.1,2.6,0.3)	(22,−15,−45)
3	72.46	−170.68	−122.00	151.27	24.21	54.28	(−1.4,1.6,1.2)	(−22,37,10)
4	72.31	−171.70	−122.71	151.32	24.43	54.12	(1,−1.2,0.8)	(60,20,22)

通过上面两表对比可以看出，正运动学解的试验数据和逆运动学解的试验数据的误差较小，这个误差是由于表格空间限制而采取的取舍造成的，该误差可忽略。

2.4.4　双臂机器人逆运动学求解

双臂机器人逆运动学求解即双臂机器人由世界坐标系中给定的位置姿态，变换到多关节机器人基座坐标系，下述坐标系的变换都是相对世界坐标系而言的，所有给定的数值都是在世界坐标系的描述。世界坐标系、机器人本体坐标系、多关节机器人基座坐标系之间经过一系列变换后，结合上述多关节机器人的逆运动学解算法，对基于双臂机器人的手臂逆运动学进行求解。

这里以 C 构型多关节机器人为例，对双臂机器人构型进行说明。为了实现机器人灵活作业的特点，图 2-26 给出了 C 构型双臂机器人结构简图，其由身体、足部以及双臂构成。机器人的移动策略采用轮式结构。当用户输入目标物体的位置、姿态时，机器人首先移动到手臂的可达工作空间内，之后进行目标物体的抓取。其中，下标“W”代表世界坐标系，下标“R”代表机器人本体坐标系，下标“B_L”代表左手臂基座坐标系，下标“B_R”代表右手臂基座坐标系，下标“T”代表机器人工具坐标系，本书中下标“S”代表虚拟的工作台坐标系。以下主要研究双臂机器人逆运动学解算法，机器人本体的移动和旋转作为可动态设定的变量考虑，但不考虑机器人平面移动过程的轨迹规划。

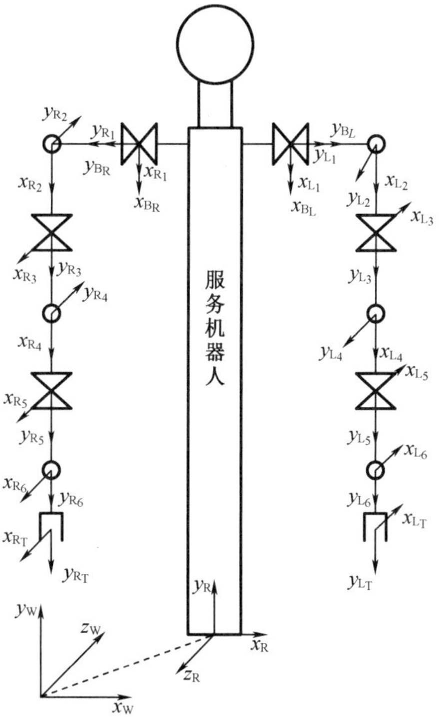

图 2-26　C 构型双臂机器人结构简图

该双臂机器人的运动和抓取动作都是相对世界坐标系实现的，要想有效地控制机器人的运动，使机器人准确地抓取物体，需要对双臂机器人本体坐标系、世界坐标系、左右臂坐标系、工作台坐标系建立合理的变换关系。由于该服务机器人的左右手是对称结构，其运动学方程的建立相同，这里以左手为例对服务机器人的正运动学方程进行求解：

$$ {}^{W}_{L_T}\boldsymbol{T}={}^{W}_{R}\boldsymbol{T}{}^{R}_{B_L}\boldsymbol{T}{}^{B}_{L_T}\boldsymbol{T} \tag{2-64}$$

式中 ${}^{W}_{R}\boldsymbol{T}$——机器人本体坐标系到世界坐标系的齐次变换矩阵；

${}^{R}_{B_L}\boldsymbol{T}$——手臂基座到机器人本体坐标系的齐次变换矩阵；

${}^{B_L}_{L_T}\boldsymbol{T}$——左手的工具坐标系到左手臂基座坐标系的齐次变换矩阵。

双臂机器人手臂逆运动学求解是以机器人逆运动学解为基础的，但双臂机器人多出了目标物体坐标系、手臂基座坐标系的坐标变换，还包括目标物体坐标系与工作台坐标系、工作台坐标系与世界坐标系、机器人本体坐标系与世界坐标系、手臂基座坐标系与机器人本体坐标系的位姿变换。虽然双臂机器人的左右手臂是对称关系，但是左右手臂的逆运动学求解不完全相同，以下仅以左手臂为代表进行描述。

图 2-27 为不同坐标系间的位姿关系图，其中 p_{x_i}、p_{y_i}、p_{z_i} 分别代表某个坐标系的原点在参考坐标系的位置分量，φ_i 代表某个坐标系相对于参考坐标系的旋转偏角。

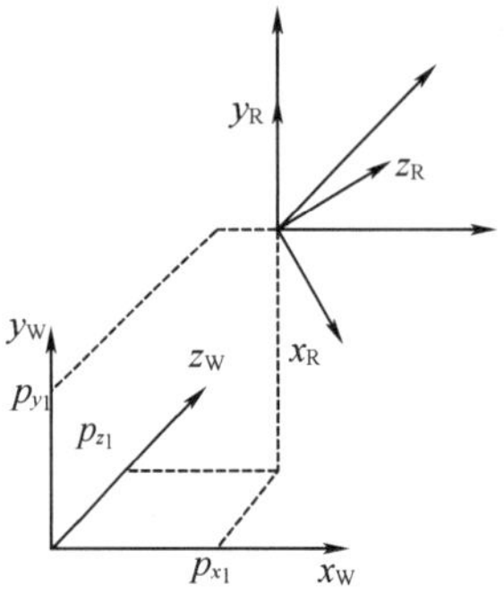

(a)本体坐标系与世界坐标系关系

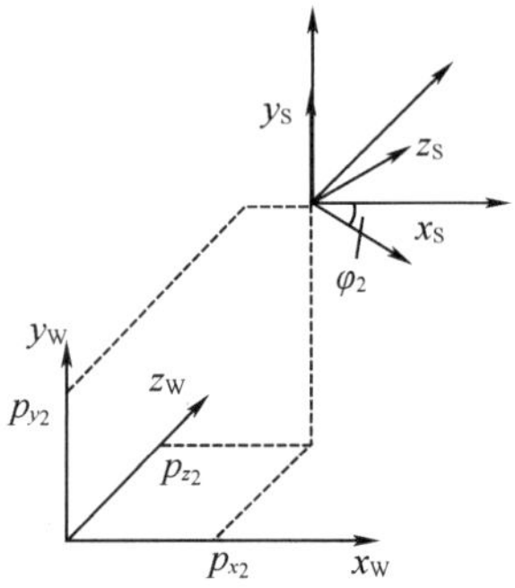

(b)夹具坐标系与世界坐标系关系

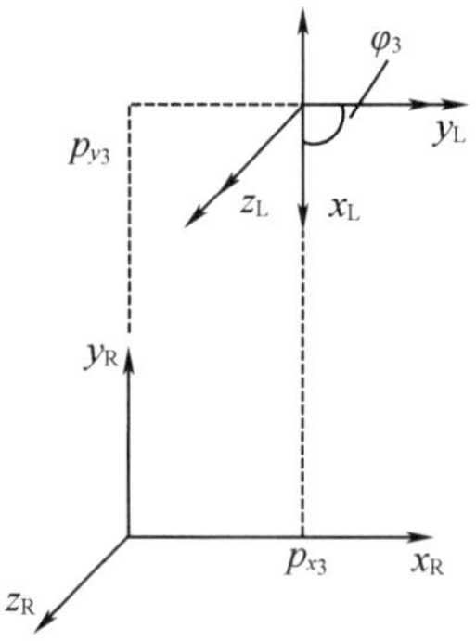

(c)本体坐标系与左基座坐标系关系

图 2-27 不同坐标系间的位姿关系图

分析图 2-27(a)(b)(c)的坐标系间关系，由图 2-27(a)可以得出机器人本体坐标系在世界坐标系的表示：

$$ {}^{W}_{R}\boldsymbol{T}=\mathrm{tr}(p_{x_1},p_{y_1},p_{z_1})\mathrm{rot}(y,\varphi_1) \tag{2-65}$$

由图 2-27(b)可以得出工作台坐标系在世界坐标系的表示：

$$ {}^{W}_{S}\boldsymbol{T}=\mathrm{tr}(p_{x_2},p_{y_2},p_{z_2})\mathrm{rot}(y,\varphi_2) \tag{2-66}$$

由图 2-27(c)可以得出左手臂基座坐标系在机器人本体坐标系中的表示：

$$ {}_{\mathrm{B_L}}^{\mathrm{R}}\boldsymbol{T}=\mathrm{tr}(p_{x_3},p_{y_3},p_{z_3})\,\mathrm{rot}(z,90) \tag{2-67}$$

下式为目标物体在工作台坐标系中的表示：

$$\boldsymbol{P}=\begin{bmatrix} x_1 & y_1 & z_1 & p_1 \\ x_2 & y_2 & z_2 & p_2 \\ x_3 & y_3 & z_3 & p_3 \\ 0 & 0 & 0 & 1 \end{bmatrix} \tag{2-68}$$

式中　x_i——姿态矢量 x 的坐标分量；

y_i——姿态矢量 y 的坐标分量；

z_i——姿态矢量 z 的坐标分量；

p_i——位置矢量 p 的坐标分量。

夹具抓取物体时位姿是以基座坐标系为参考的，所以这里应该将 $\boldsymbol{P}$ 变换到左手臂基座坐标系下表示，变换关系为 ${}_{\mathrm{P}}^{\mathrm{B_L}}\boldsymbol{T}={}_{\mathrm{R}}^{\mathrm{B_L}}\boldsymbol{T}{}_{\mathrm{W}}^{\mathrm{R}}\boldsymbol{T}{}_{\mathrm{S}}^{\mathrm{W}}\boldsymbol{T}{}_{\mathrm{P}}^{\mathrm{S}}\boldsymbol{T}$。

下面进行双臂机器人逆运动学解求取，此时可直接调用前面 C 型手逆运动学解算法。

现在对双臂机器人逆运动学解算法进行验证，上述内容已经验证 A、B、C3 种构型手臂正、逆运动学的可行性，接下来对 C 型双臂机器人进行软件仿真试验，以此验证其逆运动学解算法的正确性，试验数据统计如表 2-11 所示。

表 2-11　C 构型双臂机器人逆运动学解试验数据统计

验证次数	位置/dm (x,y,z)	姿态/(°) (α,β,γ)		逆运动学解角度/(°)					
				θ_1	θ_2	θ_3	θ_4	θ_5	θ_6
1	(0.5,0.4,0.1)	(10,0,20)	左手	160.90	−144.64	92.05	71.76	−16.43	−116.65
			右手	−158.98	−152.76	−98.96	85.80	46.31	−108.95
2	(−0.2,0.52,0.6)	(30,22,51)	左手	142.68	−147.39	77.78	113.86	19.78	−58.64
			右手	−148.02	−159.29	−59.70	111.05	83.11	−39.79
3	(0.32,0.7,0.18)	(22,5,16)	左手	173.13	−131.26	66.31	122.11	−38.26	−34.1
			右手	161.83	−165.6	−49.74	133.7	42.61	5.92

表 2-11 是已知物体的位置和姿态，通过逆运动学求得 $\theta_1 \sim \theta_6$，下面以 $\theta_1 \sim \theta_6$ 为输入、物体的位置和姿态为输出，进行反向验证机器人解的正确性，结果如表 2-12 所示。

表 2-12　C 构型双臂机器人反向验证运动学试验数据统计

验证次数		关节角度/(°)						位置/dm	姿态/(°)
		θ_1	θ_2	θ_3	θ_4	θ_5	θ_6	(x,y,z)	(α,β,γ)
1	左手	160.9	−144.6	92.1	71.8	−16.4	−116.7	(0.5,0.4,0.1)	(10,0,20)
	右手	−159	−152.8	−99	85.8	46.3	−109	(0.5,0.4,0.1)	(10,0,20)

表 2-12(续)

验证次数		关节角度/(°)						位置/dm	姿态/(°)
		θ_1	θ_2	θ_3	θ_4	θ_5	θ_6	(x,y,z)	(α,β,γ)
2	左手	142.7	-147.4	77.8	113.9	19.8	-58.6	(-0.2,0.52,0.6)	(30,22,51)
	右手	-148	-159.3	-59.7	111.1	83.1	-39.8	(-0.2,0.52,0.6)	(30,22,51)
3	左手	173.1	-131.3	66.3	122.1	-38.3	-34.1	(0.32,0.7,0.18)	(22,5,16)
	右手	161.8	-165.6	-49.7	133.7	42.6	5.9	(0.32,0.7,0.18)	(22,5,16)

通过上面两表对比可以看出,正运动学解的试验数据和逆运动学解的试验数据还存在较小误差,这个误差是由于表格空间限制而采取的取舍造成的,该误差可忽略不计。

2.5 非球腕关节逆运动学解算法

非球腕关节不符合 Pieper 原则。如图 2-28 所示,从图中可以看出 Kinova Mico2 是非球腕关节。图中也列出了该多关节机器人的构型和关节序号,这里将多关节机器人的关节命名为数字①~⑥,将连杆命名为 1~7,附体坐标系命名为字母带花括号,如末端连杆的位姿坐标系$\{G\}$。

2.5.1 Kinova 多关节机器人构型分析

运动学连杆由一系列刚体(下文称为连杆)组成,通过约束其运动的机构(称为关节)相互连接。一个关节有 1~6 个自由度,这定义了如何限制其所连接的连杆的运动,①号关节为连接连杆 1 和连杆 2 的关节,由参数 θ_1 产生如下变换:

$$^{\{B\}}T_{\theta_1} \in SE(3) \tag{2-69}$$

随着 θ_1 的变化,连杆 1 和连杆 2 之间的变换关系也在变化。任何附着在多关节机器人连杆上的坐标系相对于固定参考系$\{B\}$的变换,都可以通过遍历附加每个关节变换运动学树来计算,这个过程称为正向运动学:

$$^{\{B\}}_{i}\boldsymbol{T} = {}^{\{1\}}_{\{2\}}\boldsymbol{T}_{\theta_1}\,{}^{\{2\}}_{\{3\}}\boldsymbol{T}_{\theta_2}\cdots{}^{\{i-1\}}_{\{i\}}\boldsymbol{T}_{\theta_{i-1}} \tag{2-70}$$

机器人的关节角度 $\boldsymbol{\theta} \in \mathbb{R}^N$ 是一个表示多关节机器人所有关节自由度的向量:

$$\boldsymbol{\theta} = [\theta_1 \cdots \theta_N]^{\mathrm{T}} \tag{2-71}$$

连杆 i 上的附体坐标系相对于 θ 的偏导数为

$$\boldsymbol{J}_i(\theta) = \frac{\partial}{\partial \theta_i}{}^{\{B\}}\boldsymbol{T} \tag{2-72}$$

式(2-72)称为运动链的雅可比矩阵,雅可比矩阵是关节速度到笛卡儿速度的映射,是多关节机器人运动学中的重要概念,一般通过简单的运动链可以很容易计算封闭形式。

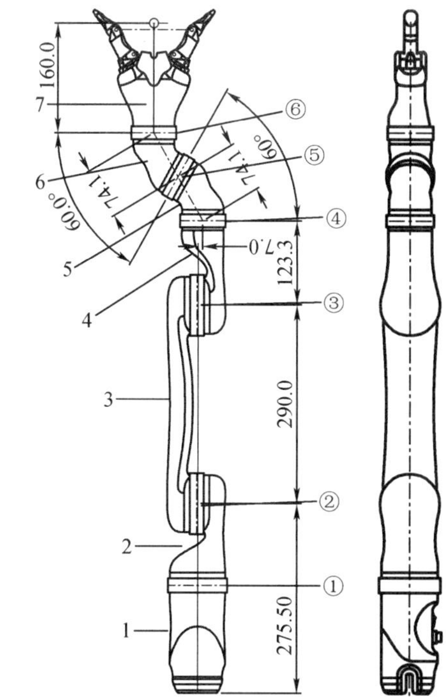

图 2-28　Kinova Mico2 多关节机器人(单位:mm)

逆运动学求解一般有两种方案:第一种是解析法,利用代数或几何的方法对逆运动学直接求解。解析法算法不具有通用性,因为解析法需要对具体的某一款多关节机器人模型进行几何分析,确定特定的关节位置求取顺序,直接求解多关节机器人的解析解,所以针对不同的多关节机器人模型需要重新设计求逆运动学解的方法。利用解析法求逆运动学解计算速度快、可靠而且可以获得逆运动学的所有解,所以实际工业控制中一般采用解析法进行求解。第二种是迭代法,将逆运动学的求解转换为优化问题,使末端执行器的实际位姿与通过正运动学求解得到的位姿的差最小,得到逆运动学的数值解。在优化法中,利用雅克比矩阵求逆运动学解法获得逆运动学的迭代解是求解逆运动学常用的一种算法。其计算流程如图 2-29 所示。

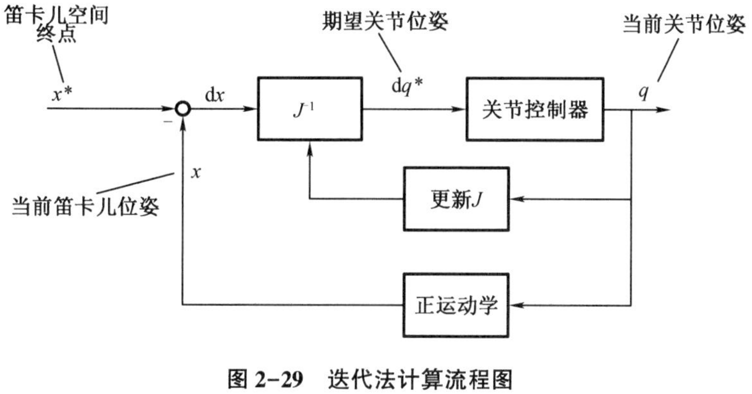

图 2-29　迭代法计算流程图

该方法通常用于求解连续位型的多关节机器人逆运动学解，而且这种方法只能获得一组解，不能得到所有符合末端姿态的多关节机器人位型。

2.5.2 求解方法

对于非球腕关节多关节机器人，通常使用牛顿迭代法优化 6 组关节角，使多关节机器人的末端位姿逼近待求解位姿，但是这种方法只能求解出一组关节角度，忽略了其他的位型。同时求解 6 组关节角需要迭代雅可比矩阵，速度不够快。大多数商品化机器人都满足封闭解的两个充分条件（Pieper 原则）之一，本书使用的多关节机器人并不符合这一原则，但是依然可以借鉴球腕关节多关节机器人求逆运动学解的思路。

图 2-30 中多关节机器人两种构型是最常见的，该构型多关节机器人机构特点满足机器人机构学的 Pieper 原则，其逆运动学解具有解析解。对于第一种构型通常可以通过合理的设置附体坐标实现位置和姿态的解耦，因为该构型的末端 3 个关节可以视为球型关节，确定姿态，前三个关节可以用来确定球形关节的位置。求逆运动学解的过程，就可以先分别解位置和姿态对应的关节角。换而言之，对于一个带有球型手腕的六自由度多关节机器人，逆运动学问题可以分解成两个相对简单的问题。本书将实现一种算法只优化⑥号关节角，使用位置解耦求解①②③号关节角，距离约束求解④号关节角，最优后通过坐标变换直接求解⑤号关节角，实现求解多组逆运动学关节位型的解法。

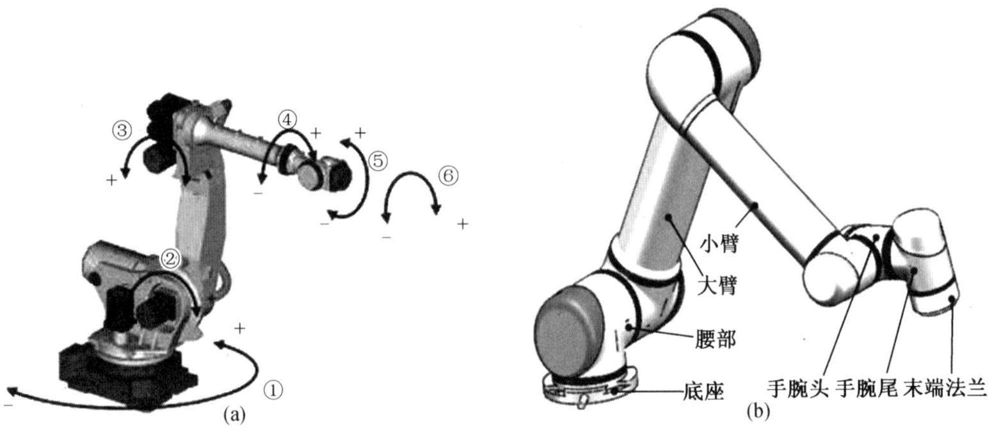

图 2-30 两种符合 Pieper 原则的多关节机器人

1. 位置解耦求①②③号关节角

一般而言，求解位置逆运动学的过程如下：给定一个多关节机器人的末端位置姿态，求解各个关节的位置。可以转化为这样一个问题：根部连杆的附体坐标系的位姿为坐标系原点，当给定一个 Kinova 多关节机器人的末端位姿时，视多关节机器人的末端连杆和根部连杆的位置姿态固定，求解中间连杆的位姿，使中间破碎的连杆组合成一个封闭的构型。

先构建如图 2-31 所示的三连杆机构，其连杆参数与机器人手臂相同，只是最末端的连杆的长度不同，并将末端的坐标系命名为｛e｝。图 2-31（扫描二维码见彩色版）出现的彩色坐标系中，红色代表 z 轴，绿色代表 y 轴，蓝色代表 x 轴。

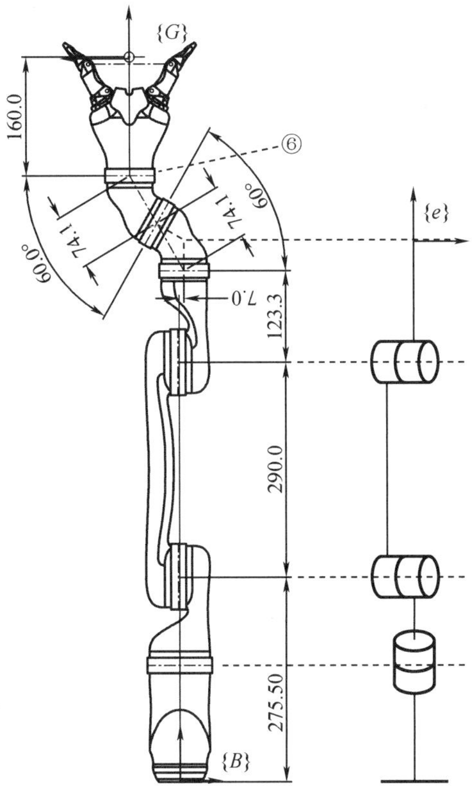

图 2-31 彩色版

图 2-31　三连杆机构简图（单位：mm）

当确定多关节机器人的末端连杆位姿时，旋转多关节机器人的⑥号关节，可以在空间中得到一个坐标｛e｝的圆弧。在这个圆弧上所有点，都可以通过求解①②③号关节的位置得到期望的位型。

这时完成了一个位置解耦，下面求解位置位型。多关节机器人的一个待求解位姿和俯视图如图 2-32 所示。

当 Kinova 处于图示位置时，多关节机器人的肩部可能没有偏移量，但是在多关节机器人的肘部有一个轴向的偏移，这两类偏移是等价的。先来考虑图中的情况，在定系中表达所有的向量，那么坐标｛e｝的坐标向量表示为(x_e, y_e)，向量 $\boldsymbol{p}$ 在 x-y 平面上的投影夹角为

$$\begin{aligned} &\varphi = \text{Atan } 2(x_e, y_e) \\ &\alpha = \text{Atan } 2(\sqrt{x_e^2 + y_e^2 - d}, d) \qquad (2\text{-}73) \\ &\theta_1 = \varphi + \alpha \end{aligned}$$

还可以表示另一个解为

$$\varphi = A\tan\ 2(x_e, y_e) + \pi$$
$$\alpha = A\tan\ 2(\sqrt{x_e^2 + y_e^2 - d}, d) \tag{2-74}$$
$$\theta_1 = \varphi - \alpha$$

对应着如图 2-33 所示的多关节机器人构型。

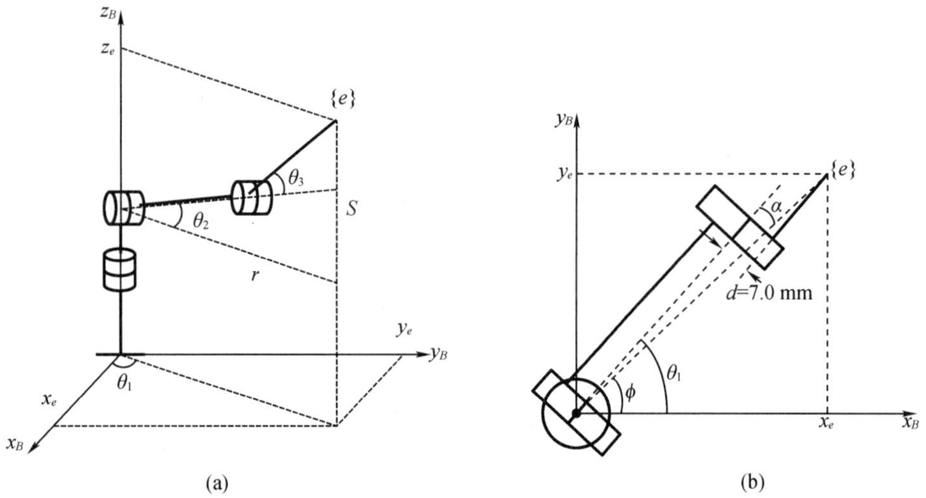

图 2-32 多关节机器人的一个待求解位姿和俯视图

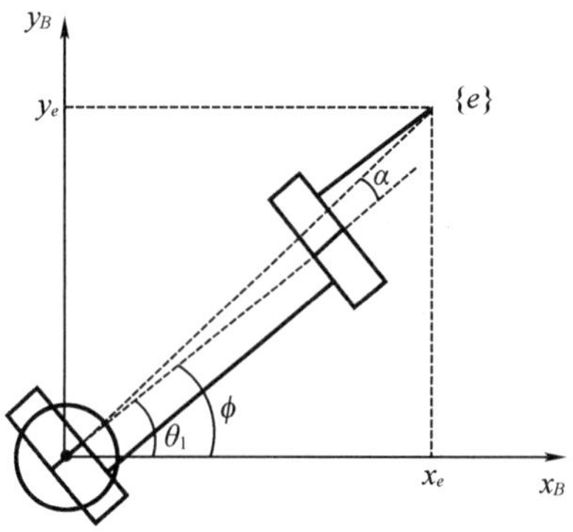

图 2-33 多关节机器人构型

多关节机器人的 θ_1 有两个解,分别对应多关节机器人构型的左、右手型。

由于存在偏置,所以多关节机器人没有如下情况的奇点(图 2-34):

对于 $x_c^2 + y_c^2 > 0.7^2$ 的情况,{e} 的位置都是有效的。

得到 θ_1 之后,将视图转向②号、③号关节的轴向方向,如图 2-35 所示,进而求解 θ_2、θ_3。

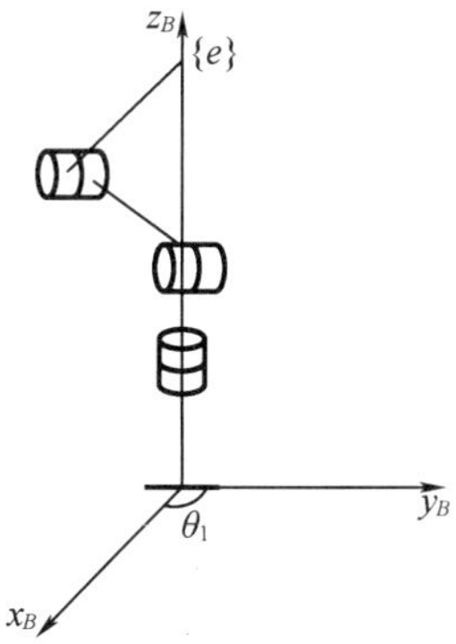

图 2-34　肩部奇点

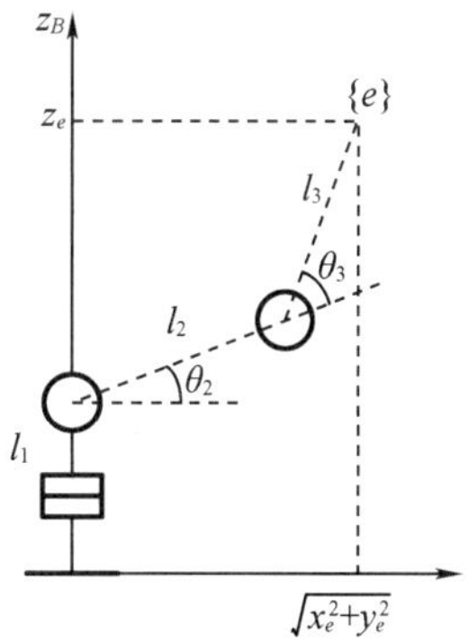

图 2-35　轴向视图

通过构建三角形关系,用余弦定理求得

$$\cos\theta_3=\frac{x_e^2+y_e^2+(z_e-l_1)^2-l_2^2-l_3^2}{2l_2^2l_3^2}=D \tag{2-75}$$

得到 θ_3 的结果为

$$\theta_3=A\tan 2(D,\pm\sqrt{1-D^2}) \tag{2-76}$$

式中的正负号分别对应着连杆 2 机构的上、下位型,如图 2-36 所示。

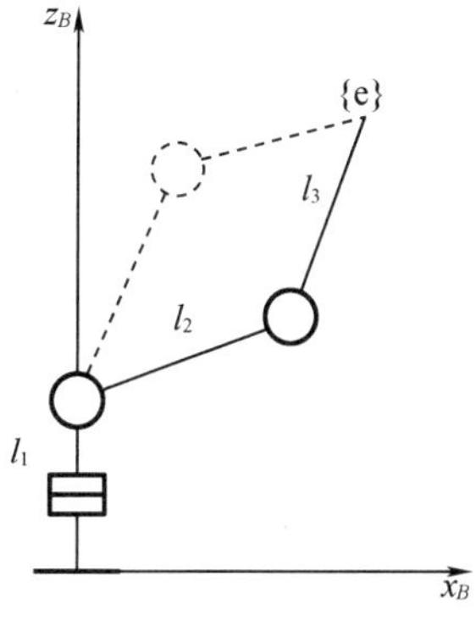

图 2-36　上、下手位型

对于 θ_2 有如下解:

$$\theta_2=A\tan 2(\sqrt{x_e^2+y_e^2},z_e-l_1)-A\tan 2(l_2+l_3\cos\theta_3,l_3\sin\theta_3) \tag{2-77}$$

至此得到这样一个函数 f_1,输入是{e}点的坐标,返回值是 θ_1、θ_2、θ_3 的数值,如下所示:

$$(\theta_1,\theta_2,\theta_3)=f_1(x_e,y_e,z_e) \tag{2-78}$$

2. ⑥号关节角

对于“手腕”部分的结构 θ_6,做如图 2-37 所示的简化。

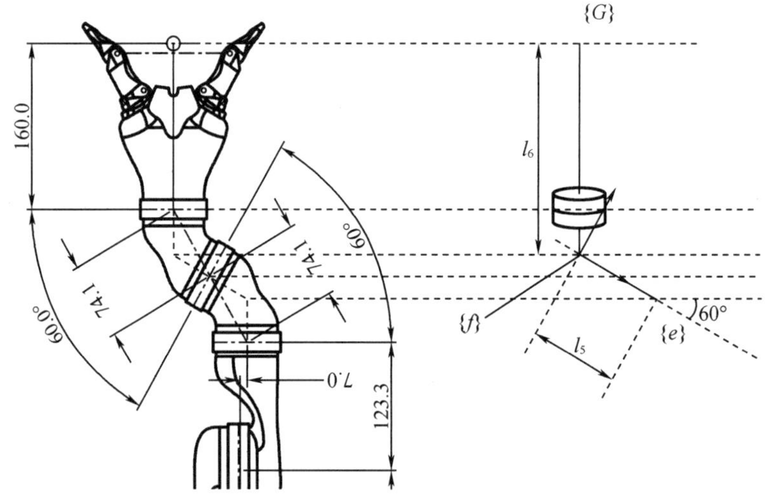

图 2-37　手腕部分分解图(单位:mm)

可以看出$\{e\}$点在末端连杆中的位置,在前文中提到,求解位置逆运动学的过程中,可以理解为末端连杆固定,将其他连杆拼接成完整多关节机器人的过程,旋转 θ_6 可以在空间中得到一个$\{e\}$的圆弧,θ_6 是多关节机器人第 6 个关节的转角,如图 2-38 所示。

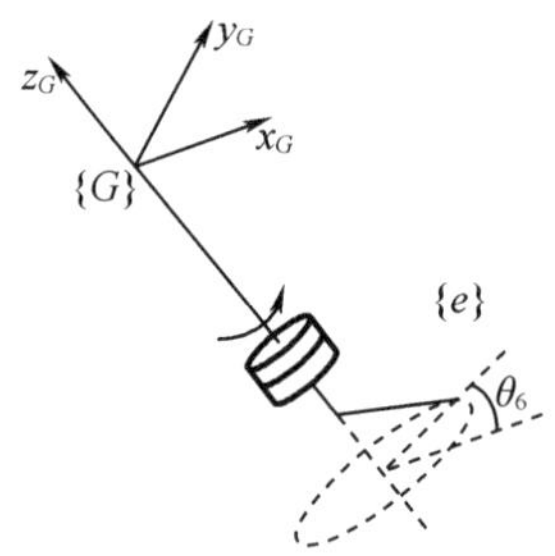

图 2-38　θ_6 旋转得到的$\{e\}$的轨迹

由于末端位姿 T_G 已知,求解$\{e\}$的位置,可以这样理解:在$\{G\}$坐标系内,将原点沿着 x 轴和 z 轴分别移动 $l_5\cos 30°$和$-(l_6+l_5\sin 30°)$,再沿着 z 轴旋转 θ_6,之后将坐标转化到基座坐标系,将这里面的变换关系依次左乘其对应的变换矩阵。得到如下的等式关系:

$$
\begin{Bmatrix} x_e \\ y_e \\ z_e \\ 1 \end{Bmatrix} = \boldsymbol{T}_G \boldsymbol{T}_{R\theta_6} \boldsymbol{T}_d \begin{Bmatrix} 0 \\ 0 \\ 0 \\ 1 \end{Bmatrix}
$$

$$
= \begin{Bmatrix} r_{11} & r_{12} & r_{13} & d_x \\ r_{21} & r_{22} & r_{23} & d_y \\ r_{31} & r_{32} & r_{33} & d_z \\ 0 & 0 & 0 & 1 \end{Bmatrix} \begin{Bmatrix} \cos\theta_6 & -\sin\theta_6 & 0 & 0 \\ \sin\theta_6 & \cos\theta_6 & 0 & 0 \\ 0 & 0 & 1 & 0 \\ 0 & 0 & 0 & 1 \end{Bmatrix} \begin{Bmatrix} 1 & 0 & 0 & l_5\cos 30° \\ 0 & 1 & 0 & 0 \\ 0 & 0 & 1 & -(l_6+l_5\sin 30°) \\ 0 & 0 & 0 & 1 \end{Bmatrix} \begin{Bmatrix} 0 \\ 0 \\ 0 \\ 1 \end{Bmatrix}
$$

$$
=\begin{bmatrix} r_{11} & r_{12} & r_{13} & d_x \\ r_{21} & r_{22} & r_{23} & d_y \\ r_{31} & r_{32} & r_{33} & d_z \\ 0 & 0 & 0 & 1 \end{bmatrix}\begin{bmatrix} \sqrt{3}\,l_5\cos\ (\theta_6/2) \\ \sqrt{3}\,l_5\sin\ (\theta_6/2) \\ l_6-l_5/2 \\ 1 \end{bmatrix} \tag{2-79}
$$

得到这样一个函数 f_2，输入是机器人的末端位姿和 θ_6，返回值是 $\{e\}$ 点的坐标，如下所示：

$$
(x_e,y_e,z_e)=f_2(T_G,\theta_6) \tag{2-80}
$$

3. 最小化误差求解④号关节角

通过前文得知，可以通过函数 f_2 和 f_1 确定一个 θ_6 对应的 θ_1、θ_2、θ_3，进而得到如图 2-39 所示的机器人构型。

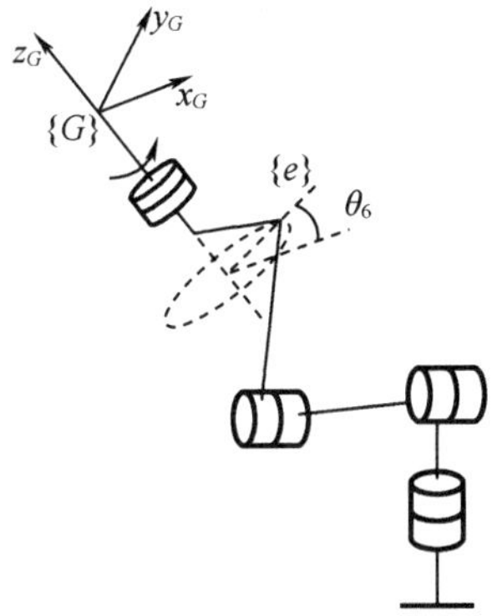

图 2-39　θ_6 对应的 θ_1、θ_2、θ_3 情况

可以看到此时机器人的连杆 1,2,3,4,6,7 的构型已经确定，只差连杆 5，也就是说此时的机器人还是破碎的。这时通过调整④号关节可以调整连杆 5 的位型，使机器人的其他连杆变成一个闭合的机构，只考虑④号关节和连杆 5，加上位置解耦的前三个关节和其对应的连杆，将机器人构型简化成如图 2-40 所示机构。

在此基础上，可得到图 2-41 所示的完整机器人连杆构型，此时机器人只剩⑤号关节没有考虑在内。

将机器人的连杆 5 组合成机构，需要满足如下条件：$\{f\}$ 到 $\{f'\}$ 的距离为 0。那么通过最小化线段 ff' 确定 θ_4，在 $\{e\}$ 坐标系中 f' 点的位置为

$$
{}^{\{e\}}\begin{Bmatrix} p_{f'} \\ 1 \end{Bmatrix}=T_{z\theta4}\begin{Bmatrix} l_4\cos 30^\circ \\ 0 \\ l_4\sin 30^\circ \\ 1 \end{Bmatrix}=\begin{bmatrix} \cos\theta_4 & -\sin\theta_4 & 0 & 0 \\ \sin\theta_4 & \cos\theta_4 & 0 & 0 \\ 0 & 0 & 1 & 0 \\ 0 & 0 & 0 & 1 \end{bmatrix}\begin{Bmatrix} l_4\cos 30^\circ \\ 0 \\ l_4\sin 30^\circ \\ 1 \end{Bmatrix}=\begin{Bmatrix} \dfrac{\sqrt{3}\,l_4\cos\theta_4}{2} \\ \dfrac{\sqrt{3}\,l_4\sin\theta_4}{2} \\ \dfrac{l_4}{2} \\ 1 \end{Bmatrix} \tag{2-81}
$$

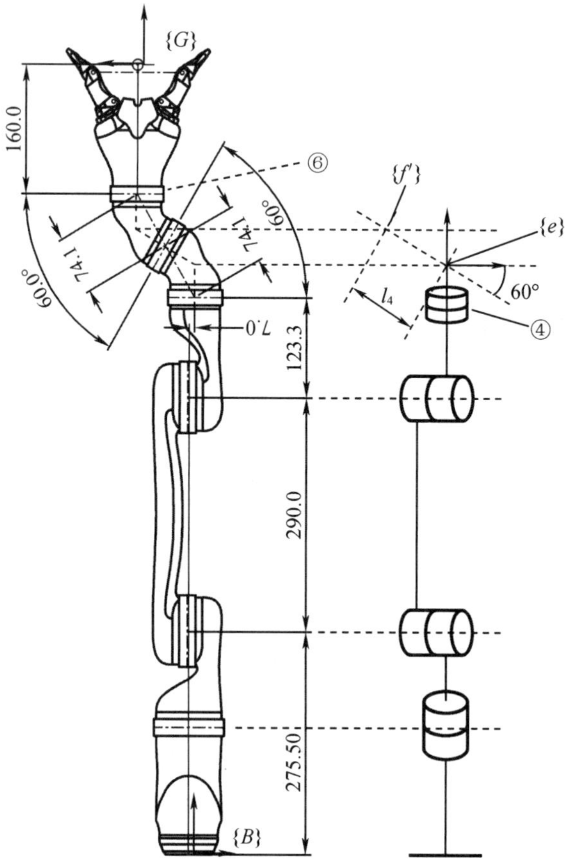

图 2-40　①②③④号关节与其相邻连杆的简化(单位:mm)

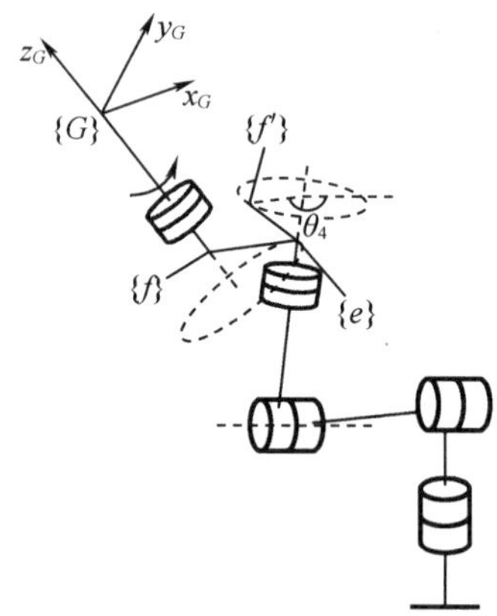

图 2-41　除⑤号关节的完整机器人

在{e}坐标系中f点的位置为

$$
{}^{\{e\}}\begin{Bmatrix} p_{\mathrm{f}} \\ 1 \end{Bmatrix} = \boldsymbol{T}_{\{e\}}^{-1}\boldsymbol{T}_{\{G\}}\begin{Bmatrix} 0 \\ 0 \\ -l_6 \\ 1 \end{Bmatrix} \tag{2-82}
$$

式中，$\boldsymbol{T}_{\{e\}}^{-1}\boldsymbol{T}_{\{G\}}=(\boldsymbol{T}_{\theta1}\boldsymbol{T}_{\theta2}\boldsymbol{T}_{\theta3})^{-1}\boldsymbol{T}_{\{G\}}$，且参数 θ_1、θ_2、θ_3、$\boldsymbol{T}_{\{G\}}$ 都是已知的，所以 $\boldsymbol{T}_{\{e\}}^{-1}\boldsymbol{T}_{\{G\}}$ 可以表示成如下形式：

$$
\boldsymbol{T}_{\{e\}}^{-1}\boldsymbol{T}_{\{G\}} = \begin{Bmatrix} r_{f'11} & r_{f'12} & r_{f'13} & d_{f'x} \\ r_{f'21} & r_{f'22} & r_{f'23} & d_{f'y} \\ r_{f'31} & r_{f'32} & r_{f'33} & d_{f'z} \\ 0 & 0 & 0 & 1 \end{Bmatrix}
$$

则式(2-82)可表示为

$$
{}^{\{e\}}\begin{Bmatrix} p_f \\ 1 \end{Bmatrix} = \boldsymbol{T}_{\{e\}}^{-1}\boldsymbol{T}_{\{G\}}\begin{Bmatrix} 0 \\ 0 \\ -l_6 \\ 1 \end{Bmatrix} = \begin{Bmatrix} r_{f11} & r_{f12} & r_{f13} & d_{fx} \\ r_{f21} & r_{f22} & r_{f23} & d_{fy} \\ r_{f31} & r_{f32} & r_{f33} & d_{fz} \\ 0 & 0 & 0 & 1 \end{Bmatrix}\begin{Bmatrix} 0 \\ 0 \\ -l_6 \\ 1 \end{Bmatrix}
$$

$$
= \begin{Bmatrix} d_{fx}-r_{f13}l_6 \\ d_{fy}-r_{f23}l_6 \\ d_{fz}-r_{f33}l_6 \\ 1 \end{Bmatrix} = \begin{Bmatrix} {}^{\{e\}}x_f \\ {}^{\{e\}}y_f \\ {}^{\{e\}}z_f \\ 1 \end{Bmatrix}
$$

由式(2-81)和式(2-82)可知，在$\{e\}$坐标系中，线段ff'的长度可以表示为

$$
{}^{\{e\}}ff' = d\left(\begin{Bmatrix} {}^{\{e\}}x_f \\ {}^{\{e\}}y_f \\ {}^{\{e\}}z_f \\ 1 \end{Bmatrix}, \begin{Bmatrix} \dfrac{\sqrt{3}\,l_4\cos\theta_4}{2} \\ \dfrac{\sqrt{3}\,l_4\sin\theta_4}{2} \\ \dfrac{l_4}{2} \\ 1 \end{Bmatrix}\right) = \left({}^{\{e\}}x_f-\frac{\sqrt{3}\,l_4\cos\theta_4}{2}\right)^2+\left({}^{\{e\}}y_f-\frac{\sqrt{3}\,l_4\sin\theta_4}{2}\right)^2+\left({}^{\{e\}}z_f-\frac{l_4}{2}\right)^2
$$

$$
= {}^{\{e\}}x_f^2+{}^{\{e\}}y_f^2+{}^{\{e\}}z_f^2+\left(\frac{\sqrt{3}l_4\cos\theta_4}{2}\right)^2+\left(\frac{\sqrt{3}l_4\sin\theta_4}{2}\right)^2+\left(\frac{l_4}{2}\right)^2-\sqrt{3}\,{}^{\{e\}}x_fl_4\cos\theta_4-\sqrt{3}\,{}^{\{e\}}y_fl_4\sin\theta_4-{}^{\{e\}}z_fl_4 \tag{2-83}
$$

分析这个表达式：其值是一个关于 θ_4 的函数，表示的是距离，所以结果总是大于等于0的；当值等于0时，θ_4 将连杆5与连杆6对齐，连杆的构型闭合。算法的目标就转换成了求式(2-83)的最小值，选择其最小值为0的解。所以将表达式(2-83)中的常数项化简，得到如下形式：

$$
\overline{ff'} = -\sqrt{3}\,{}^{\{e\}}x_fl_4\cos\theta_4-\sqrt{3}\,{}^{\{e\}}y_fl_4\sin\theta_4+C = -\sqrt{3}\,l_4(x_f\cos\theta_4+y_f\sin\theta_4)+C \tag{2-84}
$$

求上式的最小值，即为求解 $x_f\cos\theta_4+y_f\sin\theta_4$ 的最大值，对其求导，直接解出极值点，由

于这两个函数是关于参数 θ_4 的两个正弦曲线的叠加,在 $(-\pi,\pi]$ 的范围内必有导数为 0 的两个点,一个代表极大值,一个代表极小值。

$$\frac{\mathrm{d}(x_f\cos\theta_4+y_f\sin\theta_4)}{\mathrm{d}\theta_4}=-x_f\sin\theta_4+y_f\cos\theta_4=0$$

得到

$$\tan\theta_4=\frac{y_f}{x_f}$$

$$\theta_4=\begin{cases}\mathrm{Atan}(y_f,x_f)\\ \mathrm{Atan}(y_f,x_f)+\pi \text{ or } \mathrm{Atan}(y_f,x_f)-\pi\end{cases}\quad \theta_4\in(-\pi,\pi]$$

找到两个极值点中的极小值点,得到 θ_4,将 θ_4 代入前面公式可以得到线段 ff' 的长度 $\overline{ff'}$。最终得到这样一个函数 f_3,其参数是 θ_1、θ_2、θ_3、θ_6,返回值是 θ_4 和 $\overline{ff'}$。如下:

$$(\overline{ff'},\theta_4)=f_3(\theta_1,\theta_2,\theta_3,\theta_6)$$

4. 计算⑤号关节角

根据前文,当 $\overline{ff'}$ 为零时,机器人的所有连杆组成了一个完整的机器人,这时通过求解各个连杆的变换矩阵,可以直接解得⑤号关节角的值。

如图 2-42 所示,求解⑤号关节角相当于求解坐标系 $\{f\}$ 和 $\{f'\}$ 的 z 轴的夹角。这里将 $\{f\}$ 坐标系的 z 轴表示到 $\{f'\}$ 坐标系:

$$\begin{bmatrix}{}^{\{f'\}}z_{f1}\\ {}^{\{f'\}}z_{f2}\\ {}^{\{f'\}}z_{f3}\\ 0\end{bmatrix}=\boldsymbol{T}_{\{f'\}}^{-1}\boldsymbol{T}_{\{G\}}\boldsymbol{R}_{y30^\circ}\begin{bmatrix}0\\0\\1\\0\end{bmatrix}=(\boldsymbol{T}_{\theta_1}\boldsymbol{T}_{\theta_2}\boldsymbol{T}_{\theta_3}\boldsymbol{T}_{\theta_4})^{-1}\boldsymbol{T}_{\{G\}}\boldsymbol{R}_{y30^\circ}\begin{bmatrix}0\\0\\1\\0\end{bmatrix}={}^{\{f'\}}\boldsymbol{z}_f$$

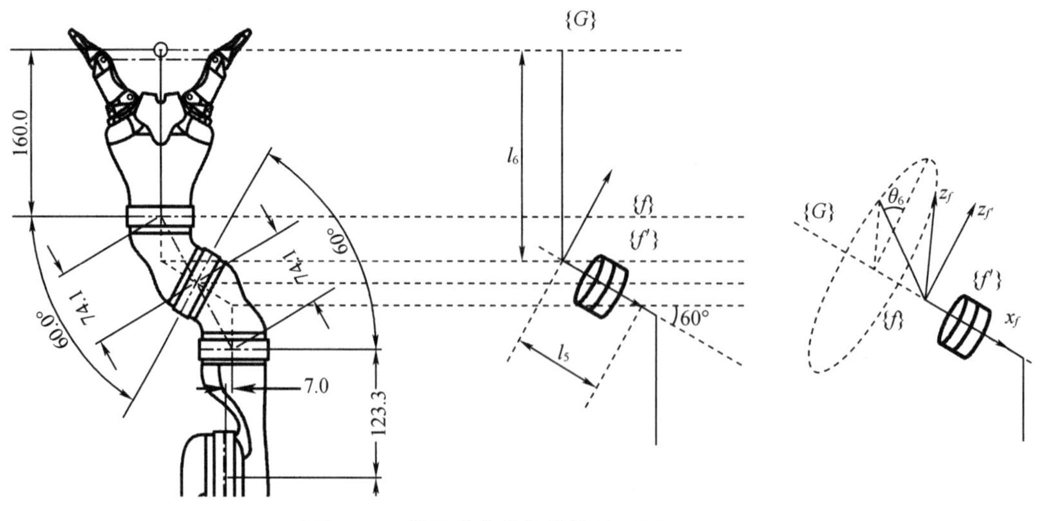

图 2-42 ⑤号关节结构的化简(单位:mm)

计算其与单位 z 向量$(0,0,1)^{\mathrm{T}}$的夹角 θ_5：

$$\theta_5 = A\cos\left(\frac{{}^{\{f'\}}\boldsymbol{x}_f \cdot (0,0,1)^{\mathrm{T}}}{1 \cdot 1}\right)$$

最终得到这样一个函数 f_4，其参数是 θ_1、θ_2、θ_3、θ_4、θ_6、$\boldsymbol{T}_{\{G\}}$，返回值是 θ_5，公式如下：

$$\theta_5 = f_4(\theta_1, \theta_2, \theta_3, \theta_4, \theta_6, \boldsymbol{T}_{\{G\}})$$

2.5.3　算法流程与试验

总结上述方法，在给定一个机器人的末端姿态 $\boldsymbol{T}_{\{G\}}$ 的情况下，按照如下算法流程求机器人的逆运动学解。

Algorithm 1 Kinova MICO2 IK

```
输入末端位姿 T_G
SET RESULT=NULL
for θ6 in (−π,π)
  x_e,y_e,z_e=f_2(θ_G,T_G)
  if l_2^2+l_3^2 ≥ x_e^2+y_e^2+(z_e−l_1)^2
    θ1,θ2,θ3=f_1(x_e,y_e,z_e)
    ff′‾,θ4=f_3(θ1,θ2,θ3,θ6)
    if ff′‾=0
      θ5=f_4(θ1,θ2,θ3,θ4,θ6,T_G)
      SET_RESULT add [θ1,θ2,θ3,θ4,θ5,θ6]
返回 SET_RESULT
```

当机器人的末端位姿 $\boldsymbol{T}_{\{G\}}$ 为

$$\boldsymbol{T}_{\{G\}} = \begin{bmatrix} 0.947 & 0.272 & 0.166 & -0.06 \\ -0.227 & 0.210 & 0.951 & 0.38 \\ 0.223 & -0.939 & 0.261 & 0.30 \\ 0 & 0 & 0 & 1 \end{bmatrix}$$

时机器人处于一个灵活的工作空间，调用该逆运动学求解算法得到如表 2-13 所示的结果，可以得到 8 组逆运动学解，这也符合灵活空间中机器人可达位型的数量。

表 2-13　机器人关节角　　单位：rad

序号	θ_1	θ_2	θ_3	θ_4	θ_5	θ_6
1	2.318 569	2.240 697	4.081 205	0.483 856	−1.526 53	−2.896 31
2	−0.763 15	−2.240 7	−4.081 2	−2.598 56	−1.527 84	−2.896 31
3	−1.212 06	−2.281 65	−3.632 55	1.168 507	1.989 585	−1.072 36

表 2-13(续)

序号	θ_1	θ_2	θ_3	θ_4	θ_5	θ_6
4	1.840 279	2.278 97	3.630 443	-2.040 81	2.021 337	-1.066 07
5	2.004 221	0.566 05	-3.610 41	1.563 477	-2.461 36	0.776 752
6	-1.037 03	-0.566 05	3.610 411	-1.672 43	-2.450 16	0.776 752
7	-0.720 45	-0.610 42	3.974 874	2.884 794	2.119 347	1.990 623
8	2.353 675	0.613 642	-3.977 68	-0.199 19	2.106 396	2.003 202

分析函数f_3 的计算结果,如图 2-43 所示,横轴代表 θ_6,纵轴代表$\overline{ff'}$,得到下面 4 条曲线。横轴 θ_6 的范围是$(-\pi,\pi]$,由前文可知每一个 θ_6 都会得到 4 组 θ_1、θ_2、θ_3,分别代表上、下、左、右手 4 种位型,所以每种位型对应着一条曲线。在机器人的手腕关节处,每一种位型会有两组手腕位型,所以在每一条曲线上有两个 θ_6 令$\overline{ff'}$的值为 0。

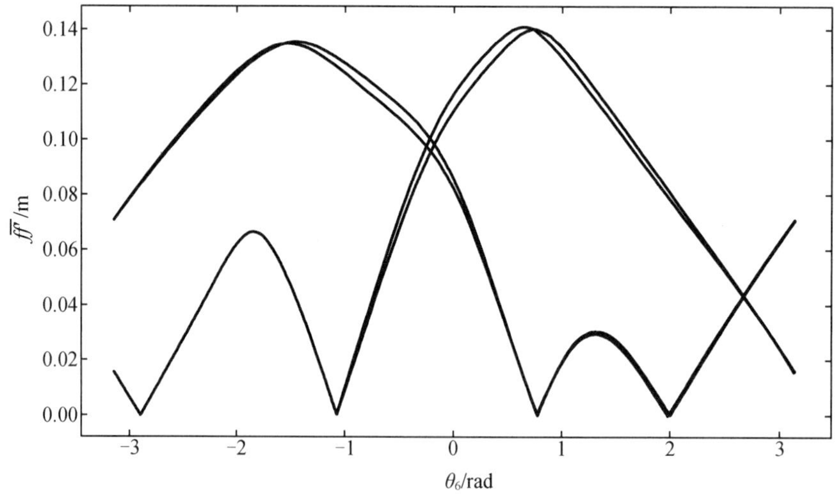

图 2-43　函数 f_3 的计算结果

在仿真环境中导入机器人的 CAD 模型,给定上述的目标姿态,调用该算法计算逆运动学解,将结果应用到仿真,得到如图 2-44 所示结果。

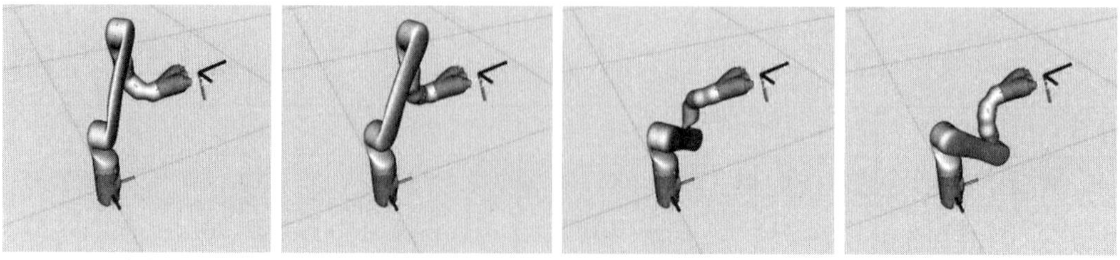

(a)　(b)　(c)　(d)

图 2-44　逆运动学解计算结果

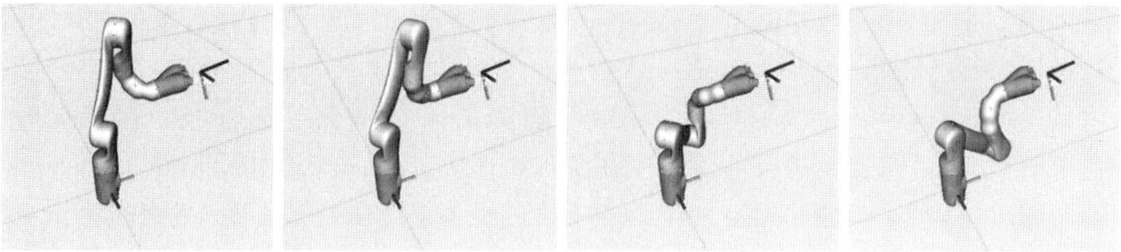

(e)　(f)　(g)　(h)

图 2-44(续)

2.6　各构型机器人运动能力对比分析

这里对 A、B、C 三种构型多关节机器人的可达工作空间进行对比分析,利用软件开展试验。

2.6.1　多关节机器人运动能力指标

多关节机器人运动灵活性是其运动学研究的重要内容,反映了整套机器人系统对运动的全局转化能力。人们对多关节机器人的适应性和灵活性提出了更高的要求,需要多关节机器人具有适应环境能力强、运动灵活、耗能小的特点。拟人臂是现在机器人研究领域中的热点,研究人员为此提出许多灵活性指标,比如条件数、可操作度、方向可操作度、各项同性指标等。

B. Roth 在 1975 年提出了工作空间的概念,多关节机器人的可达工作空间作为评价是否灵活的重要运动学指标,指的是多关节机器人末端执行器在空间中有解点的集合。研究多关节机器人工作空间的方法包括解析法、数值法、图解法。其中,图解法、解析法由于受到关节数目的限制,使得某些构型的机器人不能够被准确描述。数值法的计算量过大,不能确保某些边界曲面的可靠性。因此,这里采用蒙特卡罗法对机器人的工作空间进行定量分析,该方法是从数值法衍生发展出来的基于随机概率的算法,具体利用 D-H 法得到多关节机器人的正运动学模型,以此得到多关节机器人末端执行器的位姿。通过蒙特卡罗法对 A、B、C 三种构型手臂的可达工作空间进行定量的对比分析,并利用逆运动学方法在编程环境下验证三种构型手臂可达工作空间的正确性。

2.6.2　各构型手臂可达工作空间分析

A、B、C 三种构型多关节机器人可达工作空间的云图,其形状和容积与多关节机器人的机械结构、姿态约束有直接关系,三种多关节机器人构型虽然不同,但是手臂的连杆长度严格一致,这是对三种构型开展可达工作空间对比分析的前提。

1. 蒙特卡罗法求解可达工作空间

通过蒙特卡罗算法得到可达工作空间的步骤如下:

(1)在三维空间中分别将 x、y、z 的取值范围限制在$[-n,n]$($n=1,2,\cdots,N$),在该立体空间中随机生成 50 000 个点集(x_i,y_i,z_i)($i=1,2,\cdots,N$),此时每个点的取值为 $x\in[-n,n]$、$y\in[-n,n]$、$z\in[-n,n]$。

(2)对于上述点集(x_i,y_i,z_i),给定姿态约束(α,β,γ),接着调用逆运动学解算法来确定多关节机器人在某一点是否可解,对于可解点保存下来,否则从点集中剔除该点。当 50 000 个点都通过逆运动学解算法确定之后,保存下来的点集就是多关节机器人的可达工作空间点集。

(3)将可解点集在 MATLAB 中使用点云的方式绘制,该可解点集的云图就是多关节机器人蒙特卡罗法的可达工作空间。

2. 多关节机器人工作空间的生成

从末端夹具是否受姿态约束的角度来设计试验,定量分析不同构型多关节机器人在可达工作空间上的区别,通过仿真手段得到三种构型的蒙特卡罗法可达工作空间点集,并绘制出该点集。

(1)三种构型末端无姿态约束可达工作空间对比

将机器人在 x、y、z 坐标轴上的活动空间限制在 $-0.58\sim0.58$ m,且末端夹具无姿态约束,使用蒙特卡罗法得到 A、B、C 三种构型机器人三维可达工作空间云图及在 xoy、xoz、yoz 平面内投影如图 2-45 所示。

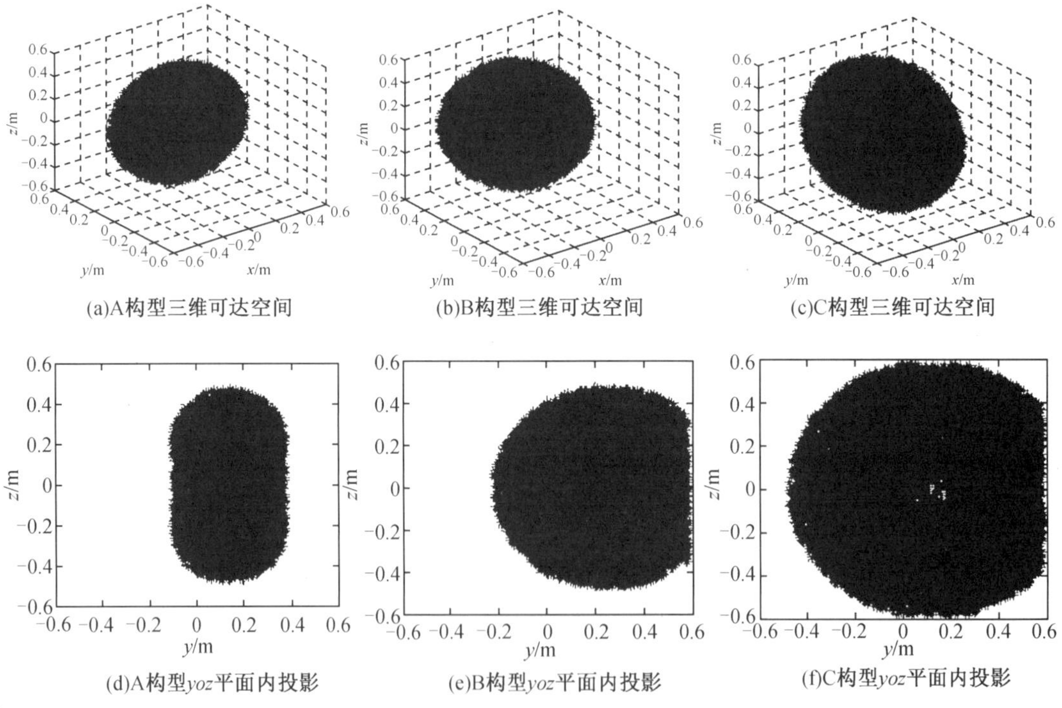

图 2-45 三种构型机器人可达工作空间云图及平面投影(一)

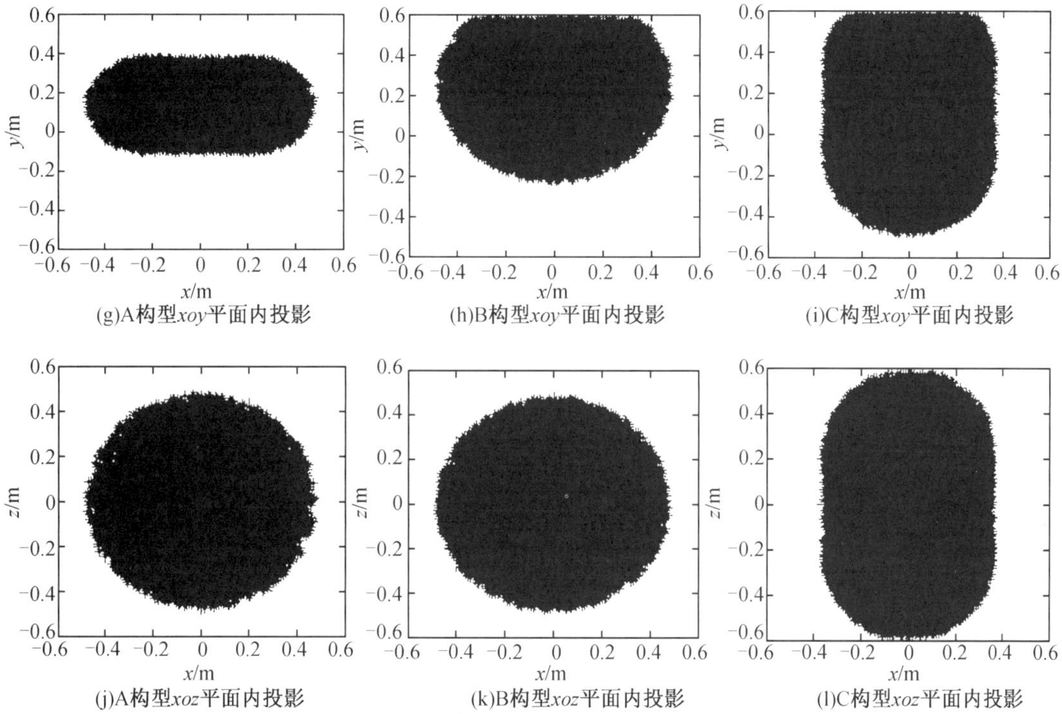

(g)A构型xoy平面内投影　(h)B构型xoy平面内投影　(i)C构型xoy平面内投影

(j)A构型xoz平面内投影　(k)B构型xoz平面内投影　(l)C构型xoz平面内投影

图 2-45(续)

由图 2-45 可得 A、B、C 三种构型机器人手臂的可达工作空间：A 构型手臂在空间各轴上的范围是 $x_A \in [-476.5, 476.2]$ mm，$y_A \in [-103.7, 374.5]$ mm，$z_A \in [-474.5, 474.9]$ mm，可达工作空间云图可近似为椭球体；B 构型手臂在空间各轴上的范围是 $x_B \in [-474.7, 473.8]$ mm，$y_B \in [-222.1, 579.9]$ mm，$z_B \in [-474.9, 471.5]$ mm，可达工作空间云图可近似为椭球体；C 构型手臂在空间各轴上的范围是 $x_C \in [-359.9, 359.2]$ mm，$y_C \in [-478.4, 579.9]$ mm，$z_C \in [-579.6, 579.8]$ mm，可达工作空间云图可近似为椭球体。

同时，以在 *yoz* 平面内投影为例说明工作空间：A 构型手臂 $y_A \in [-103.7, 374.5]$ mm，$z_A \in [-474.5, 474.9]$ mm；B 构型手臂 $y_B \in [-222.1, 579.9]$ mm，$z_B \in [-474.9, 471.5]$ mm；C 构型手臂 $y_C \in [-478.4, 579.9]$ mm，$z_C \in [-579.6, 579.8]$ mm。由这几组坐标就可以大致看出在 *yoz* 平面的投影面积为 $S_C > S_B > S_A$，这种关系在图中也可得到确认。其他几组平面内的投影分析与上述类似。可以看出得到的工作空间云图的立体空间尺寸与多关节机器人 D-H 表中的设计参数相对应，从而验证了该可达工作空间的准确性。

(2)三种构型末端加姿态约束可达工作空间对比

通过约束机器人末端执行器的姿态，进一步验证其可达工作空间的差异。多关节机器人在 *x*、*y*、*z* 坐标轴上的活动空间限制在 -0.58～0.58 m，且给定末端夹具的欧拉角度为(30°,60°,90°)，使用蒙特卡罗法得到 A、B、C 三种构型机器人三维可达工作空间云图及在 *xoy*、*xoz*、*yoz* 平面投影，如图 2-46 所示。

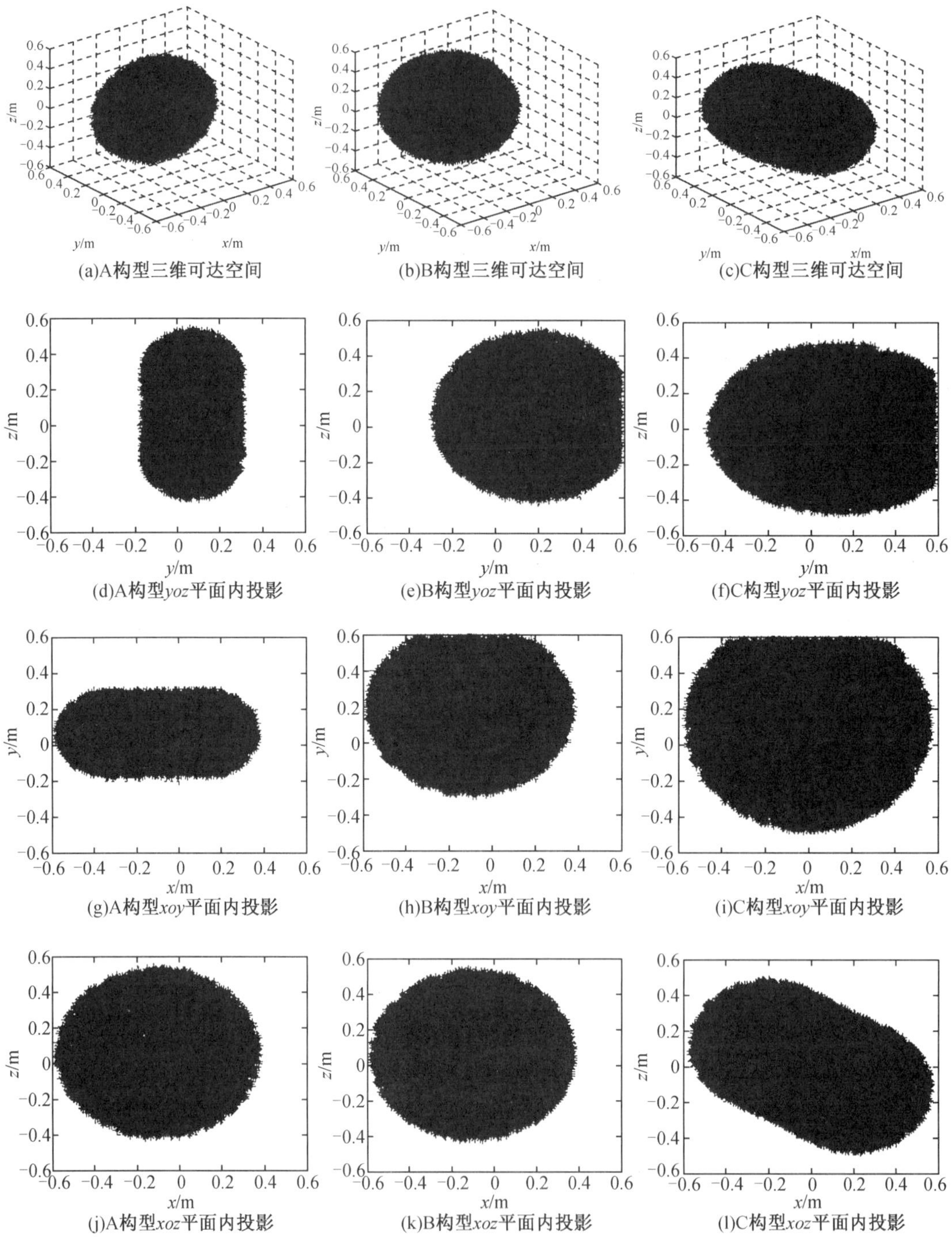
(a)A构型三维可达空间
(b)B构型三维可达空间
(c)C构型三维可达空间
(d)A构型yoz平面内投影
(e)B构型yoz平面内投影
(f)C构型yoz平面内投影
(g)A构型xoy平面内投影
(h)B构型xoy平面内投影
(i)C构型xoy平面内投影
(j)A构型xoz平面内投影
(k)B构型xoz平面内投影
(l)C构型xoz平面内投影

图 2-46　三种构型机器人可达工作空间云图及平面投影(二)

由图 2-46 可知,A、B、C 三种构型的可达工作空间:A 构型手臂在空间各轴上的范围是 $x_A \in [-577.2, 374.4]$ mm, $y_A \in [-171.0, 307.4]$ mm, $z_A \in [-411.6, 532.4]$ mm,可达工作空间云图可看成由一个近似的椭球体构成;B 构型手臂在空间各轴上的范围是 $x_B \in [-576.7, 372.9]$ mm, $y_B \in [-291.6, 579.9]$ mm, $z_B \in [-416.4, 536.9]$ mm,可达工作工作空间云图可看成由一个近似的椭球体构成;C 构型手臂在空间各轴上的范围是 $x_C \in [-561.2, 561.6]$

mm, $y_C \in [-478.2, 580.0]$ mm, $z_C \in [-475.8, 477.2]$ mm,可达工作空间云图可看成由一个不规则的椭球体构成。

同时,以三种构型在 yoz 平面内的投影为例说明工作空间:A 构型手臂 $y_A \in [-171.0, 307.4]$ mm, $z_A \in [-411.6, 532.4]$ mm;B 构型手臂 $y_B \in [-291.6, 579.9]$ mm, $z_B \in [-416.4, 536.9]$ mm;C 构型手臂 $y_C \in [-478.2, 580.0]$ mm, $z_C \in [-475.8, 477.2]$ mm。由这几组坐标就可以大致看出在 yoz 平面的投影面积为 $S_C > S_B > S_A$,这种关系在图中也可得到确认,其他几组平面内的投影分析与上述类似。由上图可以看出得到的工作空间云图的立体空间尺寸与多关节机器人 D-H 表中的设计参数相对应,从而验证了该可达工作空间的准确性。

2.6.3　三种构型取物过程中的运动能力验证

这里通过示教方法进行单、双臂模式下多关节机器人抓取仿真试验,从而得到 A、B、C 三种构型机器人在抓取物体过程中的可达空间的大小。

在仿真系统中设定每个机器人面前的试验台上有相同大小的杯子,接下来让机器人以单手模式抓取杯子,通过改变试验台的高度让机器人继续进行抓取任务。

首先在客厅茶几上放置待抓取的杯子,通过示教的方法依次让 A、B、C 三个机器人站在相同的位置进行抓取试验。试验过程的多帧截图如图 2-47 所示。

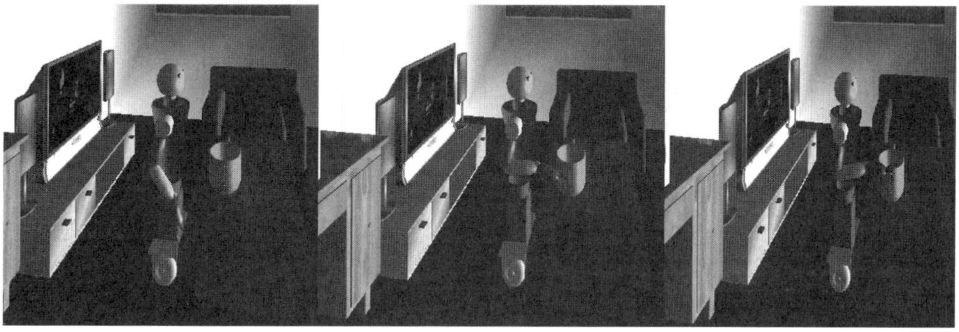

(a) A 构型手臂抓取试验

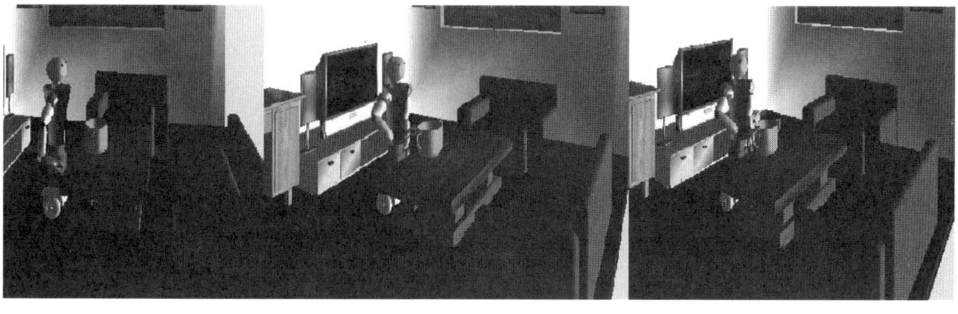

(b) B 构型手臂抓取试验

图 2-47　A、B、C 三种构型手臂抓取试验(一)

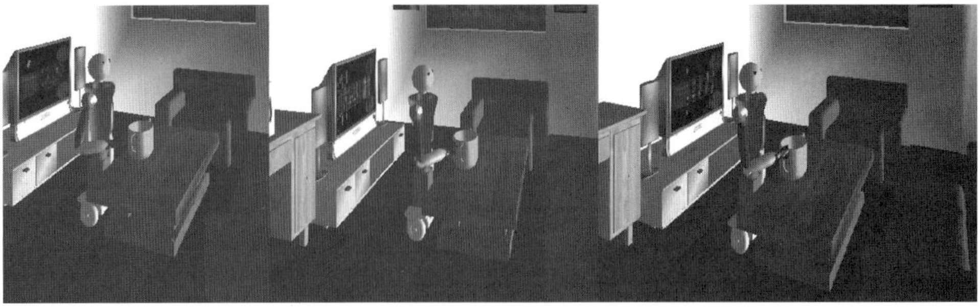

(c)C 构型手臂抓取试验

图 2-47(续)

通过图 2-47 中试验可以发现,A、B、C 三种构型的手臂都可以抓取到茶几上的杯子。

接下来,将杯子放置到客厅的桌子上,依次让 A、B、C 三个机器人站在相同的位置进行抓取试验。试验过程的多帧截图如图 2-48 所示。

由图 2-48 可以发现,B、C 构型的手臂都可以抓到杯子的把手,但是 A 构型手臂并不能抓取到杯子把手。

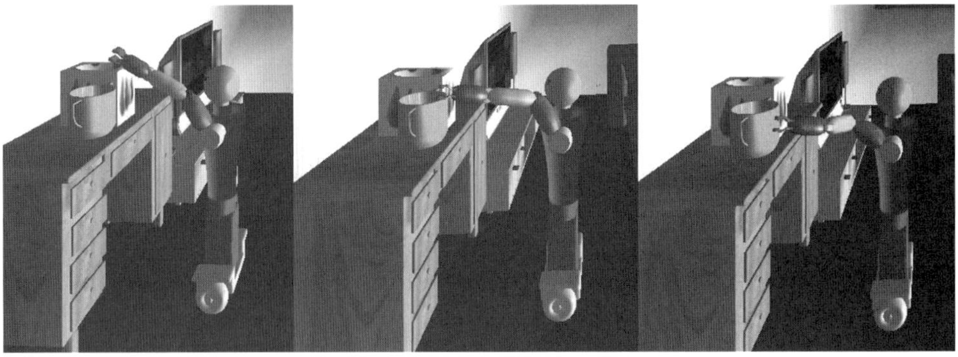

(a)A 构型手臂抓取试验

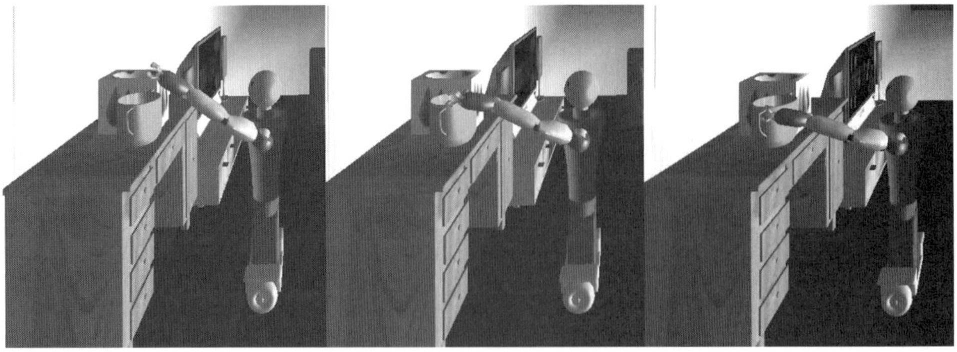

(b)B 构型手臂抓取试验

图 2-48　A、B、C 三种构型手臂抓取试验(二)

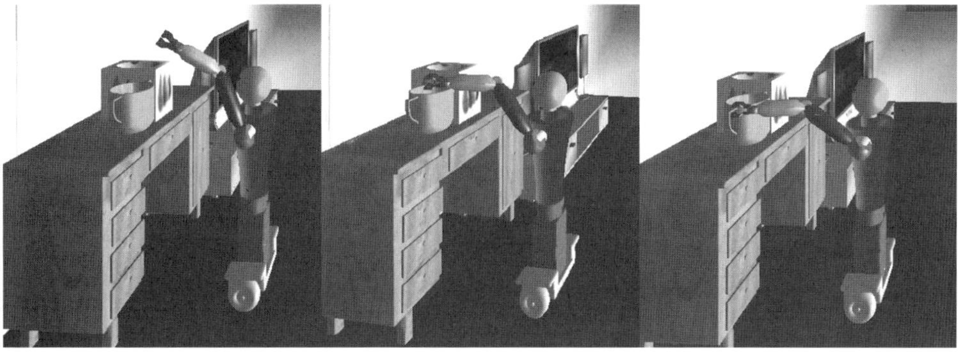

(c)C 构型手臂抓取试验

图 2-48(续)

最后,在客厅的桌子上放置一个盒子,将杯子放置到盒子的上方,依次让 A、B、C 三个机器人站在相同的位置进行抓取试验。试验过程的多帧截图如图 2-49 所示。

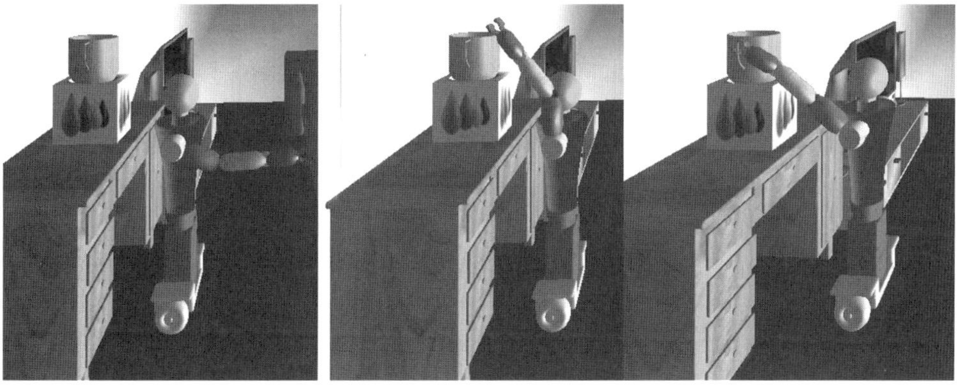

(a)A 构型手臂抓取试验

(b)B 构型手臂抓取试验

图 2-49　A、B、C 三种构型手臂抓取试验(三)

(c)C 构型手臂抓取试验

图 2-49(续)

由图 2-49 可以发现,A、B 构型手臂都不能够抓到杯子的把手,但是 C 构型手臂可以抓取到杯子把手。

由 A、B、C 三种构型机器人的工作空间云图可以发现,在没有姿态约束的情况下,三种构型机器人的可达工作空间虽然差别较小,但仍有 $S_C>S_B>S_A$ 的结论。当末端执行器加上姿态约束时,A、B、C 三种构型机器人的可达范围存在明显差别,尤其当给定末端执行器加姿态约束时,由云图面积可得 $S_C>S_B>S_A$。通过抓取试验可知,C 构型机器人的灵活性明显强于 A、B 构型机器人,B 构型机器人灵活性又强于 A 构型机器人。综合上述两个角度的试验和数据可以得出三种构型手臂的灵活性是 C>B>A。

第 3 章　多关节机器人机器视觉基础

3.1　引　　言

机器人机器视觉技术是机器人智能化的最基本技术，为多关节机器人提供可见光图像、红外图像、点云图像信息，进而为多关节机器人提供三维环境信息，同时也为后续机器人感知信息处理提供重要信息源，是多关节机器人场景重建工作的基础，本章先介绍视觉图像和点云图像相关技术，再介绍多关节机器人与其上安装的视觉传感器构成的手眼系统及标定技术。

3.2　机器人视觉模型

相机模型是机器人视觉的基础理论和应用前提，这里介绍相机成像模型、双目相机与深度相机测量原理与标定，具体包括成像过程中的坐标系，坐标系之间的转换关系，以及小孔成像的原理；介绍双目相机与深度成像机制与测量原理，推导并实现了基于张氏标定法的相机标定方法；利用单目相机标定参数开展双目相机的标定工作，进而得到双目相机的极限约束条件；同时采用相同的原理标定深度相机，得到深度图与彩色图生成点云参数。

3.2.1　相机成像模型

相机几何成像过程，实际上是把世界坐标系中的三维空间利用投影平面这个二维空间进行表示，中间应用了空间投影变换原理，经过相机的几何成像，能够利用二维点表示三维点。

1. 成像模型中坐标系的定义

在该模型上，物体上的光点以光线的形式通过小孔被投影到图像平面上，形成倒立图像，如图 3-1 所示。

一般摄像机即是利用小孔成像原理来完成对物体的拍摄的，如图 3-2 所示。在摄像机坐标系下的点 $Q=(X,Y,Z)$ 和投影中心之间的连线与投影平面的相交点即为投影点，该点在图像物理坐标系中的坐标为 $p=(x,y)$。此时图像平面位于投影中心与目标物体之间，与投影中心之间的距离为 f，即摄像机焦距。则 P 与 p 点坐标之间的关系如下：

$$\begin{cases} \dfrac{X}{Z}=\dfrac{x}{f} \\ \dfrac{Y}{Z}=\dfrac{y}{f} \end{cases} \Rightarrow \begin{cases} x=f\dfrac{X}{Z} \\ y=f\dfrac{Y}{Z} \end{cases} \tag{3-1}$$

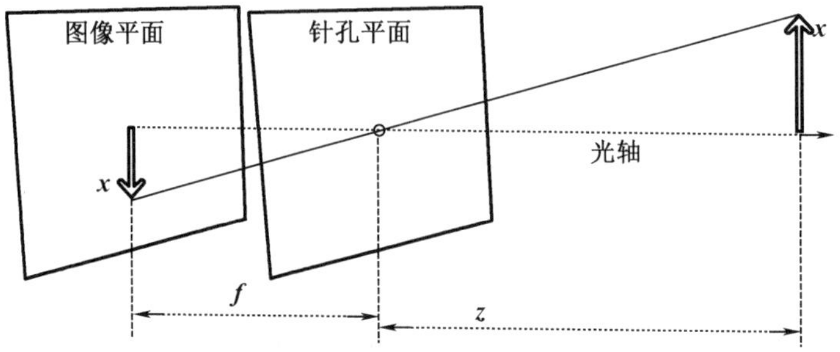

图 3-1　小孔成像示意图

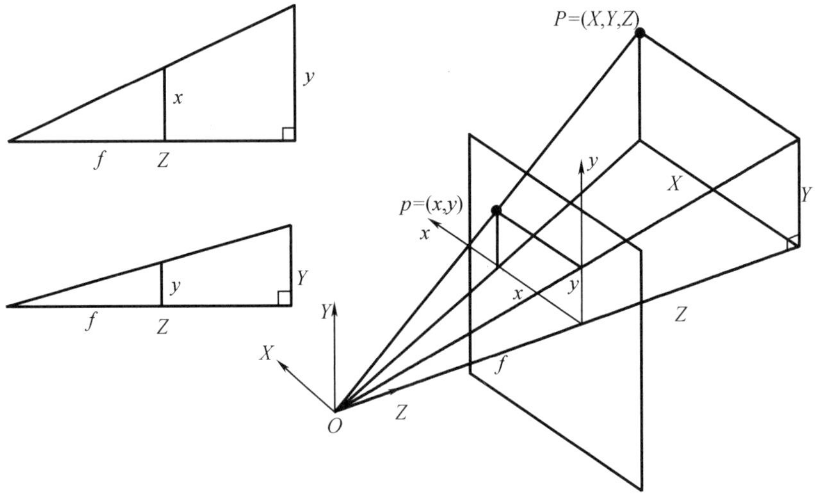

图 3-2　投影原理

图 3-3 是小孔成像模型，为了简化，将成像平面放在了小孔的前面，并且成的像也是正立的，相机的参数模型就是基于此建立的。

在相机模型中，定义 4 个坐标系来描述三维到二维的变换关系：

(1)图像像素坐标系

如图 3-4 所示，在图像上建立二维直角坐标系 uOv，坐标原点为图像左上顶点，u 轴沿着图像行方向，v 轴沿着图像列方向。图像上的坐标(u,v)表示每帧获得图像上的像素点在系统中存储的数组的列数和行数，坐标对应的值即该像素点的灰度信息。

(2)图像物理坐标系

为了建立图像像素和实际物理尺寸之间的联系，建立图像物理坐标系 xO_1y。摄像机主光轴与图像平面交点为坐标原点，该坐标原点在像素坐标系中的坐标为(u_0,v_0)，x 轴和 y 轴的方向平行于像素坐标系中 u 轴和 v 轴的方向，每个像素沿 x 轴的实际物理尺寸大小为

dx,沿 y 轴的实际物理尺寸大小是 dy,则得到以下关系式:

$$\begin{cases} u=\dfrac{x}{dx}+u_0 \\ v=\dfrac{y}{dy}+v_0 \end{cases} \tag{3-2}$$

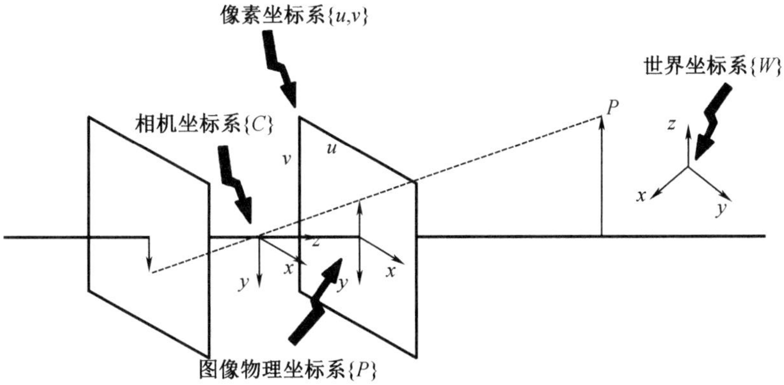

图 3-3　小孔成像相机模型

式(3-2)写成如下形式矩阵:

$$\begin{bmatrix} u \\ v \\ 1 \end{bmatrix}=\begin{bmatrix} \dfrac{1}{dx} & 0 & u_0 \\ 0 & \dfrac{1}{dy} & v_0 \\ 0 & 0 & 1 \end{bmatrix}\begin{bmatrix} x \\ y \\ 1 \end{bmatrix} \tag{3-3}$$

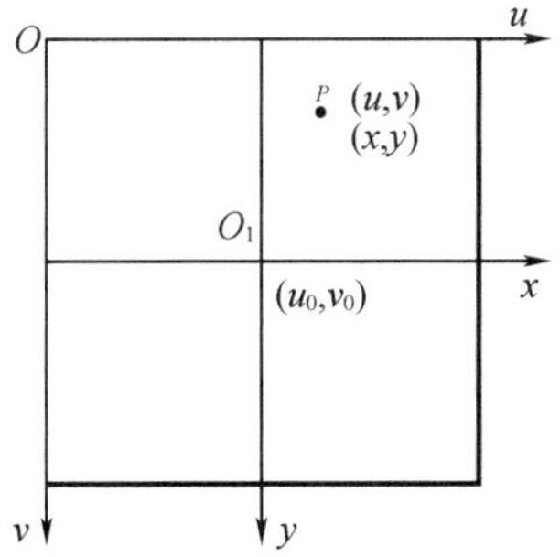

图 3-4　图像坐标系

(3)相机坐标系

摄像机坐标系即是与摄像机本身固连的三维坐标系,可以用该坐标系表示目标物体相对于摄像机的位置姿态关系。定义为 $O_cX_cY_cZ_c$,以摄像机光心为原点 O_c,Z_c 与摄像机光轴平行,X_c 轴和 Y_c 轴平行于图像物理坐标系的 x 轴和 y 轴。X_c、Y_c、Z_c 三轴相互垂直,单位为实际物理单位长度。

(4)世界坐标系

在环境中选择一个参考坐标系来描述目标物体和摄像机的位置,世界坐标系可以根据运算情况任意放置,一般与目标物体固连,方便运算,定义为 $O_wX_wY_wZ_w$。例如标定板为平面目标物体,所以一般将标定板放置在世界坐标系的一个平面上,另一个轴垂直于该平面。

图 3-5 为以上四个坐标系之间的位置关系图,图中 $O_wX_wY_wZ_w$ 为世界坐标系,$O_cX_cY_cZ_c$ 为摄像机坐标系,xO_1y 为图像物理坐标系,uOv 为图像像素坐标系。

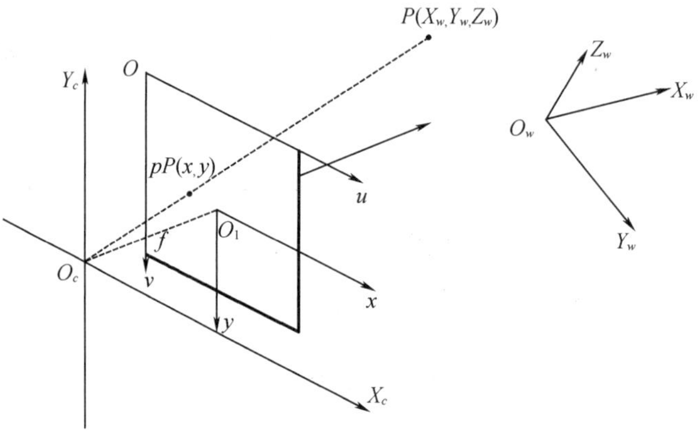

图 3-5　坐标系转换示意图

2. 成像模型中坐标系的转换关系

(1)世界坐标系到相机坐标系的变换

世界坐标系中的点的坐标转换为该点在相机坐标系下的坐标应用了前述的坐标变换模型,转换关系由一个正交旋转矩阵 $\boldsymbol{R}$ 和一个平移矩阵 $\boldsymbol{T}$ 来表示:

$$\begin{bmatrix} x_c \\ y_c \\ z_c \end{bmatrix} = \boldsymbol{R} \begin{bmatrix} x_w \\ y_w \\ z_w \end{bmatrix} + \boldsymbol{T} \tag{3-4}$$

即有

$$\begin{bmatrix} x_c \\ y_c \\ z_c \\ 1 \end{bmatrix} = \begin{bmatrix} \boldsymbol{R} & \boldsymbol{T} \\ 0 & 1 \end{bmatrix} \begin{bmatrix} x_w \\ y_w \\ z_w \\ 1 \end{bmatrix} \tag{3-5}$$

式中　(x_w, y_w, z_w)——该点在世界坐标系中的坐标;

(x_c, y_c, z_c)——该点在摄像机坐标系中的坐标;

$\boldsymbol{T}$——平移向量,$\boldsymbol{T} = [T_x, T_y, T_z]$。

(2)相机坐标系到理论图像物理坐标系

相机坐标系中,三维点坐标转换为相应摄像机的二维点坐标应用了前述的小孔成像模型,可得以下变换式:

$$z_c * \begin{bmatrix} x \\ y \\ 1 \end{bmatrix} = \begin{bmatrix} f & 0 & 0 \\ 0 & f & 0 \\ 0 & 0 & 1 \end{bmatrix} \begin{bmatrix} x_c \\ y_c \\ z_c \end{bmatrix} \tag{3-6}$$

式中　(x,y)——该点在图像物理坐标系中的坐标；

f——摄像机焦距。

(3)理论图像物理坐标系到实际图像物理坐标系

在由摄像机坐标系转化到图像物理坐标系时，透镜可能会引入畸变，主要是制造上的原因。一般有两种畸变，径向畸变和切向畸变。

径向畸变源于透镜形状，实际摄像机的透镜总是在成像仪边缘产生显著畸变，对于这些透镜，发于目标物体上的光线在透镜四周区域随着与中心的距离越远，弯曲越大。也就是对于径向畸变，光学中心的畸变为 0，随着向四周移动，这种情况越来越严重。表达式为

$$\begin{cases} x' = x(1+k_1 r^2+k_2 r^4+k_3 r^6) \\ y' = y(1+k_1 r^2+k_2 r^4+k_3 r^6) \\ r^2 = x^2+y^2 \end{cases} \tag{3-7}$$

式中　(x,y)——畸变点在成像平面上的原始位置；

(x',y')——校正后的新位置；

r——投影点距离透镜中心距离；

k_1、k_2、k_3——畸变参数，一般只用 k_1、k_2 即可，对于情况严重的透镜，可以用到 k_3。

如图 3-6 所示为常见的径向畸变和正常情况。

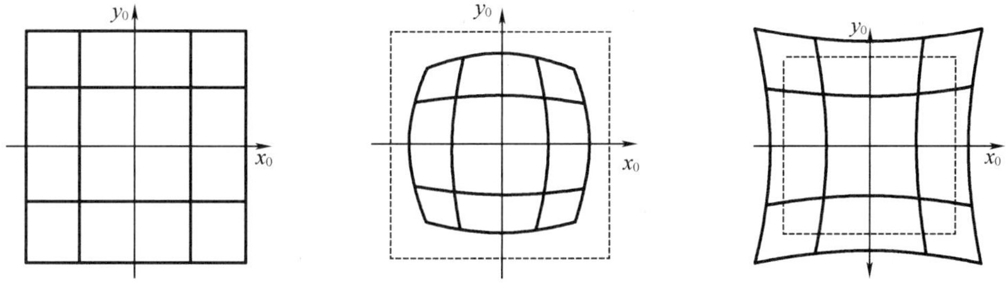

(a)正常情况　(b)桶形畸变　(c)枕型畸变

图 3-6　径向畸变

切向畸变的产生原因是制造相机过程中，由于制造误差，使得透镜与呈现平面无法达到严格意义上的平行，表达式如下：

$$\begin{cases} x'' = x+[2p_1 y+p_2(r^2+2x^2)] \\ y'' = y+[2p_2 x+p_1(r^2+2y^2)] \end{cases} \tag{3-8}$$

式中　(x,y)——畸变点在成像平面上的原始位置；

(x'',y'')——切向畸变改正后的新位置；

p_1、p_2——畸变参数。

将这五个畸变参数放置在一个 5×1 的矩阵中，包含顺序为 k_1、k_2、p_1、p_2、k_3。

(4)图像物理坐标系到图像像素坐标系

利用图像坐标系可得如下转换关系：

$$\begin{bmatrix} u \\ v \\ 1 \end{bmatrix} = \begin{bmatrix} \frac{1}{\mathrm{d}x} & 0 & u_0 \\ 0 & \frac{1}{\mathrm{d}y} & v_0 \\ 0 & 0 & 1 \end{bmatrix} \begin{bmatrix} x \\ y \\ 1 \end{bmatrix} \tag{3-9}$$

式中　(u,v)——该点在图像像素坐标系中的坐标；

(x,y)——该点在图像物理坐标系中并且已经经过畸变校正之后的坐标。

综合上述四个转换过程，假设不存在畸变情况，得到世界坐标系到图像像素坐标系的转换关系，即相机成像模型为

$$\boldsymbol{z}_c * \begin{bmatrix} u \\ v \\ 1 \end{bmatrix} = \begin{bmatrix} \frac{1}{\mathrm{d}x} & 0 & u_0 \\ 0 & \frac{1}{\mathrm{d}y} & v_0 \\ 0 & 0 & 1 \end{bmatrix} \begin{bmatrix} f & 0 & 0 & 0 \\ 0 & f & 0 & 0 \\ 0 & 0 & 1 & 0 \end{bmatrix} \begin{bmatrix} \boldsymbol{R} & \boldsymbol{T} \\ 0 & 1 \end{bmatrix} \begin{bmatrix} x_w \\ y_w \\ z_w \\ 1 \end{bmatrix} \tag{3-10}$$

令下式成立：

$$\boldsymbol{M}_1 = \begin{bmatrix} \frac{1}{\mathrm{d}x} & 0 & u_0 \\ 0 & \frac{1}{\mathrm{d}y} & v_0 \\ 0 & 0 & 1 \end{bmatrix} \begin{bmatrix} f & 0 & 0 & 0 \\ 0 & f & 0 & 0 \\ 0 & 0 & 1 & 0 \end{bmatrix} = \begin{bmatrix} \frac{f}{\mathrm{d}x} & 0 & u_0 & 0 \\ 0 & \frac{f}{\mathrm{d}y} & v_0 & 0 \\ 0 & 0 & 1 & 0 \end{bmatrix} \tag{3-11}$$

$$\boldsymbol{M}_2 = \begin{bmatrix} \boldsymbol{R} & \boldsymbol{T} \\ 0 & 1 \end{bmatrix} \tag{3-12}$$

式中　M_1——摄像机内参数矩阵，沟通摄像机坐标系到图像像素坐标系之间的联系；

M_2——摄像机外参数矩阵，沟通世界坐标系与摄像机坐标系。

则相机成像模型简化为

$$z_c * \begin{bmatrix} u \\ v \\ 1 \end{bmatrix} = \boldsymbol{M}_1 \boldsymbol{M}_2 \begin{bmatrix} x_w \\ y_w \\ z_w \\ 1 \end{bmatrix} = \boldsymbol{M}_E \begin{bmatrix} x_w \\ y_w \\ z_w \\ 1 \end{bmatrix} \tag{3-13}$$

式中　$\boldsymbol{M}_E$——3×4 的摄像机参数矩阵，其中包含 5 个未知摄像机内参数，6 个未知摄像机外参数，共 11 个未知数。

$$\boldsymbol{z}_c * \begin{bmatrix} u \\ v \\ 1 \end{bmatrix} = \begin{bmatrix} m_{11} & m_{12} & m_{13} & m_{14} \\ m_{21} & m_{22} & m_{23} & m_{24} \\ m_{31} & m_{32} & m_{33} & m_{34} \end{bmatrix} \begin{bmatrix} x_w \\ y_w \\ z_w \\ 1 \end{bmatrix} \tag{3-14}$$

3.2.2 立体视觉测量原理

1. 双目相机的视觉测量原理

单目摄像机的原理为基本的透视投影原理,如图 3-7 所示,透视投影是多对一的关系,位于投影线上的任何一个三维空间点都对应同一像点,也就是如果已知目标物体上的特征点数量小于三个,就无法计算得出目标物体相对于摄像机的深度信息。但是若应用两部相机,如图 3-8 所示,就可以消除上述情况,确定目标深度信息。

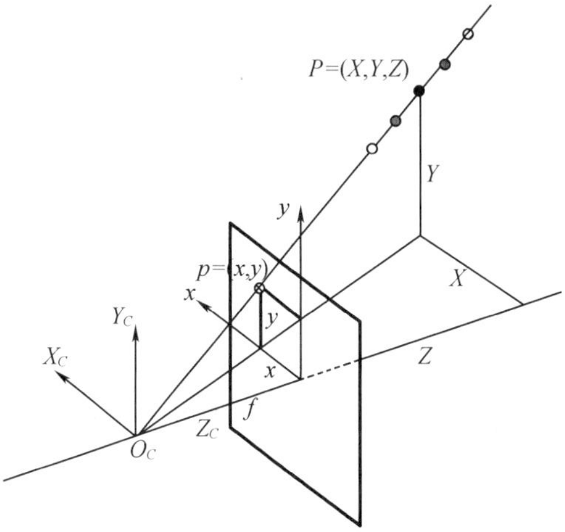

图 3-7　单目相机透视投影图

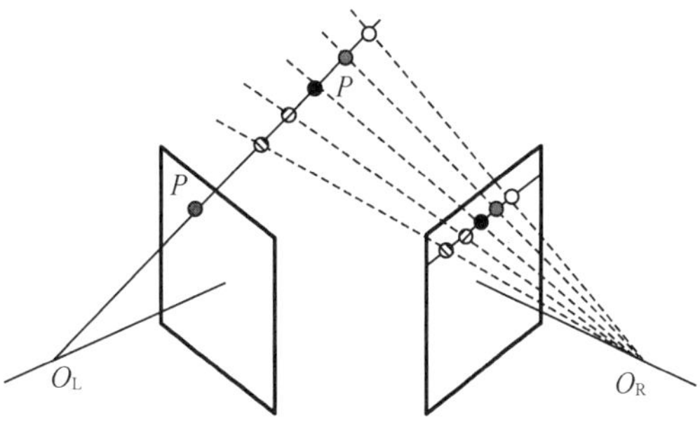

图 3-8　双目相机透视投影图

如图 3-9 所示,假设两摄像机的焦距 f 一致,左右视图已消除畸变且行对准,左右成像平面的原点坐标一致,左右摄像头光轴平行,两成像平面共面,两极线均指向无穷远处,即右摄像机相对于左摄像机只是做(T_x,0,0) 的简单平移。

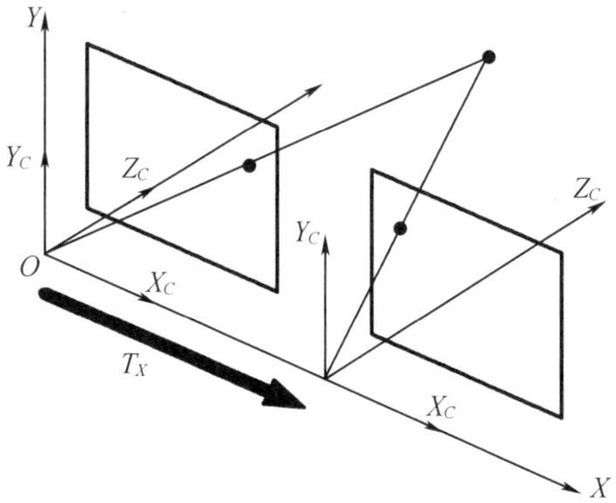

图 3-9　标准双目系统

观察标准双目系统得到图 3-10,在图中 P 为一三维点,即待成像的点。z 为该点深度信息。p_l 和 p_r 为点 P 在左右图像上的成像点,对应的横坐标分别为 x_l 和 x_r。视差 d 定义为

$x_l - x_r$。利用相似三角形原理可得以下公式：

$$\frac{T_x-(x_l-x_r)}{Z-f}=\frac{T_x}{Z}\Rightarrow Z=\frac{fT_x}{x_l-x_r}\Rightarrow Z=\frac{fT_x}{d} \tag{3-15}$$

由式(3-15)可得深度与视差成反比关系。

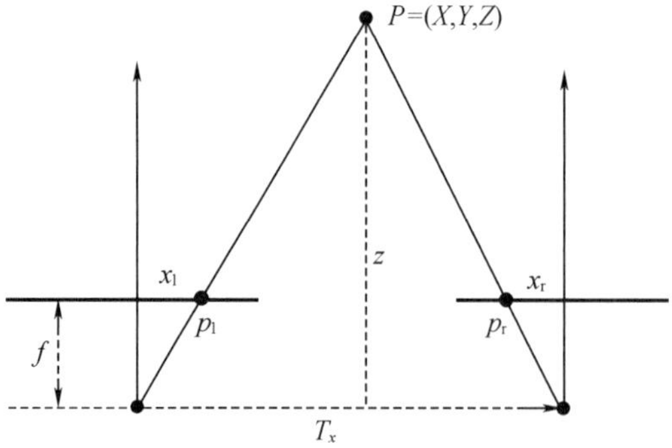

图 3-10　双目测距理论示意图

利用式(3-15)得到目标深度信息的前提是标准的二维到三维坐标系统,但是现实世界中双目摄像机设备是不同于上述标准立体试验台的,如图 3-11 所示,每台摄像机存在各自的镜头畸变情况,并且左右摄像机的成像平面也非共面且行对准,所以要对双目系统进行标定与校正,目的是将相机两成像平面校正于同一平面上,且投影平面上对应的像素行位于同一行,畸变情况最小,可以获得理想的双目系统。

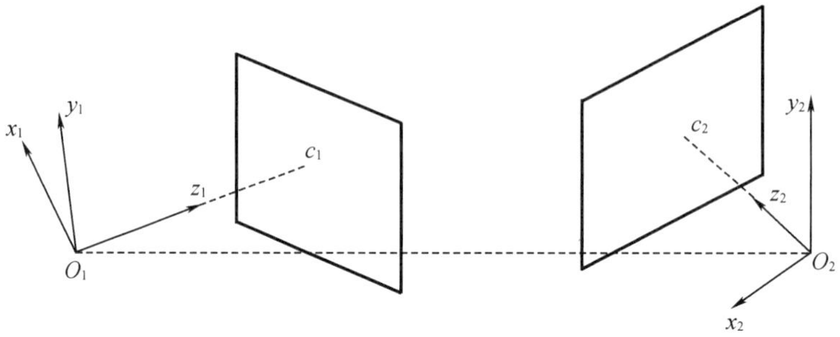

图 3-11　非标准双目系统

2. 深度相机的视觉测量原理

相比于双目相机通过视差计算深度的方式,深度相机能够主动测量每个像素的深度,Kinect V2 深度相机基于 TOF(time of flight)原理,TOF 是指飞行时间,三维成像通过飞行时间实现的方法,主要的过程是相机内部的脉冲发生器会连续地发出光脉冲,当接触到测量物体时光脉冲返回,接着从测量物体中返回的光被传感器接收。通过这段时间差可以得到测量物体与相机之间的距离。该方法与传统的三维激光传感器的测距方法类似,与三维激光传感器逐行逐列的扫描的工作方式不同的是,TOF 相机是逐面成像,即同时得到整个场景的深度信息,进而得到深度图。

TOF 相机与普通机器视觉成像的构造也有类似之处,在硬件方面,都由光源、光学部件、传感器、控制电路以及处理电路等几部分单元组成。和双目测量系统类似,TOF 相机也属于非侵入式 3D 探测,两者在适用的专业领域基本类似,但 TOF 相机有着不同于双目相机的测量原理与成像机理。双目立体测量原理是通过左右立体像对匹配后,再经过三角测量法来进行立体探测的。而 TOF 相机是采用主动光探测方式,通过入、反射光探测来获取的目标距离获取的。

Kinect V2 上每个像素会接收到一个测量信号,从而可以获得目标到 Kinect V2 设备的距离。采用的方法是基于相位差的测量方法,假设距离为 d,则有

$$d=\frac{1}{2}\Delta t\times c=\frac{1}{2}\Delta\varphi\times\frac{1}{f}\times c \tag{3-16}$$

式中　Δt——光的飞行时间;

$\Delta\varphi$——光的发射器与接收器之间的相位差;

f——激光的频率;

c——光传播的速度。

3.2.3　相机的标定与分析

使用相机需要确定现实中物体表面上某点的几何坐标与平面图像中坐标之间的变换关系,需要使用相机的内外参数且只有通过相机标定计算得出,不同应用的相机的这些参数会有所差别,需要研究人员自己通过相关试验并经过计算机计算得到,即相机标定。

1. 双目相机的标定

在进行物体的位置姿态估计时,选用双目视觉测量系统,对单目相机进行标定可以得出相机内部参数的初始值,然后以左相机坐标系为基准,采取合适的算法标定出左右两台相机的相对位置,这样双目视觉系统作为一个整体,在计算图像上某点的空间三维坐标时,并不需要知道单个相机图像坐标系与目标坐标系的相对位置关系,只需要知道各个相机的内部参数和两相机的位置关系即可,本节介绍如何标定双目相机系统中左右两台相机的相对位置参数。

双目相机的标定需要求取两部分内容:一是左右目摄像机的内参数矩阵以及畸变参数矩阵,二是两相机坐标系之间的关系矩阵,首先引入对极几何的概念,如图 3-12 所示,O_l 和 O_r 分别为左右摄像机的投影中心,p_l 和 p_r 为物理世界中点 P 对应两个投影点,e_l 为 O_r 在左成像面上的像点,e_r 为 O_l 在右成像面上的像点,e_l 和 e_r 叫极点。由实际点 P 和两个极点 O_l 和 O_r(或极点 e_l 和 e_r)确定的平面叫极面。p_le_l 和 p_re_r 称为极线。

对极约束为假设已知图 3-12 左图中一特征,其在另一幅图像上的对应特征一定位于相应极线,意味着如果已知双目视觉系统的对极几何关系,和图 3-12 左图一特征点,为了得到其在右图中对应特征点的位置,可在该图的极线上寻找,无须在整个图像中寻找,大大降低了计算量,并且提高了匹配精度。

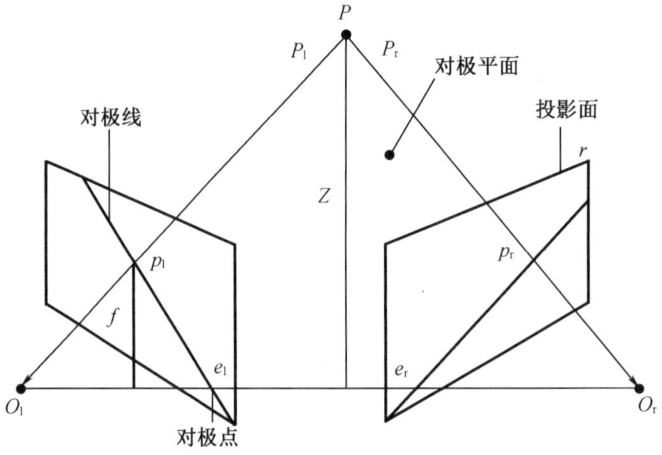

图 3-12　对极几何

根据图 3-13 所示对极约束图,可以列以下公式:

$$\boldsymbol{P}_{r}=\boldsymbol{R}(\boldsymbol{P}_{l}-\boldsymbol{T}) \tag{3-17}$$

式中　$\boldsymbol{P}_l$——左坐标系下的向量;

$\boldsymbol{P}_r$——右坐标系下的向量;

$\boldsymbol{P}_l-T$——在左摄像机坐标系下的 P_r 向量;

$\boldsymbol{R}$——两坐标系之间的旋转矩阵;

$\boldsymbol{T}$——两坐标系之间的平移矩阵。

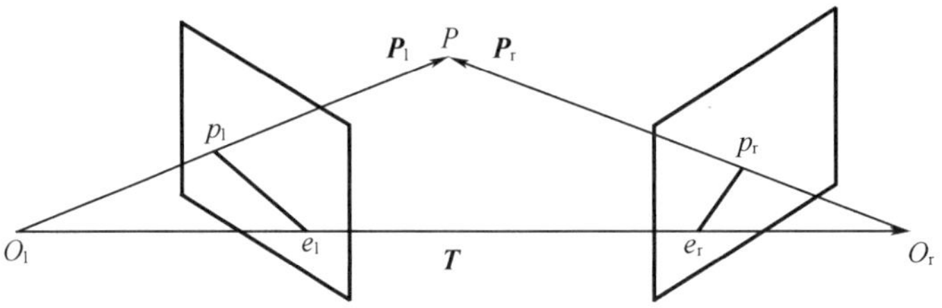

图 3-13　对极约束

因为 $\boldsymbol{R}$ 是正交矩阵,存在 $\boldsymbol{R}^{-1}=\boldsymbol{R}^{\mathrm{T}}$ 的关系,所以

$$\boldsymbol{P}_{l}-\boldsymbol{T}=\boldsymbol{R}^{-1}\boldsymbol{P}_{r}=\boldsymbol{R}^{\mathrm{T}}\boldsymbol{P}_{r} \tag{3-18}$$

又因为 $\boldsymbol{P}_l$、$\boldsymbol{P}_l-\boldsymbol{T}$ 和 $\boldsymbol{T}$ 三个向量共面,其混合积为零,所以

$$\begin{cases}(\boldsymbol{P}_{l}-\boldsymbol{T})^{\mathrm{T}}\cdot\boldsymbol{T}\times\boldsymbol{P}_{l}=0\\(\boldsymbol{R}^{\mathrm{T}}\boldsymbol{P}_{r})^{\mathrm{T}}\cdot(\boldsymbol{T}\times\boldsymbol{P}_{l})=0\\(\boldsymbol{P}_{r}^{\mathrm{T}}\boldsymbol{R})\cdot(\boldsymbol{T}\times\boldsymbol{P}_{l})=0\end{cases} \tag{3-19}$$

因为所有矩阵的向量乘都能写成矩阵数量乘,所以

$$\boldsymbol{T}\times\boldsymbol{P}_{l}=\begin{vmatrix}i & j & k\\T_{x} & T_{y} & T_{Z}\\P_{Lx} & P_{Ly} & P_{Lz}\end{vmatrix} \tag{3-20}$$

$$\boldsymbol{T}\times\boldsymbol{P}_{\mathrm{l}}=(T_yP_{Lz}-T_zP_{Ly})\boldsymbol{i}+(T_zP_{Lx}-T_xP_{Lz})\boldsymbol{j}+(T_xP_{Ly}-T_yP_{Lx})\boldsymbol{k} \tag{3-21}$$

$$\boldsymbol{T}\times\boldsymbol{P}_{\mathrm{l}}=\boldsymbol{S}\cdot\boldsymbol{P}_{\mathrm{l}}=\begin{bmatrix}0 & -T_z & T_y\\ T_y & 0 & -T_x\\ -T_y & T_x & 0\end{bmatrix}\begin{bmatrix}P_{Lx}\\ P_{Ly}\\ P_{Lz}\end{bmatrix}=\begin{bmatrix}T_yP_{Lz}-T_zP_{Ly}\\ T_zP_{Lx}-T_xP_{Lz}\\ T_xP_{Ly}-T_yP_{Lx}\end{bmatrix} \tag{3-22}$$

式中，$\boldsymbol{S}$ 为反对称矩阵。

根据以上公式，可得

$$(\boldsymbol{P}_{\mathrm{r}}^{\mathrm{T}}\boldsymbol{R})\cdot\boldsymbol{S}\cdot\boldsymbol{P}_{\mathrm{l}}=0\Rightarrow\boldsymbol{P}_{\mathrm{r}}^{\mathrm{T}}\boldsymbol{RSP}_{\mathrm{l}}=0 \tag{3-23}$$

令 $\boldsymbol{E}=\boldsymbol{RS}$，则

$$\boldsymbol{P}_{\mathrm{r}}^{\mathrm{T}}\boldsymbol{EP}_{\mathrm{l}}=0 \tag{3-24}$$

又因为

$$p_{\mathrm{l}}=f_{\mathrm{l}}\frac{P_{\mathrm{l}}}{Z_{\mathrm{l}}}p_{\mathrm{r}}=f_{\mathrm{r}}\frac{P_{\mathrm{r}}}{Z_{\mathrm{r}}}Z_{\mathrm{l}}=Z_{\mathrm{r}}f_{\mathrm{l}}=f_{\mathrm{r}} \tag{3-25}$$

所以

$$\boldsymbol{p}_{\mathrm{r}}^{\mathrm{T}}\boldsymbol{Ep}_{\mathrm{l}}=0 \tag{3-26}$$

$\boldsymbol{P}_{\mathrm{l}}$ 和 $\boldsymbol{P}_{\mathrm{r}}$ 表示物点矢量，$\boldsymbol{p}_{\mathrm{l}}$ 和 $\boldsymbol{p}_{\mathrm{r}}$ 表示像点矢量。

式(3-26)中，$\boldsymbol{E}$ 为本征矩阵，将目标点在两相机坐标系下的坐标联系起来，矩阵中包括两者之间的旋转 $\boldsymbol{R}$ 和平移 $\boldsymbol{T}$ 的全部参数。

因为一般分析的都是数字图像，需要考虑像素坐标，所以应将上述公式转换至像素坐标系上。

由相机几何成像模型可知：

$$\begin{cases}\boldsymbol{q}_l=\boldsymbol{M}_{\mathrm{l}}\boldsymbol{p}_{\mathrm{l}}\Rightarrow\boldsymbol{p}_{\mathrm{l}}=\boldsymbol{M}_{\mathrm{l}}^{-1}\boldsymbol{q}_{\mathrm{l}}\\ \boldsymbol{q}_{\mathrm{r}}=\boldsymbol{M}_{\mathrm{r}}\boldsymbol{p}_{\mathrm{r}}\Rightarrow\boldsymbol{p}_{\mathrm{r}}=\boldsymbol{M}_{\mathrm{r}}^{-1}\boldsymbol{q}_{\mathrm{r}}\end{cases} \tag{3-27}$$

式中　$\boldsymbol{p}_{\mathrm{l}}$ 和 $\boldsymbol{p}_{\mathrm{r}}$——相机坐标系中的像点矢量；

$\boldsymbol{q}_{\mathrm{l}}$ 和 $\boldsymbol{q}_{\mathrm{r}}$——像素坐标系中的像点矢量；

$\boldsymbol{M}_{\mathrm{l}}$ 和 $\boldsymbol{M}_{\mathrm{r}}$——左右目摄像机的内参数矩阵。

结合上两式可得

$$\begin{cases}(\boldsymbol{M}_{\mathrm{r}}^{-1}\boldsymbol{q}_{\mathrm{r}})^{\mathrm{T}}\boldsymbol{E}(\boldsymbol{M}_{\mathrm{l}}^{-1}\boldsymbol{q}_{\mathrm{l}})=0\\ \boldsymbol{q}_{\mathrm{r}}^{\mathrm{T}}(\boldsymbol{M}_{\mathrm{r}}^{-\mathrm{T}}\boldsymbol{EM}_{\mathrm{l}}^{-1})\boldsymbol{q}_{\mathrm{l}}=0\end{cases} \tag{3-28}$$

令 $\boldsymbol{F}=\boldsymbol{M}_{\mathrm{r}}^{-\mathrm{T}}\boldsymbol{EM}_{\mathrm{l}}^{-1}$，则

$$\boldsymbol{q}_{\mathrm{r}}^{\mathrm{T}}\boldsymbol{Fq}_{\mathrm{l}}=0 \tag{3-29}$$

在完成单目标定后，可以得到左右两台相机的内部参数矩阵 $\boldsymbol{A}_{\mathrm{l}}$ 和 $\boldsymbol{A}_{\mathrm{r}}$，进而可以求得本征矩阵 $\boldsymbol{E}$。基础矩阵 $\boldsymbol{F}$ 的求解采用随机采样一致性(RANSAC)算法，根据上两式可以得到本征矩阵 $\boldsymbol{E}$ 与基础矩阵 $\boldsymbol{F}$ 的关系：

$$\boldsymbol{E}=\boldsymbol{A}_{\mathrm{r}}^{\mathrm{T}}\boldsymbol{FA}_{\mathrm{l}} \tag{3-30}$$

对于两台相机间的旋转矩阵 $\boldsymbol{R}_{\mathrm{l2r}}$ 和平移向量 $\boldsymbol{T}_{\mathrm{l2r}}$(下标 l2r 表示左相机相对于右相机的位置关系)的求解，采用如下方法：

假设在单目相机标定中,左右两台相机相对同一个模板平面的外部参数分别为 $\boldsymbol{R}_l$、$\boldsymbol{T}_l$ 与 $\boldsymbol{R}_r$、$\boldsymbol{T}_r$。根据前式可知,世界坐标系下的空间点 $\boldsymbol{P}$ 在左相机坐标系和右相机坐标系下的关系为

$$\begin{cases}\boldsymbol{P}_{cl}=\boldsymbol{R}_l\boldsymbol{P}+\boldsymbol{T}_l\\ \boldsymbol{P}_{cr}=\boldsymbol{R}_r\boldsymbol{P}+\boldsymbol{T}_r\end{cases} \tag{3-31}$$

消去 $\boldsymbol{P}$,可得

$$\boldsymbol{P}_{cr}=\boldsymbol{R}_r\boldsymbol{R}_l^{-1}+\boldsymbol{R}_l\boldsymbol{P}_{cl}+\boldsymbol{T}_r-\boldsymbol{R}_r\boldsymbol{R}_l^{-1}\boldsymbol{T}_l \tag{3-32}$$

因此,两台相机间的位置关系为

$$\begin{cases}\boldsymbol{R}_{l2r}=\boldsymbol{R}_r\boldsymbol{R}_l^{-1}{}_1\\ \boldsymbol{T}_{l2r}=\boldsymbol{T}_r-\boldsymbol{R}_r\boldsymbol{R}_l^{-1}\boldsymbol{T}_l\end{cases} \tag{3-33}$$

给定 n 幅图像,按照单目相机标定的方法独立求解相机对每个视图的外部参数,然后将这些参数代入上式中,就可以求出 n 组 $\boldsymbol{R}_{l2r}$ 和 $\boldsymbol{T}_{l2r}$。理论上,这 n 组 $\boldsymbol{R}_{l2r}$ 和 $\boldsymbol{T}_{l2r}$ 完全相同,但由于图像中的噪声和计算中的误差,每一幅图像计算所得的 $\boldsymbol{R}_{l2r}$ 和 $\boldsymbol{T}_{l2r}$ 不会完全相等。因此,选择 n 组 $\boldsymbol{R}_{l2r}$ 和 $\boldsymbol{T}_{l2r}$ 的中值作为初始值,使用 LM 算法找出空间点在两幅图像平面上最小的重投影误差,返回此时的 $\boldsymbol{R}_{l2r}$ 和 $\boldsymbol{T}_{l2r}$。

2. 深度相机的标定

在对 RGB 相机与红外相机进行标定后,对两个相机之间的相对位姿进行标定,假定 RGB 相机的外参数为 $\boldsymbol{R}_c$ 和 $\boldsymbol{T}_c$,红外相机的外参数为 $\boldsymbol{R}_r$ 和 $\boldsymbol{T}_r$,那么对同一个平面上的同一个点 $\boldsymbol{Q}$ 进行标定后,得到如下关系式:

$$\begin{cases}\boldsymbol{Q}_c=\boldsymbol{R}_c\boldsymbol{Q}+\boldsymbol{T}_c\\ \boldsymbol{Q}_r=\boldsymbol{R}_r\boldsymbol{Q}+\boldsymbol{T}_r\end{cases} \tag{3-34}$$

式中,$\boldsymbol{Q}_c$、$\boldsymbol{Q}_r$ 分别为 $\boldsymbol{Q}$ 在 RGB 相机和红外相机投影平面上的点,消去 $\boldsymbol{Q}$ 后,可以得到

$$\boldsymbol{Q}_r=\boldsymbol{R}_r\boldsymbol{R}_c^{-1}\boldsymbol{Q}_c+\boldsymbol{T}_r-\boldsymbol{R}_r\boldsymbol{R}_c^{-1}\boldsymbol{T}_c \tag{3-35}$$

最终可以求出两个相机之间的旋转矩阵和平移向量为

$$\begin{cases}\boldsymbol{R}=\boldsymbol{R}_r\boldsymbol{R}_c^{-1}\\ \boldsymbol{T}=\boldsymbol{T}_r-\boldsymbol{R}_r\boldsymbol{R}_c^{-1}\boldsymbol{T}_c\end{cases} \tag{3-36}$$

相机成像的过程是将现实中的三维点映射到成像平面(二维空间)的过程,经典的相机模型是使用小孔成像模型来描述的。

(1)相机内参数矩阵

相机内参数矩阵表示相机坐标系下的点向像素坐标系下转换的关系,分析像素坐标系 $\{u,v\}$ 与图像坐标系 $\{P\}$ 转换关系,如图 3-14 所示。

图 3-14 中 dx 代表相机的一个像素的米制宽度,dy 代表相机的一个像素的米制高度,从图 3-14 的表示中可以得到关系式

$$\begin{cases}u=\dfrac{x_P}{\mathrm{d}x}+u_0\\ v=\dfrac{y_P}{\mathrm{d}y}+v_0\end{cases} \tag{3-37}$$

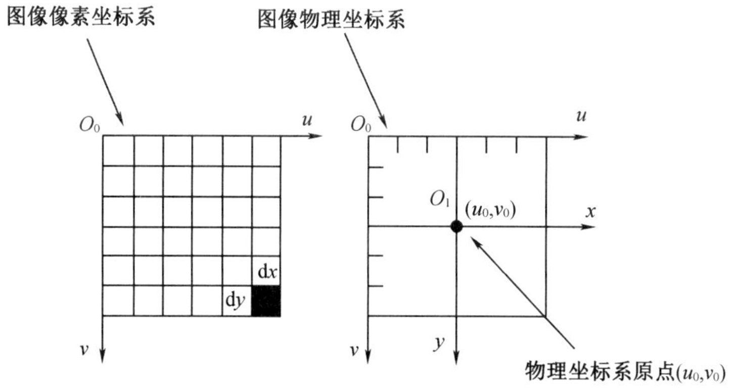

图 3-14　图像坐标系与像素坐标系

用齐次坐标系和矩阵的形式来表示式(3-37)为

$$\begin{bmatrix} u \\ v \\ 1 \end{bmatrix} = \begin{bmatrix} \frac{1}{dx} & 0 & u_0 \\ 0 & \frac{1}{dy} & v_0 \\ 0 & 0 & 1 \end{bmatrix} \cdot \begin{bmatrix} x_P \\ y_P \\ 1 \end{bmatrix} \tag{3-38}$$

分析相机坐标系与图像坐标系转换关系对 P 点分析,由三角形相似容易得到

$$\begin{cases} \dfrac{x_C}{x_P} = \dfrac{z_C}{f} \\ \dfrac{y_C}{y_P} = \dfrac{z_C}{f} \end{cases} \tag{3-39}$$

进一步化简得到

$$\begin{cases} x_P = \dfrac{x_C \cdot f}{z_C} \\ y_P = \dfrac{y_C \cdot f}{z_C} \end{cases} \tag{3-40}$$

写成矩阵形式并对应上一步中图像坐标系的齐次坐标,得到

$$\begin{bmatrix} x_P \\ y_P \\ 1 \end{bmatrix} = \frac{1}{z_C} \cdot \begin{bmatrix} f & 0 & 0 \\ 0 & f & 0 \\ 0 & 0 & 1 \end{bmatrix} \cdot \begin{bmatrix} x_C \\ y_C \\ z_C \end{bmatrix} \tag{3-41}$$

综上,可以得到相机坐标系到像素坐标系的转换为

$$\begin{bmatrix} u \\ v \\ 1 \end{bmatrix} = \begin{bmatrix} \frac{1}{dx} & 0 & u_0 \\ 0 & \frac{1}{dy} & v_0 \\ 0 & 0 & 1 \end{bmatrix} \cdot \frac{1}{z_C} \cdot \begin{bmatrix} f & 0 & 0 \\ 0 & f & 0 \\ 0 & 0 & 1 \end{bmatrix} \cdot \begin{bmatrix} x_C \\ y_C \\ z_C \end{bmatrix} = \frac{1}{z_C} \cdot \begin{bmatrix} k_x & 0 & u_0 \\ 0 & k_y & v0 \\ 0 & 0 & 1 \end{bmatrix} \cdot \begin{bmatrix} x_C \\ y_C \\ z_C \end{bmatrix} = s \cdot M_{in} \cdot \begin{bmatrix} x_C \\ y_C \\ z_C \end{bmatrix} \tag{3-42}$$

式(3-42)为相机的内参数模型;M_{in} 为相机的内参数矩阵,其中包括与相机有关的4个固有系数;$k_x=\dfrac{f}{dx}$是相机 x 轴放大系数,表示在相机焦距长度上可以容纳的 x 轴方向的像素数;$k_y=\dfrac{f}{dy}$是相机 y 轴放大系数,表示在相机焦距长度上可以容纳的 y 轴方向的像素数;(u_0,v_0) 表示相机光轴穿过像素坐标上的坐标值,$s=\dfrac{1}{z_C}$代表缩放因子。

(2)相机外参数矩阵

在解释相机外矩阵之前引入变换矩阵的概念,变换矩阵是一个欧式变换阵,由旋转矩阵和平移量组成,可以表示一个坐标系向另一个坐标系变换的关系。图3-15表示{B}坐标系向{A}坐标系的变换:

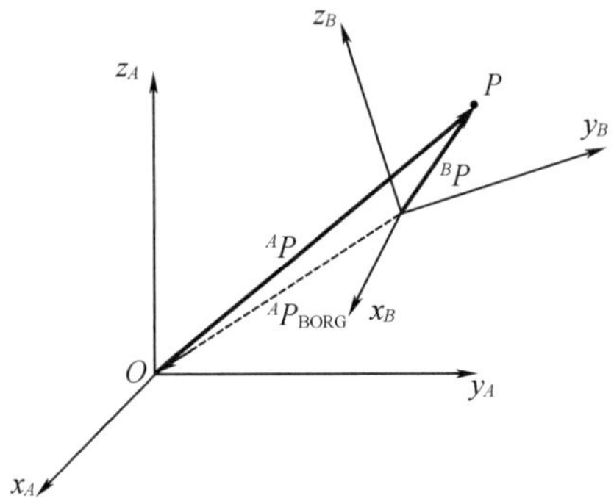

图3-15　坐标变换

P 表示空间中的一点,在{B}坐标系下表示为$^B\boldsymbol{P}$,在{A}坐标系下表示为$^A\boldsymbol{P}$,变换关系为

$$^A\boldsymbol{P}={}_B^A\boldsymbol{R}\,^B\boldsymbol{P}+{}^A\boldsymbol{P}_{BORG} \tag{3-43}$$

关于欧式变换阵和旋转矩阵的原理不在本书做介绍,同理表示世界坐标系{W}向相机坐标系{C}变换,变换关系是

$$^C\boldsymbol{P}={}_W^C\boldsymbol{R}\,^W\boldsymbol{P}+{}^C\boldsymbol{P}_{WORG} \tag{3-44}$$

欧式变换矩阵形式的算子就是相机外矩阵,如下:

$$\begin{bmatrix} ^C\boldsymbol{P} \\ 1 \end{bmatrix}=\begin{bmatrix} {}_W^C\boldsymbol{R} & {}^C\boldsymbol{P}_{WORG} \\ 0\ \ 0\ \ 0 & 1 \end{bmatrix}\cdot\begin{bmatrix} ^W\boldsymbol{P} \\ 1 \end{bmatrix}=\boldsymbol{M}_{out}\cdot\begin{bmatrix} ^W\boldsymbol{P} \\ 1 \end{bmatrix} \tag{3-45}$$

欧式变换阵不只可以表示相机外矩阵,还可以表示其他的坐标系之间的转换关系,在机器人正运动学中也需要用到变化矩阵。

由相机内参数模型和外参数模型可以得到世界坐标系下的点向像素坐标系的变换关系为

$$\begin{bmatrix} u \\ v \\ 1 \end{bmatrix}=\boldsymbol{s}\cdot\begin{bmatrix} k_x & 0 & u_0 & 0 \\ 0 & k_y & v_0 & 0 \\ 0 & 0 & 1 & 0 \end{bmatrix}\cdot\begin{bmatrix} {}_W^C\boldsymbol{R} & {}^C\boldsymbol{P}_{WORG} \\ 0\ \ 0\ \ 0 & 1 \end{bmatrix}\cdot\begin{bmatrix} x_W \\ y_W \\ z_W \\ 1 \end{bmatrix} \tag{3-46}$$

解算相机的内参数模型是下一步相机标定的目的之一。

(3)相机畸变系数

对于一些透镜来说远离透镜中心的光线比靠近透镜中心的光线更加弯曲,这叫做鱼眼效应,由于镜面的折射率变化,成像中心的畸变为零,随着向边缘移动,畸变越来越大。第二种畸变是切向畸变,这是相机制造时透镜与成像平面不平行导致的,如图 3-16 所示。

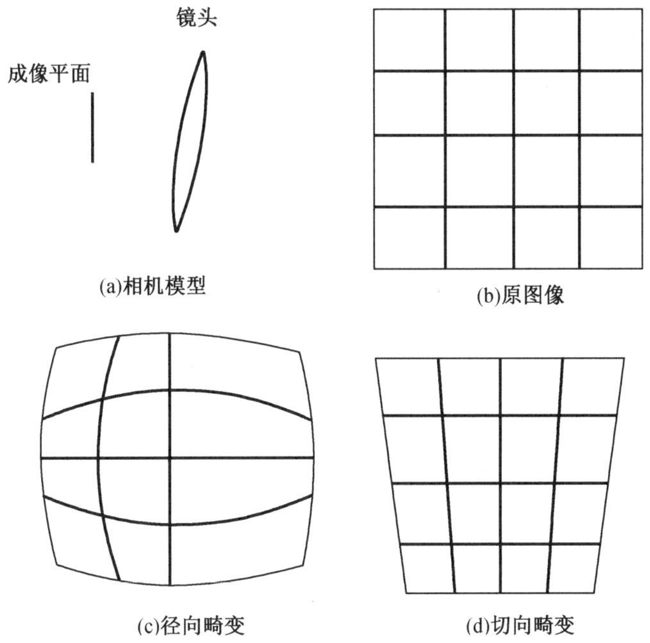

图 3-16　相机畸变

对于径向畸变,利用 $r=0$ 附近的泰勒级数展开的前几项来描述。对于一般相机可以使用前三个畸变项,径向位置可以由以下等式表示:

$$\begin{cases} u_{\text{corrected}}=u\cdot(1+k_1r^2+k_2r^4+k_3r^6) \\ v_{\text{corrected}}=v\cdot(1+k_1r^2+k_2r^4+k_3r^6) \end{cases} \tag{3-47}$$

切向畸变可以用另外的两个参数 p_1,p_2 来表示:

$$\begin{cases} u_{\text{corrected}}=u+[2p_1uv+p_2(r^2+2x^2)] \\ v_{\text{corrected}}=v+[p_1(r^2+2v^2)+2p_2uv] \end{cases} \tag{3-48}$$

(4)张氏标定法相机标定

张氏标定法利用一个已知格点大小的黑白棋盘,定义黑白棋盘格标定板的第一个格点作为世界坐标系原点,垂直于标定板面向外的方向为 z 轴,标定板平面内沿格点方向设置 x 轴、y 轴,棋盘上的角点在世界坐标系下的坐标为($x_W,y_W,0$)。如果将世界坐标系下棋盘格角点 P 及其对应的成像像素平面点 p 用齐次坐标表示,利用上文得到的相机内外参数模型,则棋盘格所在平面到相机成像平面的映射可以表示成下式所示的一般形式:

$$\begin{bmatrix} u \\ v \\ 1 \end{bmatrix} = \boldsymbol{s} \cdot \begin{bmatrix} k_x & 0 & u_0 & 0 \\ 0 & k_y & v_0 & 0 \\ 0 & 0 & 1 & 0 \end{bmatrix} \cdot \begin{bmatrix} {}^{C}_{W}\boldsymbol{R} & {}^{C}\boldsymbol{P}_{\mathrm{WORG}} \\ 0\ \ 0\ \ 0 & 1 \end{bmatrix} \cdot \begin{bmatrix} x_W \\ y_W \\ 0 \\ 1 \end{bmatrix} \tag{3-49}$$

棋盘格的角点在图像平面的坐标(u,v)可以用角点检测得到，由于世界坐标系下的坐标的 z 分量都是 0，可得到下式：

$$\begin{bmatrix} u \\ v \\ 1 \end{bmatrix} = \boldsymbol{s} \cdot \boldsymbol{M}_{\mathrm{in}} \cdot [r_1 \quad r_2 \quad r_3 \quad t] \cdot \begin{bmatrix} x_W \\ y_W \\ 0 \\ 1 \end{bmatrix} = \boldsymbol{s} \cdot \boldsymbol{M}_{\mathrm{in}} \cdot [r_1 \quad r_2 \quad t] \cdot \begin{bmatrix} x_W \\ y_W \\ 1 \end{bmatrix} \tag{3-50}$$

在这里将三维世界中的点转化到二维世界中，因为标定板坐标系的定义中舍弃了三维点的 z 轴数据，变成了二维平面向二维平面的射影变换。这里引入单应的概念，单应表示两个平面之间的映射关系，把一个射影平面上的点映射到另一个射影平面上，把直线映射为直线，具有保线性质，映射一个平行四边形到另一个平运四边形需要四对(u,v)，$(x_{\mathrm{W}},y_{\mathrm{W}})$。单应是关于三维齐次矢量的一种线性变换，可以用一个 3×3 的非奇异矩阵 $\boldsymbol{H}$ 表示：

$$\boldsymbol{p} = \boldsymbol{s} \cdot \boldsymbol{H} \cdot \boldsymbol{P} \tag{3-51}$$

对于单应性矩阵 $\boldsymbol{H}$，唯一的限制是四个点必须处于一般位置，这意味着没有三个点是共线的，这种方式将会得到 8 个公式，计算出单应矩阵的 8 个参数，只差一个不重要的乘法因子 $\boldsymbol{s}$，进而得到相机模型下的单应性矩阵，表示如下：

$$\boldsymbol{H} = [\boldsymbol{h}_1 \quad \boldsymbol{h}_2 \quad \boldsymbol{h}_3] = \boldsymbol{s} \cdot \boldsymbol{M}_{\mathrm{in}} \cdot [r_1 \quad r_2 \quad t] \tag{3-52}$$

为此，只需要求解单应性矩阵 H，就能求解 $\boldsymbol{M}_{\mathrm{in}}$ 和矩阵$[r_1 \quad r_2 \quad t]$。前面提到对于一对平面需要有四对(u,v)，$(x_{\mathrm{W}},y_{\mathrm{W}})$来确定映射关系，这组对应关系可以提供 8 个方程，而待求的未知量有相机内矩阵的 4 个未知量和相机外矩阵的 6 个未知量，一对单应面是不够解算这些未知数的，所以采用 n 对单应面，这时未知数是 $4+6\times n$ 个，方程数是 $8\times n$ 个，所以只要 $n\geqslant 2$ 就可以。

用单应性列向量表示旋转矩阵的前两列为

$$\begin{cases} \boldsymbol{r}_1 = \lambda \cdot \boldsymbol{M}_{\mathrm{in}}^{-1} \cdot \boldsymbol{h}_1 \\ \boldsymbol{r}_2 = \lambda \cdot \boldsymbol{M}_{\mathrm{in}}^{-1} \cdot \boldsymbol{h}_2 \end{cases} \tag{3-53}$$

式中 $\lambda = \dfrac{1}{s}$，旋转矩阵是单位正交矩阵，根据其性质有

$$\begin{cases} \boldsymbol{r}_1^{\mathrm{T}} \cdot \boldsymbol{r}_2 = 0 \\ \| \boldsymbol{r}_1 \| = \| \boldsymbol{r}_2 \| = 1 \end{cases} \tag{3-54}$$

对于得到的每一张标定板图片，可以得到两个方程：

$$\begin{cases} \boldsymbol{h}_1^{\mathrm{T}} \cdot \boldsymbol{M}_{\mathrm{in}}^{-\mathrm{T}} \cdot \boldsymbol{M}_{\mathrm{in}}^{-1} \cdot \boldsymbol{h}_2 = 0 \\ \boldsymbol{h}_1^{\mathrm{T}} \cdot \boldsymbol{M}_{\mathrm{in}}^{-T} \cdot \boldsymbol{M}_{\mathrm{in}}^{-1} \cdot \boldsymbol{h}_1 = \boldsymbol{h}_2^{\mathrm{T}} \cdot \boldsymbol{M}_{\mathrm{in}}^{-T} \cdot \boldsymbol{M}_{\mathrm{in}}^{-1} \cdot \boldsymbol{h}_2 = 1 \end{cases} \tag{3-55}$$

令 $\boldsymbol{B} = \boldsymbol{M}_{\mathrm{in}}^{-\mathrm{T}} \boldsymbol{M}_{\mathrm{in}}^{-1}$ 可以得到封闭形式通解，将 B 表示成另外一种形式：

$$\boldsymbol{B}=\begin{bmatrix} \frac{1}{k_x{}^2} & 0 & -\frac{u_0}{k_x{}^2} \\ 0 & \frac{1}{k_y{}^2} & -\frac{v_0}{k_y{}^2} \\ -\frac{u_0}{k_x{}^2} & -\frac{v_0}{k_y{}^2} & \left(\frac{u_0}{k_x{}^2}+\frac{v_0}{k_y{}^2}+1\right) \end{bmatrix}=\begin{bmatrix} B_{11} & B_{12} & B_{13} \\ B_{21} & B_{22} & B_{23} \\ B_{31} & B_{32} & B_{33} \end{bmatrix} \tag{3-56}$$

$\boldsymbol{B}$ 是一个对称矩阵,未知量只有 6 个,将 6 个未知量写成向量的形式有:$\boldsymbol{b}=[B_{11}\quad B_{12}\quad B_{22}\quad B_{13}\quad B_{23}\quad B_{33}]^{\mathrm{T}}$,令 $\boldsymbol{h}_i$ 为单应矩阵 $\boldsymbol{H}$ 的第 i 个行向量,则有

$$\boldsymbol{h}_i=[h_{i1}\quad h_{i2}\quad h_{i3}]^{\mathrm{T}} \tag{3-57}$$

则公式(3-55)变成

$$\boldsymbol{h}_i\cdot\boldsymbol{M}^{-\mathrm{T}}\cdot\boldsymbol{M}^{-1}\cdot\boldsymbol{h}_j=\boldsymbol{h}_i\cdot\boldsymbol{B}\cdot\boldsymbol{h}_j=\boldsymbol{v}_{ij}{}^{\mathrm{T}}\cdot\boldsymbol{b} \tag{3-58}$$

式中,$\boldsymbol{v}_{ij}=[h_{i1}\cdot h_{j1}\quad h_{i1}\cdot h_{j2}+h_{i2}\cdot h_{j1}\quad h_{i2}\cdot h_{j2}\quad h_{i3}\cdot h_{j1}+h_{i1}\cdot h_3\quad h_{i3}\cdot h_2+h_{i2}\cdot h_3\quad h_{i3}\cdot h_2]^{\mathrm{T}}$。

这样从一幅标定板图像中可以得到 2 个等式:

$$\begin{cases} \boldsymbol{v}_{12}{}^{\mathrm{T}}\cdot\boldsymbol{b}=0 \\ \boldsymbol{v}_{11}\cdot\boldsymbol{b}=\boldsymbol{v}_{12}\cdot\boldsymbol{b} \end{cases} \tag{3-59}$$

写成矩阵形式为

$$\begin{bmatrix} \boldsymbol{v}_{12}{}^{\mathrm{T}} \\ \boldsymbol{v}_{11}-\boldsymbol{v}_{22} \end{bmatrix}\cdot\boldsymbol{b}=0 \tag{3-60}$$

如果采集 n 个棋盘格,将这些方程放在一起,得到新的关系式

$$\boldsymbol{V}\cdot\boldsymbol{b}=0 \tag{3-61}$$

这里的 $\boldsymbol{V}$ 是 $2n\times6$ 的矩阵,$\boldsymbol{b}$ 是一个 6 维向量,如前所述当 $n\geqslant2$ 时,方程对 $\boldsymbol{b}=[B_{11}\quad B_{12}\quad B_{22}\quad B_{13}\quad B_{23}\quad B_{33}]^{\mathrm{T}}$ 有解,求解相机的内矩阵如下所示:

$$\begin{gathered} k_x=\sqrt{\frac{\lambda}{B_{11}}} \\ k_y=\sqrt{\frac{\lambda\cdot B_{11}}{B_{11}\cdot B_{22}-B_{12}{}^2}} \\ u_0=\frac{-B_{13}\cdot k_x}{\lambda} \\ v_0=\frac{B_{12}\cdot B_{13}-B_{11}\cdot B_{23}}{B_{11}\cdot B_{22}-B_{12}{}^2} \\ \lambda=B_{33}-\frac{B_{13}{}^2+v_0\cdot(B_{12}\cdot B_{13}-B_{11}\cdot B_{23})}{B_{11}} \end{gathered} \tag{3-62}$$

前面提到可以在不知道相机内外参的条件下求解单应性矩阵,同时利用公式可计算出相机的外参数:

$$\boldsymbol{r}_1=\lambda\cdot\boldsymbol{M}_{\mathrm{in}}^{-1}\cdot\boldsymbol{h}_1$$

$$r_2=\lambda\cdot M_{in}^{-1}\cdot h_2$$

$$r_3=r_1\times r_2$$

$$t=\lambda\cdot M_{in}^{-1}\cdot h_3 \tag{3-63}$$

由于畸变,导致图像的感知是错误的,令(u_p,v_p)是正确的点的位置、(u_d,v_d)是畸变位置,有

$$\begin{bmatrix}u_p\\v_p\end{bmatrix}=\begin{bmatrix}f_x\dfrac{X}{Z}+u_0\\f_y\dfrac{Y}{Z}+v_0\end{bmatrix} \tag{3-64}$$

通过替换近似的畸变公式,可以得到消除畸变的标定结果:

$$\begin{bmatrix}u_p\\v_p\end{bmatrix}=(1+k_1r^2+k_2r^4+k_3r^6)\begin{bmatrix}u_d\\v_d\end{bmatrix}+\begin{bmatrix}2p_1u_dv_d+p_2(r_2+2u_d^{\ 2})\\p_1(r^2+2v_d^{\ 2})+2p_2u_dv_d\end{bmatrix} \tag{3-65}$$

在校正过程中可以得到很多组这样的方程,求解出畸变系数后,重新估计相机内外参数。

以上求解相机内参数和相机畸变系数时可利用 OpenCV 函数 calibrateCamera( ),输入 2 个参数标定板角点在标定板坐标系的位置和标定板角点对应在图像中的像素值,即可获得相机的内参数矩阵和畸变系数,同时也能获得相机相对于每一幅标定板的外矩阵。OpenCV 还给出了辅助识别图像中棋盘格角点的程序,在图像中识别出来的角点上做出标识,如图 3-17 所示。

图 3-17 RGB 相机标定图

本试验用的标定板尺寸是 3 cm×3 cm,共有 7×5 个角点,RGB 相机得到的图像尺寸是 1 920×1 080,标定程序得到的 RGB 相机内矩阵及畸变系数分别为

$$M_{inRGB}=\begin{bmatrix}1\ 057.477 & 0 & 943.881\\0 & 1\ 058.628 & 520.118\\0 & 0 & 1\end{bmatrix}$$

$$\text{distCoeffs}=[0.005\ 234\quad 0.047\ 299\quad 0.000\ 056\ 9\quad -0.000\ 037\ 5\quad -0.068\ 872] \tag{3-66}$$

畸变系数数组中的数值分别对应着上文的 k_1、k_2、r_1、r_2、k_3。

Kinect V2 有两个相机,一个是 RGB 相机,用于获取彩色图像,一个是红外相机用于获取反射的编码红外脉冲,红外相机是用来测算距离的,所以本书也称之为深度相机。当红外相机工作在一般模式下,也就是捕获自然情况下的红外光时,其图像的效果与普通相机

相似,如图 3-18 所示。

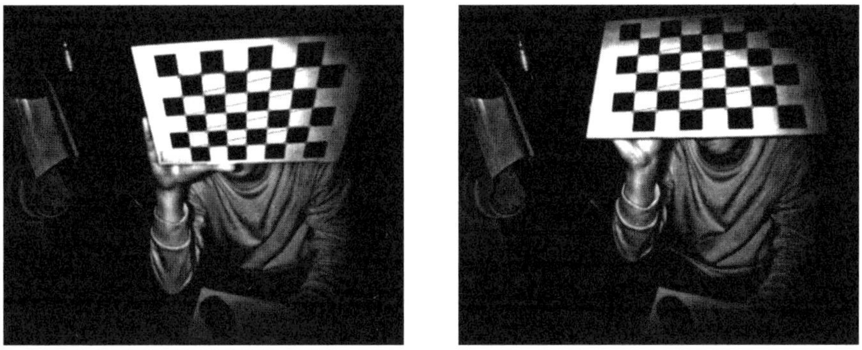

图 3-18　红外相机标定图

红外相机的图像尺寸是 1 024×848,红外相机内矩阵及畸变系数分别为

$$M_{\text{inIR}}=\begin{bmatrix}362.771 & 0 & 250.344\\ 0 & 362.901 & 205.461\\ 0 & 0 & 1\end{bmatrix}$$

$$\text{distCoeffs}=[0.111\,143 \quad -0.311\,427 \quad 0.000\,474 \quad -0.000\,81 \quad 0.129\,699] \tag{3-67}$$

(5)相机重投影误差

前述求解相机内矩阵的过程中也求解了相机外矩阵,利用标定得到的内外参数和已知标定板的各点坐标,根据公式将标定板坐标系下的 7×5 个格点映射到图像坐标系上,这被称为角点的重投影,将图像角点检测得到的像素点和重投影得到的 7×5 个像素点写成如下矩阵:

$$\text{corners}=\begin{bmatrix}u_1 & v_1\\ u_2 & v_2\\ \vdots & \vdots\\ u_n & v_n\end{bmatrix}$$

$$\text{reproject\_corners}=\begin{bmatrix}u'_1 & v'_1\\ u'_2 & v'_2\\ \vdots & \vdots\\ u'_n & v'_n\end{bmatrix} \tag{3-68}$$

每个矩阵里面共有一张标定板图像检测到的 7×5 个角点,计算二者的 2-范数,在这种情况下 2-范数表示两组对应像素点之间的平均距离,将此作为误差衡量标定结果。得到每一张图片的重投影误差结果如表 3-1 和表 3-2 所示。

表 3-1　彩色相机标定重投影误差(单位:pixel)

标定图	误差
1	0.048 191 236 459 8
2	0.049 809 295 716 6
⋮	⋮
23	0.049 212 390 107 5
总计	0.049 680 251 216 1

表 3-2　红外相机标定重投影误差(单位:pixel)

标定图	误差
1	0.035 121 809 163 5
2	0.036 869 973 282
⋮	⋮
43	0.039 124 894
总计	0.042 053 038 464 7

让相机以 1 秒截取一帧的速度进行采样。在采样过程中,按照一定的角度旋转相机。Kinect 相机的两个摄像头都要采集图像信息,所以各截取多幅不同角度的照片。相机标定不介绍具体过程,表 3-3 给出相机参数。

表 3-3　Kinect V2 的内参数和畸变系数

相机	参数								
	焦距		焦点		畸变系数				
	f_x	f_y	u_0	v_0	k_1	k_2	k_3	k_4	k_5
深度相机	366.489	366.265	254.468	207.915	0.156 4	-0.084 1	0.011 2	-0.000 9	0.114 5
彩色相机	1 055.859	1 055.194	951.348	527.491	0.007 6	0.040 1	-0.000 1	0.000 0	-0.461 2

3.3　多关节机器人手眼系统

现实中常常需要利用相机的测量结果来控制多关节机器人,组成一个完整的控制系统,为此需要解决的问题是标定机器人坐标系{B}和相机坐标系{C}的相对位姿,在这样的系统中,多关节机器人相当于手,相机相当于眼,共同组成手眼系统,标定问题也称为手眼标定,手眼系统示意图如图 3-19 所示。

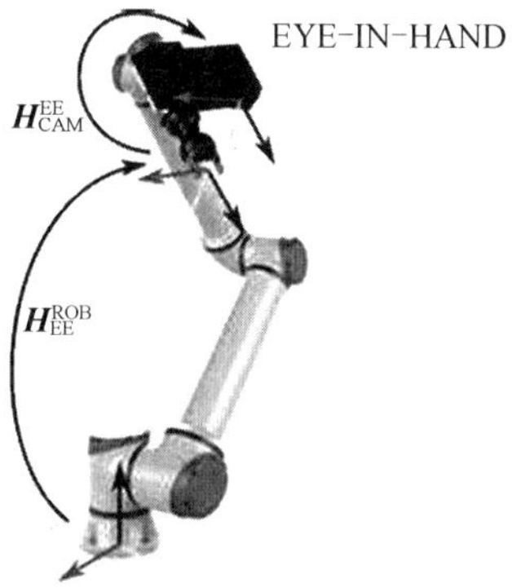

图 3-19　机器人手眼系统

本书中手眼系统以 Kinova 轻量型仿生多关节机器人为例，机器人构造形式臂展长度为 116 cm（手臂长 90 cm、末端执行器长 26 cm），总共拥有 6 个旋转关节，没有移动关节，自身重量为 5.2 kg，最大负载为 1.6 kg，末端执行器最大速度为 20 cm/s，机器人整机功率为 25 W，Kinova MICO 6DOF-S 机器人拥有一个三指末端执行器，其坐标系的坐标原点则位于三指抓手的第二节处，通过 USB 串口，Kinova MICO 6DOF-S 能够与上位机进行通信，实现对机器人的控制。通过机器人运动能够表示机器人末端执行器的位姿，不同机器人的运动学参数不尽相同，通常情况下，机器人的末端姿态由机器人本身的机构类型、机构尺寸、各关节的角度和自由度等参数决定。

3.3.1　手眼系统模型

在手眼系统中，最为常见的形式是相机被固定在机器人末端，保证末端执行器与相机的相对位姿不变，通过控制机器人的运动来改变相机视野，可以较好地观测抓取目标物体，精度相对较高，但由于相机跟随机器人运动，可能出现视场内丢失目标的现象，这种情况下标定的是相机坐标系相对于机器人末端坐标系的位姿，本书利用眼在手上的结构搭建机器人工作场景重建系统，相机被固定在机器人末端工具上，系统位姿关系如图 3-20 所示。

深度摄像机的工作原理是将图案投射到场景上，场景中的三维点与相机图像上的二维点之间的关系可以使用简单的针孔相机模型来建模：

$$\mathrm{Proj}(x,y,z)=[u,v]=\left[\frac{f_x x}{z}+c_x,\frac{f_y y}{z}+c_y\right] \tag{3-69}$$

式中　u、v——2D 图像坐标；

x、y、z——相机参照系中的 3D 点坐标（x 向右，y 向下，z 向前）；

f_x、f_y、c_x、c_y——相机的固有参数，定义逆投影模型，取一个相机坐标 u、v 和深度测量 z，将其转换为一个相对于相机焦点的三维向量，所得到的三维点被称为深度图像的点云，对于深度为 z 的特定像素 u、v，其在点云中的点为

$$\mathrm{Proj}^{-1}(u,v,z)=z\left[\frac{u-c_x}{f_x},\frac{v-c_y}{f_y},1\right] \tag{3-70}$$

深度相机测量场景中每个图像像素到点云的距离（z），深度相机测量的深度是有噪声、不完整的，且存在系统误差。

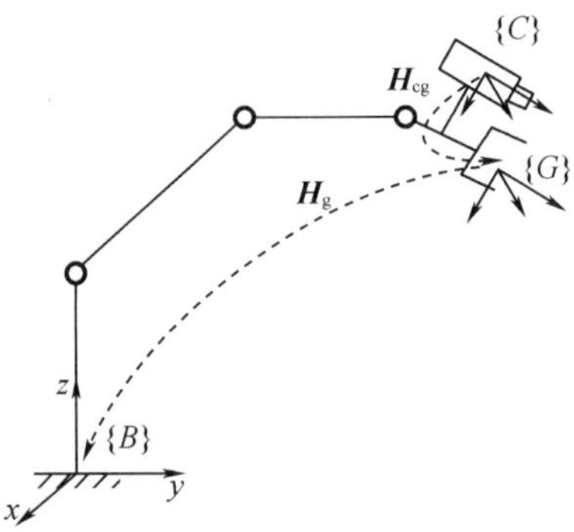

图 3-20　眼在手上系统

3.3.2　手眼系统标定

在完成了相机标定之后，通过相机的内参修正了相机的畸变影响，提高了相机对标定板坐标系的获取精度，相机内参对于外参的获取至关重要。视觉引导系统模型标定中最为重要的是机器人的手眼标定，视觉抓取系统有不同的手眼结构和控制律，这里首先介绍视觉引导系统的分类方法，利用黑白棋盘格标定板来标定手眼系统，每次运动机器人获得一组对应的 H_g 和 H_c，试验场景中任意两次运动下坐标变换关系如图 3-21 所示。

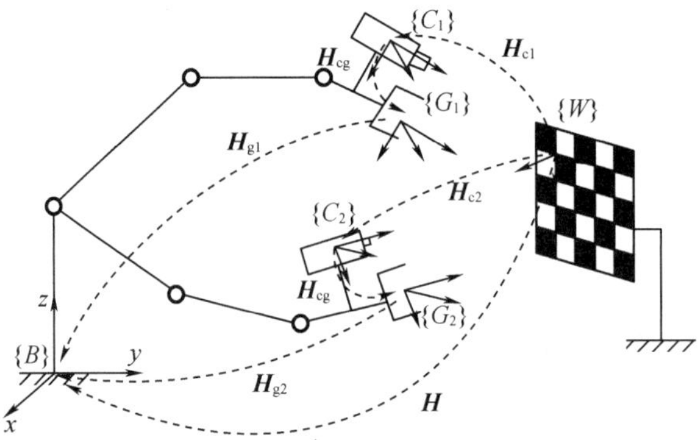

图 3-21　手眼标定试验

利用以下坐标系和变换关系来描述整个手眼标定过程的坐标变换：

{B}：机器人基座坐标系；

{G}：机器人末端执行器坐标系；

{W}：标定板坐标系；

{C}：相机坐标系；

$\boldsymbol{H}_g$：机器人的末端执行器{G}相对于机器人基座{B}的描述，也就是机器人的正运动学矩阵，用来表示机器人末端执行器的相对位姿；

$\boldsymbol{H}_{cg}$：在标定过程中相机被固定在末端执行器上，也就是相机和末端执行器的相对位姿固定不变，$\boldsymbol{H}_{cg}$ 表示相机坐标系{C}在机器人末端执行器坐标系{G}下的描述；

$\boldsymbol{H}_c$:标定板坐标系{W}在相机坐标系{C}下的相对位姿,也就是相机模型的外参数矩阵,在将相机的内参数矩阵标定好之后,通过角点检测得到角点的像素坐标,可以通过求解 PnP 得出 $\boldsymbol{H}_c$;

$\boldsymbol{H}$:标定板坐标系{W}相对于机器人基座{B}的位姿,也就是场景重建的目标,建立实际场景的与机器人基座{B}的关系,同时利用 $\boldsymbol{H}$ 来计算手眼标定的误差。

多种姿态下的各矩阵变换满足如下关系:

$$\boldsymbol{H}=\boldsymbol{H}_{g1}\cdot\boldsymbol{H}_{cg}\cdot\boldsymbol{H}_{c1}=\boldsymbol{H}_{g2}\cdot\boldsymbol{H}_{cg}\cdot\boldsymbol{H}_{c2}=\cdots=\boldsymbol{H}_{gn}\cdot\boldsymbol{H}_{cg}\cdot\boldsymbol{H}_{cn} \tag{3-71}$$

对于任意的两个姿态,有如下关系式:

$$\boldsymbol{H}_{gi}\cdot\boldsymbol{H}_{cg}\cdot\boldsymbol{H}_{ci}=\boldsymbol{H}_{gj}\cdot\boldsymbol{H}_{cg}\cdot\boldsymbol{H}_{cj} \tag{3-72}$$

即有下式成立:

$$\boldsymbol{H}_{gj}^{-1}\cdot\boldsymbol{H}_{gi}\cdot\boldsymbol{H}_{cg}=\boldsymbol{H}_{cg}\cdot\boldsymbol{H}_{cj}\cdot\boldsymbol{H}_{ci}^{-1} \tag{3-73}$$

令 $\boldsymbol{H}_{gij}=\boldsymbol{H}_{gj}^{-1}\cdot\boldsymbol{H}_{gi}$、$\boldsymbol{H}_{cij}=\boldsymbol{H}_{cj}\cdot\boldsymbol{H}_{ci}^{-1}$,上式可化为

$$\boldsymbol{H}_{gij}\cdot\boldsymbol{H}_{cg}=\boldsymbol{H}_{cg}\cdot\boldsymbol{H}_{cij} \tag{3-74}$$

为此求解矩阵 $\boldsymbol{H}_{cg}$ 的问题就变成了求解 $AX=XB$ 的问题,这是机器人学中的经典问题。

1. PnP 法求解相机外矩阵

PnP 求解算法是指通过多对 3D 与 2D 匹配点,在已知或者未知相机内参的情况下,求解相机外参的算法。PnP 问题有很多求解方法,如用 3 对点估计位姿的 P3P、直接线形变换(DLT)、EPnP(Efficient PnP)等,还可以利用非线性优化的方法,构建最小二乘问题求解,如最小化重投影误差。这里将尺寸已知的黑白棋盘格作为世界坐标系下的 3D 点、通过角点检测获得图片中标定板角点像素坐标、上文获得的相机内参数矩阵和畸变系数作为参数,使用 OpenCV 库函数 solvePnP( )中最小化重投影误差的方法,求解标定板坐标系{W}相对于相机坐标系{C}的变换矩阵 $\boldsymbol{H}_c$。

2. TSAI 法解 $AX=XB$

这里利用 TSAI 法求解 $\boldsymbol{H}_{cg}$,构建等式 $\boldsymbol{AX}=\boldsymbol{XB}$,矩阵 $\boldsymbol{H}_{cg}$、$\boldsymbol{H}_{gij}$ 和 $\boldsymbol{H}_{cij}$ 是欧式变换阵,形式如下:

$$\boldsymbol{H}_{cg}=\begin{bmatrix} & \boldsymbol{R}_{cg} & & \boldsymbol{t}_{cg} \\ 0 & 0 & 0 & 1 \end{bmatrix}$$

$$\boldsymbol{H}_{gij}=\begin{bmatrix} & \boldsymbol{R}_{gij} & & \boldsymbol{t}_{gij} \\ 0 & 0 & 0 & 1 \end{bmatrix}$$

$$\boldsymbol{H}_{cij}=\begin{bmatrix} & \boldsymbol{R}_{cij} & & \boldsymbol{t}_{cij} \\ 0 & 0 & 0 & 1 \end{bmatrix} \tag{3-75}$$

为此可构建如下形式的分解式:

$$\begin{cases}\boldsymbol{R}_{gij}\cdot\boldsymbol{R}_{cg}=\boldsymbol{R}_{cg}\cdot\boldsymbol{R}_{cij}\\(\boldsymbol{R}_{gij}-\boldsymbol{I})\cdot\boldsymbol{t}_{cg}=\boldsymbol{R}_{cg}\cdot\boldsymbol{t}_{cij}-\boldsymbol{t}_{gij}\end{cases} \tag{3-76}$$

对式(3-76)中的两个等式分别求解,第一步是求解旋转部分,利用罗德里格斯变换将

旋转矩阵变换成旋转向量：

$$\begin{cases} \boldsymbol{r}_{\mathrm{gij}} = \mathrm{Rodriguez}(\boldsymbol{R}_{\mathrm{gij}}) \\ \boldsymbol{r}_{\mathrm{cij}} = \mathrm{Rodriguez}(\boldsymbol{R}_{\mathrm{cij}}) \end{cases} \tag{3-77}$$

将旋转向量单位化：

$$\begin{cases} \boldsymbol{\theta}_{\mathrm{gij}} = \| \boldsymbol{r}_{\mathrm{gij}} \| \\ \boldsymbol{\theta}_{\mathrm{cij}} = \| \boldsymbol{r}_{\mathrm{cij}} \| \end{cases}$$

$$\begin{cases} \boldsymbol{N}_{\mathrm{rgij}} = \dfrac{\boldsymbol{r}_{\mathrm{gij}}}{\theta_{\mathrm{gij}}} \\ \boldsymbol{N}_{\mathrm{rcij}} = \dfrac{\boldsymbol{r}_{\mathrm{cij}}}{\theta_{\mathrm{cij}}} \end{cases} \tag{3-78}$$

引入修正后的旋转向量表示法：

$$\begin{cases} \boldsymbol{P}_{\mathrm{gij}} = 2 \cdot \sin \dfrac{\boldsymbol{\theta}_{\mathrm{gij}}}{2} \cdot \boldsymbol{N}_{\mathrm{rgij}} \\ \boldsymbol{P}_{\mathrm{cij}} = 2 \cdot \sin \dfrac{\boldsymbol{\theta}_{\mathrm{cij}}}{2} \cdot \boldsymbol{N}_{\mathrm{rcij}} \end{cases} \tag{3-79}$$

为此可以得到下式：

$$\mathrm{Skew}(\boldsymbol{P}_{\mathrm{gij}}+\boldsymbol{P}_{\mathrm{cij}}) \cdot \boldsymbol{P}'_{\mathrm{cg}} = \boldsymbol{P}_{\mathrm{cij}} - \boldsymbol{P}_{\mathrm{gij}} \tag{3-80}$$

式中，Skew( )是向量变换到反对称矩阵的转换符号，对于三维向量 $\boldsymbol{a}=[a_1 \quad a_2 \quad a_3]^{\mathrm{T}}$，操作如下：

$$\mathrm{Skew}(\boldsymbol{a}) = \begin{bmatrix} 0 & -a_3 & a_2 \\ a_3 & 0 & -a_1 \\ -a_2 & a_1 & 0 \end{bmatrix} \tag{3-81}$$

利用多组$\boldsymbol{P}_{\mathrm{gij}}$ 和$\boldsymbol{P}_{\mathrm{cij}}$，可以得到如下形式超定方程：

$$\begin{bmatrix} \mathrm{Skew}(\boldsymbol{P}_{\mathrm{gij}(1)}+\boldsymbol{P}_{\mathrm{cij}(1)}) \\ \mathrm{Skew}(\boldsymbol{P}_{\mathrm{gij}(2)}+\boldsymbol{P}_{\mathrm{cij}(2)}) \\ \vdots \\ \mathrm{Skew}(\boldsymbol{P}_{\mathrm{gij}(n)}+\boldsymbol{P}_{\mathrm{cij}(n)}) \end{bmatrix} \cdot \boldsymbol{P}'_{\mathrm{cg}} = \begin{bmatrix} \boldsymbol{P}_{\mathrm{cij}(1)} - \boldsymbol{P}_{\mathrm{gij}(1)} \\ \boldsymbol{P}_{\mathrm{cij}(2)} - \boldsymbol{P}_{\mathrm{gij}(2)} \\ \vdots \\ \boldsymbol{P}_{\mathrm{cij}(n)} - \boldsymbol{P}_{\mathrm{gij}(n)} \end{bmatrix} \tag{3-82}$$

对于超定方程 $\boldsymbol{A} \cdot x=\boldsymbol{b}$，$x$ 是没有精确解的，但是对于超定方程可以给出最小二乘解，就是在等式的两端乘 $\boldsymbol{A}$ 的转置：

$$\boldsymbol{A}^{\mathrm{T}} \cdot \boldsymbol{A} \cdot x = \boldsymbol{A}^{\mathrm{T}} \cdot \boldsymbol{b} \tag{3-83}$$

方程的增广矩阵$[\boldsymbol{A}^{\mathrm{T}} \cdot \boldsymbol{A} | \boldsymbol{A}^{\mathrm{T}} \cdot \boldsymbol{b}]$ 的秩等于 n，所以有唯一的解，此解是原方程的最小二乘解。

$$x = (\boldsymbol{A}^{\mathrm{T}} \cdot \boldsymbol{A})^{-1} \cdot \boldsymbol{A}^{\mathrm{T}} \cdot \boldsymbol{b} \tag{3-84}$$

得到$\boldsymbol{P}'_{\mathrm{cg}}$ 后，计算旋转向量：

$$\boldsymbol{P}_{\mathrm{cg}} = \frac{2\boldsymbol{P}'_{\mathrm{cg}}}{\sqrt{1+|\boldsymbol{P}'_{\mathrm{cg}}|^2}} \tag{3-85}$$

上式结合罗德里格斯公式，可得到

$$\boldsymbol{R}_{cg}=(1-\frac{|\boldsymbol{P}_{cg}|^2}{2})\cdot\boldsymbol{I}+\frac{1}{2}[\boldsymbol{P}_{cg}\cdot\boldsymbol{P}_{cg}{}^{T}+\sqrt{4-|\boldsymbol{P}_{cg}|^2}\cdot \mathrm{Skew}(\boldsymbol{P}_{cg})] \tag{3-86}$$

将 $\boldsymbol{R}_{cg}$ 代入前述分解式，利用最小二乘解求出$\boldsymbol{T}_{cg}$，完成求解$\boldsymbol{T}_{cg}$ 的任务。

通过以上两步求解相机极坐标系{C}在机器人末端坐标系{G}下的描述 $\boldsymbol{H}_{cg}$。下面利用 TSAI 的方法求解标定板坐标系{W}在机器人基坐标系{B}下的描述 $\boldsymbol{H}$。对于每一个不同姿态的手眼系统，满足如下公式：

$$\boldsymbol{H}_{cg}=\boldsymbol{H}_{g1}^{-1}\cdot\boldsymbol{H}\cdot\boldsymbol{H}_{c1}^{-1}=\boldsymbol{H}_{g2}^{-1}\cdot\boldsymbol{H}\cdot\boldsymbol{H}_{c2}^{-1}=\cdots=\boldsymbol{H}_{gn}{}^{-1}\cdot\boldsymbol{H}\cdot\boldsymbol{H}_{cn}^{-1} \tag{3-87}$$

利用与求解 $\boldsymbol{H}_{cg}$ 相同的步骤求解矩阵 $\boldsymbol{H}$。求得变换矩阵 $\boldsymbol{H}_{cg}$ 和 $\boldsymbol{H}$ 分别如下所示：

$$\boldsymbol{H}_{cg}=\begin{bmatrix}0.961 & -0.269 & 0.067 & 0.138\\0.275 & 0.955 & -0.108 & -0.073\\-0.035 & 0.122 & 0.992 & -0.071\\0 & 0 & 0 & 1\end{bmatrix}$$

$$\boldsymbol{H}=\begin{bmatrix}0.049 & -0.913 & 0.405 & 0.168\\0.014 & -0.404 & -0.914 & -0.660\\0.999 & 0.051 & -0.007 & 0.365\\0 & 0 & 0 & 1\end{bmatrix} \tag{3-88}$$

3.3.3　手眼标定重投影误差

利用 TSAI 法计算出 $\boldsymbol{H}_{cg}$ 和 $\boldsymbol{H}$ 后，可以利用重投影误差检测手眼标定的效果。在图 3-22 所示变换关系的基础上，可得到如下公式：

$$\boldsymbol{H}_{c}'=\boldsymbol{H}\cdot\boldsymbol{H}_{g}^{-1}\cdot\boldsymbol{H}_{cg}^{-1} \tag{3-89}$$

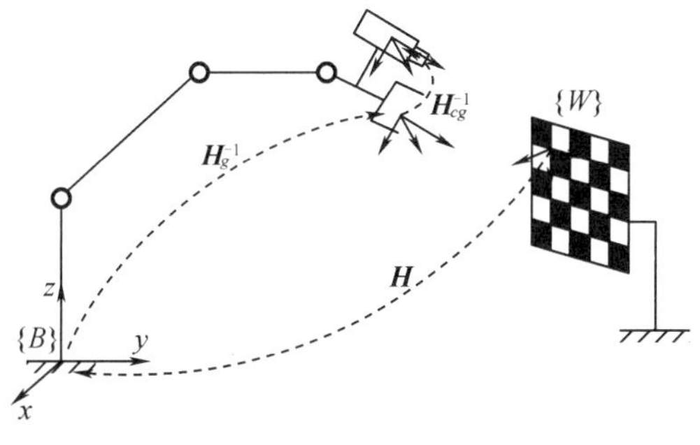

图 3-22　手眼标定的重投影变换

此时不再使用 PnP 法计算出来的外矩阵 $\boldsymbol{H}_c$，而是使用标定出的数据求解标定板坐标系{W}相对于相机坐标系{C}的描述，如果标定效果好的话，此时的 $\boldsymbol{H}_c'$等于相机外矩阵 $\boldsymbol{H}_c$。在重投影的图像上可以看到，通过标定出来的数据反求相机外矩阵 $\boldsymbol{H}_c'$与 PnP 法解出来的外矩阵 $\boldsymbol{H}_c$ 在图片上的重投影图像相同，{W}坐标系中的格点映射到的图像应该和角点重合。图 3-23 是通过上述方法获得的重投影图像，标定板信息为 7×5 个角点，3 cm×3 cm 的格子，在像素坐标系下求每一幅图的对应角点的平均距离。

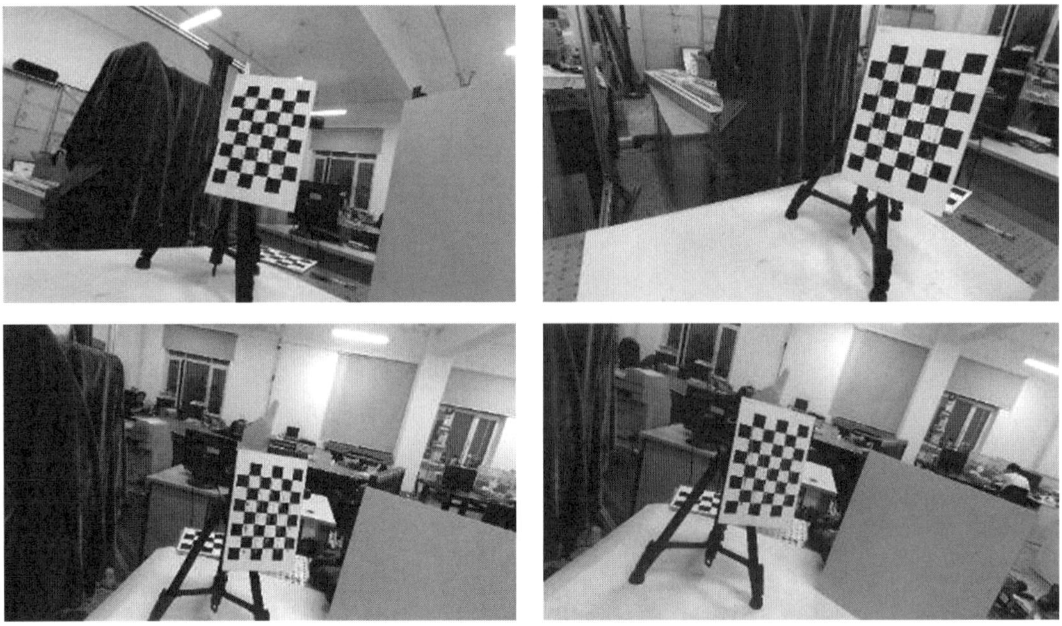

图 3-23　手眼标定重投影

表 3-4 为多个姿态的图像获得的重投影结果，参数为每一幅图像中的角点的平均像素误差。

表 3-4　手眼标定的重投影误差（单位：pixel）

位姿	误差
1	2.992 330 071 35
2	3.651 715 397 05
3	5.783 110 29
4	4.066 771 69
5	6.568 863 310 43
⋮	⋮
22	2.372 364 850 47
平均	4.121 610 086 88

从数据和重投影的图像可以看出，标定后的手眼系统的重投影与相机角点检测的像素存在较大的差距，从图像中重投影的效果来看，标定结果是趋向正确的。通常机器人的关节角可以直接从关节编码器中测量，并且机器人的正向运动学方程是具有确定性的。因此，传感器的姿态是可以知道的，即可以在不同定位传感器的情况下完成定位。而现实中所有的机器人都受到一定程度的执行器不确定性的影响，由于齿轮碰撞、电缆拉伸、非刚性变形和其他未知的动力学因素，关节编码器并不能完美地捕捉到机器人关节的真实几何角度。手眼系统用到了大量坐标系的变换，在标定环节和重投影计算环节，机器人关节的关

节角误差带来的非线性误差影响了试验结果。另外 TSAI 法是先计算 $\boldsymbol{R}_{cg}$ 后再计算$\boldsymbol{T}_{cg}$，$\boldsymbol{R}_{cg}$ 的计算误差会累积到$\boldsymbol{T}_{cg}$ 的求解过程中，导致误差传递，工作台不稳定可能存在晃动，塑性连接件在重力作用下的非刚性变形和关节的离轴运动也会引入一些误差。

3.4　激光点云图像获取及处理

3.4.1　点云数据获取

Kinect V2 传感器利用飞行时间来测量场景的深度信息，可以同时得到整幅图像的深度信息，如图 3-24 所示为深度相机测量的深度值。

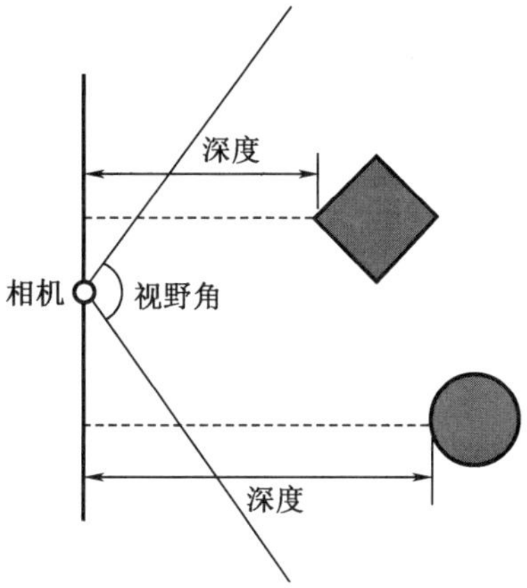

图 3-24　深度相机测量深度值

深度数据流所提供的图像帧中，每一个像素点代表的是在深度感应器的视野中，离摄像头平面最近的物体到该平面的距离，如图 3-24 所示。Kinect V2 在测量时可能存在一些问题，深度测量取决于物体表面性质，在测量半透明、高反射、非反射表面、角落或者几乎正交的平面时都存在深度值测量不准的问题，直接影响就是在重建点云时物体形状存在很大的畸变。

1. 深度图与彩色图对齐

对 Kinect V2 的深度相机和彩色相机简化成如图 3-25 所示。

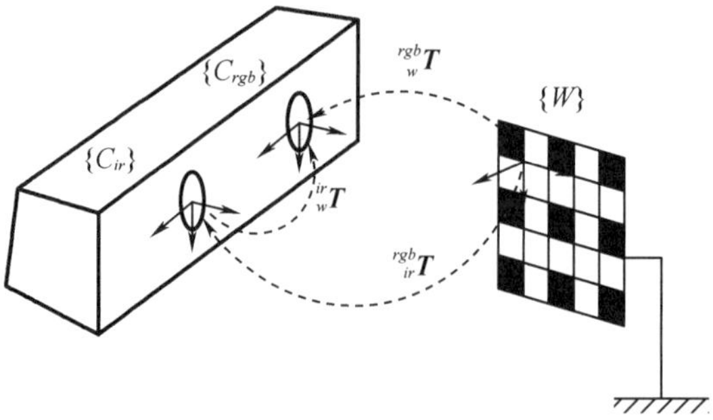

图 3-25　Kinect V2 简化模型

由 PnP 法求解两个相机相对于标定板坐标系的外矩阵分别为$^{rgb}_{w}\boldsymbol{T}$ 和$^{ir}_{w}\boldsymbol{T}$，设深度相机$\{C_{ir}\}$相对于彩色相机$\{C_{rgb}\}$变换矩阵为$^{rgb}_{ir}\boldsymbol{T}$，对于标定世界坐标系$\{W\}$中点$\boldsymbol{P}=[x \quad y \quad z]^{\mathrm{T}}$，有如下关系：

$$^{rgb}_{w}\boldsymbol{T}\cdot\boldsymbol{P}_{w}={}^{rgb}_{ir}\boldsymbol{T}\cdot{}^{ir}_{w}\boldsymbol{T}\cdot\boldsymbol{P}_{w} \tag{3-90}$$

即有

$$\boldsymbol{P}_{rgb}={}^{rgb}_{ir}\boldsymbol{T}\cdot\boldsymbol{P}_{ir} \tag{3-91}$$

可以解得

$$^{rgb}_{ir}\boldsymbol{T}={}^{rgb}_{w}\boldsymbol{T}\cdot{}^{ir}_{w}\boldsymbol{T}^{-1} \tag{3-92}$$

所以在一个固定的位姿时，同时记录彩色相机和深度相机拍摄的棋盘格标定板，就可以求出两个相机的相对位姿，在本试验中求得相机相对位姿：

$$^{rgb}_{ir}\boldsymbol{T}=\begin{bmatrix}0.999\,969 & -0.007\,696 & 0.001\,388 & -5.222\,614\\ 0.007\,692 & 0.999\,966 & 0.002\,851 & 0.053\,760\\ -0.001\,410 & -0.002\,840 & 0.999\,995 & 0.096\,870\\ 0 & 0 & 0 & 1\end{bmatrix} \tag{3-93}$$

在深度相机获得深度图像创建新的点表示方法$p_{ir}(u_{ir},v_{ir},d_{ir})$，其对应的相机坐标系下的$\boldsymbol{P}_{ir}=[x_{ir} \quad y_{ir} \quad z_{ir}]^{\mathrm{T}}$。利用标定好的深度相机内参数矩阵，可以得到如下关系：

$$\begin{cases}z_{ir}=d_{ir}\\ x_{ir}=\dfrac{(u_{ir}-u_{0ir})\cdot z_{ir}}{k_{xir}}\\ y_{ir}=\dfrac{(v_{ir}-v_{0ir})\cdot z_{ir}}{k_{y}}\end{cases} \tag{3-94}$$

利用前述公式可得到$^{rgb}_{ir}\boldsymbol{T}$，将此点转换到彩色相机坐标系中，有下式成立：

$$\begin{bmatrix}\boldsymbol{P}_{rgb}\\ 1\end{bmatrix}={}^{rgb}_{ir}\boldsymbol{T}\cdot\begin{bmatrix}\boldsymbol{P}_{ir}\\ 1\end{bmatrix} \tag{3-95}$$

利用标定好的彩色相机内参数矩阵得到此点在彩色像素坐标系下的像素值，如下所示：

$$\begin{bmatrix}u_{rgb}\\ v_{rgb}\\ 1\end{bmatrix}=\frac{1}{z_{rgb}}\cdot\boldsymbol{M}_{rgb}\cdot\boldsymbol{P}_{rgb} \tag{3-96}$$

将式中 z_{rgb} 作为深度值赋值给 (u_{rgb}, v_{rgb}) ,完成了将深度图像的深度值对齐到彩色图像的操作,其他点也用相同的方法对齐。

彩色图像　　深度图像　　GRB-D图像　　图 3-26 彩色版

图 3-26　对齐后的 RGB-D 图像

2. PCL 库的点云表示

图像的对齐操作完成图形中每一个点的位置信息和彩色信息配对,将得到的 3D 信息转换成点云数据。在 PCL 库中 pcl::PointXYZRGB 类型数据中同时包含点的位置信息 XYZ 和颜色信息 RGB,图 3-27 为将 RGB-D 转化成点云的效果图。

图 3-27　RGB-D 转化为点云

由于 Kinect V2 的彩色相机分辨率是 1 920×1 080,而深度相机的分辨率是 512×424,深度图对齐到彩色图时应保证每一个点都有彩色信息与之对应,充分利用深度相机的性能上限,所以在深度图向彩色图对齐的过程中,彩色信息会丢失一部分。

3.4.2　点云预处理

PCL 库较好地封装了常用的滤波方法,对点云的滤波通过调用各个滤波器对象来完成,主要的滤波器有直通滤波器、体素格滤波器、统计滤波器、半径滤波器等。在采集点云过程中,Kinect V2 相机视角内的物体可能不在工作空间内,同时 Kinect V2 官方给出分辨能力分布如图 3-28 所示。

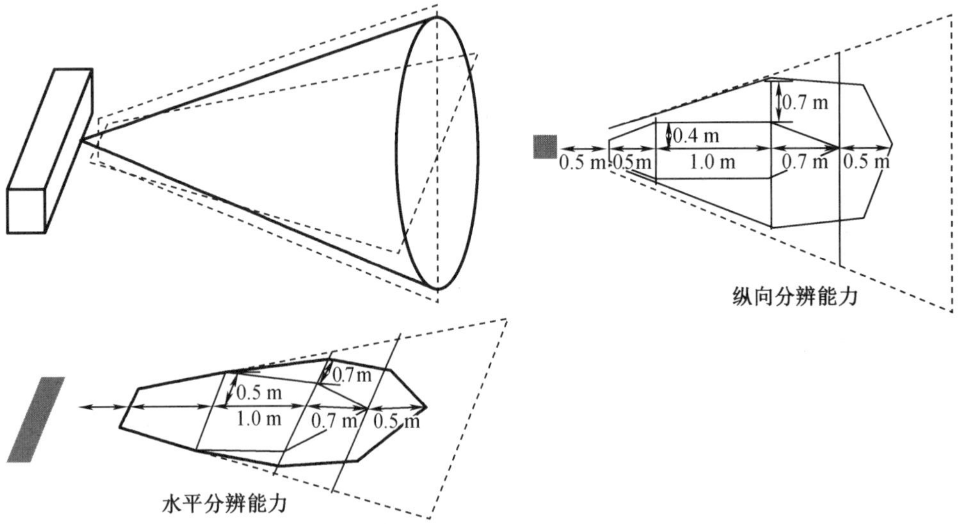

图 3-28　Kinect V2 的分辨能力分布

在图 3-28 的基础上，为了实现场景重建的目的，只保留绿色区域数据，扫描过程中将绿色区域扫过整个工作空间，就可以实现对整个场景重建的采样。对于去除绿色范围外的点云数据，可以采用直通滤波的方法直接去除设定滤波距离阈值，指定点云空间坐标的方向，在阈值范围内的点都保留，其他点去除，达到粗处理的目的，得到的点云如图 3-29 所示。

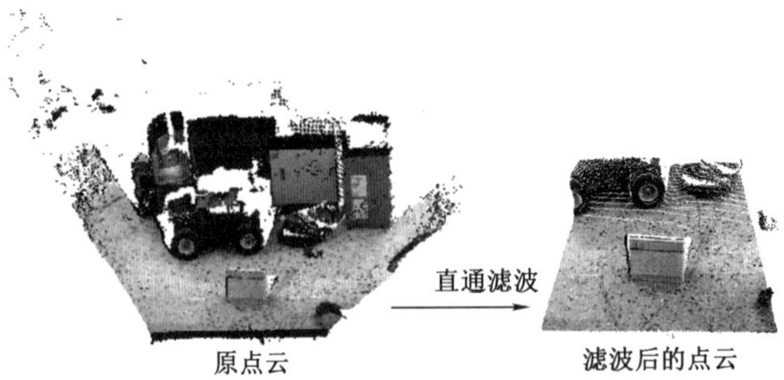

图 3-29　直通滤波效果图

另外，开展下采样工作，在重建的过程中需要拼接大量点云数据，会导致有些位置的点云非常密集，过多的点云数量会给后续工作带来困难，体素格滤波器可以对输入的点云创建一个三维体素栅格，每个体素内用体素所有点的重心来近似显示体素中的其他点，这样体素内的所有点就用一个重心点最终表示。对所有体素处理后得到过滤后的点云，虽然处理后数据量大大减少，但很明显其所含有的形状特征与空间结构信息与原始点云差不多。相比用三维体素栅格的中心点代替栅格内所有点的方法，这种方法可以达到向下采样同时不破坏点云本身几何结构的效果，且保存潜在的曲面特性，这一特性对场景重建是至关重要的，下采样效果统计滤波如图 3-30 所示。

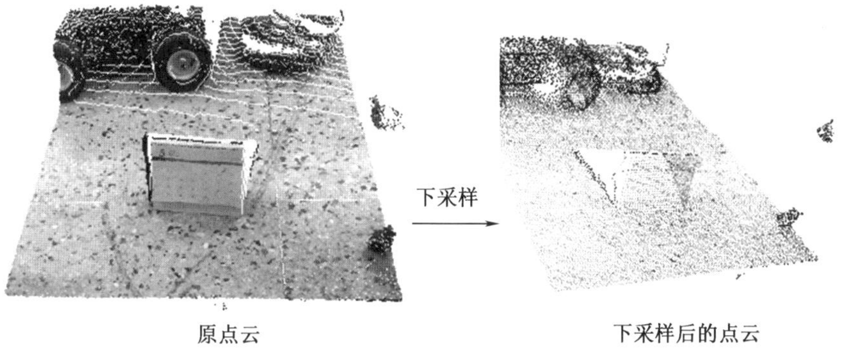

图 3-30　下采样效果图

Kinect V2 作为一种低成本传感器,其生产目的是检测人体运动实现人机交互,所以检测精度并不高,而且原始数据中含有大量的噪声,在后期的点云配准环节中需要利用两幅点云的局部特征进行匹配,在估计点云局部特征的时候会因为引入噪声而产生错误的估计值,导致配准处理失败。统计滤波如图 3-31 所示。

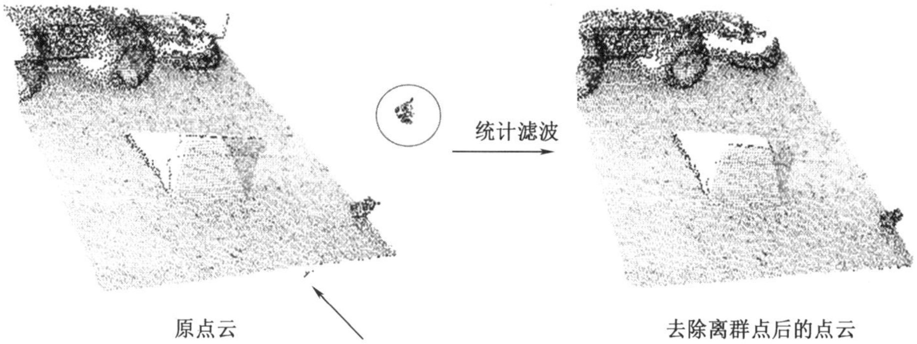

图 3-31　统计滤波

统计滤波器用于去除明显的离群点,利用统计分析来去除噪声,因为点云的特征是在空间中分布稀疏,可以理解为:每个点都表达一定的信息量,某个区域点越密集则信息量可能越大。噪声信息属于无用信息,信息量较小。考虑到内点与离群点的不同特征,则可以定义某处点云小于某个密度,即点云无效。计算每个点到其最近的 k 个点的平均距离,则点云中所有点的距离应构成高斯分布。给定均值与方差,可剔除 3σ 之外的点。利用 pcl::StatisticalOutlierRemoval 类创建统计滤波器,算法将会迭代两次,第一次迭代将会计算每一个点到 k 个近邻点的距离的平均值,然后利用距离的平均值和标准差计算距离阈值,距离阈值=平均值+标准差 * 倍数。在下一次迭代中将会划分出内点和外点,如果某些点的平均距离小于距离阈值就被划分为内点,平均距离大于距离阈值就是离群点。

第4章　多关节机器人抓取物位姿估计技术

4.1 引　　言

目标的位姿估计是多关节机器人对抓取物操作的关键技术之一,机器人通过采集环境及目标的图像数据,例如可见光、点云数据,对图像中目标的位置和姿态进行准确估计,才能进一步为多关节机器人末端设计控制策略,进而抓取目标或者完成避碰任务。在各种传感器图像中,点云可提供较好的目标位姿估计数据源,被广泛应用,基于点云特征的位姿估计方法被学者和工程师深入研究,但位姿估计需要在高精度且致密三维点云信息的基础上开展,因此需要研究被测物体与环境之间的点云分割、拼接等复杂操作,且需要考虑点云数量较大导致的算法耗时问题。

4.2　基于点云图像的目标位姿估计

利用 Kinect 相机将所得到的深度图与彩色图对齐生成点云,通过直通滤波对点云预处理,运用基于 RANSIC 的平面分割将物体与所放置的平面分离,运用基于欧式距离的点云分割方法,获取待抓取物体的点云,提取待抓取物体的点云的特征点和特征描述子,同时基于先验知识获取了模型点云的特征点与特征描述子,并建立特征模板集。使用 SAC-IA 算法将待识别物体分别和特征模板集进行初始配准,选用改进的 ICP 算法进行修正,最终得到精确的位置姿态。

4.2.1　RGB-D 转化后点云预处理

利用 Kinect 成像模型以及标定结果,可以利用得到的场景彩色图像和深度图像,如图 4-1 所示。

使用直通滤波去除背景信息,利用平面分割的方法,将平面与物体的点云分离,使用欧式聚类的方式分别将单个物体的点云分离,这样就可以把待抓取物体的点云从场景点云中分离出来。在生成的场景点云中,除了待检测的目标之外,更多的是一些干扰的因素,比如背景与物体所在的平面,首先使用直通滤波器将场景点云的背景移除,主要的方法是设定滤波距离的阈值 D_{pass},并指定滤波的方向(选择沿着 x、y 或者 z 方向)。在阈值范围内的点都保留,阈值范围外的点过滤掉,得到待分割的场景点云 P。

(a) kinect2 彩色图　　　(b) kinect2 深度图

图 4-1　Kinect 图像

图 4-1 彩色版

利用待抓取物体置于操作台上这一先验知识，对物体与平面进行分离，利用点云的空间关系对待抓取物体所放置的平面进行拟合，设拟合出的点云的平面模型为 $\prod = [a、b、c、d]$，$a、b、c、d$ 分别为拟合平面的 4 个参数。由已知定理可知，如果在笛卡儿空间中存在三个点不在同一条直线上，那么这 3 个点可以确定一个平面。根据这一原理，设该平面为 $\prod$，采用一致性算法(RANSAC)拟合待抓取物体所在平面的点云 P，具体过程为：

Step 1：从待分割场景点云 P 中随机选取不共线的 3 个点 $\{p_i, p_j, p_k\}$

Step 2：将通过上一步骤选取的 3 个点 $\{p_i, p_j, p_k\}$ 进行空间平面方程的计算，得到空间平面方程 $ax+by+cz+d=0$。

Step 3：对 $\forall p \in P$，如果点 p 到拟合平面满足约束条件 $\| p \cdot \prod \| < \xi$（其中 ξ 与 Kinect2 测量深度的精度相关），则将 p 记作范围内的点，遍历点云 P 中的所有点，累加内点数目，记为 N；

Step 4：将上述的前 3 个步骤重复操作，当迭代次数达到最大时，将多个拟合的平面对应范围内的点的数目按照从大到小的顺序排列，此时，选取范围内的点数最多的平面方程模型记为拟合平面。此时的方程即为待抓取物体所在平面的点云 P 的最佳拟合的平面 $\hat{\prod} = [\hat{a}, \hat{b}, \hat{c}, \hat{d}]$。

Step 5：计算点到拟合的平面 $\hat{\prod}$ 的距离。拟合平面中所有的点记为 P^*，其中满足 $\| p^* \cdot \prod \| < \xi, \forall p^* \in P^*$，记为待分割场景点云 P 中的平面点云。

待分割场景点云 P 减去内点 P^* 后，剩余点云就是分离平面之后的场景点云，记去除平面之后的点云为 Q，其中 $Q=P-P^*$，这样就通过采样一致性算法分离出了包含大多数点的平面点云 P^*。

为了得到待抓取物体的点云模型，需要对移除背景之后和去除平面点云之后的点云 Q 进行聚类分割，得到各物体的点云聚类，令场景点云 Q 中的点集 $O_i = \{q_i \in Q\}$ 与其他待检测的点集 $O_j = \{q_j \in Q\}$ 之间的最小欧式距离比给定的距离阈值大：

$$\min \| q_i - q_j \| \geqslant d \tag{4-1}$$

这样全部的点 $q_i \in Q$ 都记为属于聚类 O_i，全部的点 $q_j \in Q$ 属于另外一个聚类 O_j，用实际操作的方法去考虑，对两个聚类间最小间隔阈值的估计是非常重要的。基于欧式聚类分割算法大致如下：

(1)在待聚类的场景点云 P 建立 k-d 搜索树，与此同时创建空白聚类 $\{O_i\}$ 和存储中间点的队列 Q；

(2)对于每个点 $p_i \in P$，执行下面的步骤：

Step 1：将点 p_i 放到当前查询队列 Q 中；

Step 2：对每个点 $p_j \in Q$，搜索点 p_i 的邻近点集 p_i^k，当临近的点满足：

$$\| p_i^k - p_j \| \leq d, p_i^k \in P_i^k \tag{4-2}$$

假设每个邻域点 p_i^k 尚未被代入上述过程中计算过，此时把邻域点 p_i^k 添加到队列 Q 中。循环处理该过程直到队列 Q 中的所有内点被处理过。

Step 3：设检测的待抓取物体的点云数量阈值为 N。将队列的长度即聚类点云的数量记为 n，当满足 $n>N$ 时，则将队列 Q 作为聚类 O_i 推入到聚类列表 $\{O_i\}$ 中，与此同时将队列 Q 清空，否则直接将队列 Q 清空。

(3)不断重复以上步骤，直至输入点云 P 中的所有内点被处理。

将已移除背景和已去除平面点云的点云 Q 代入到分割算法中，得到物体聚类 $\{O_i\}$，以不同的颜色分开，预处理过程点云如图 4-2 所示。

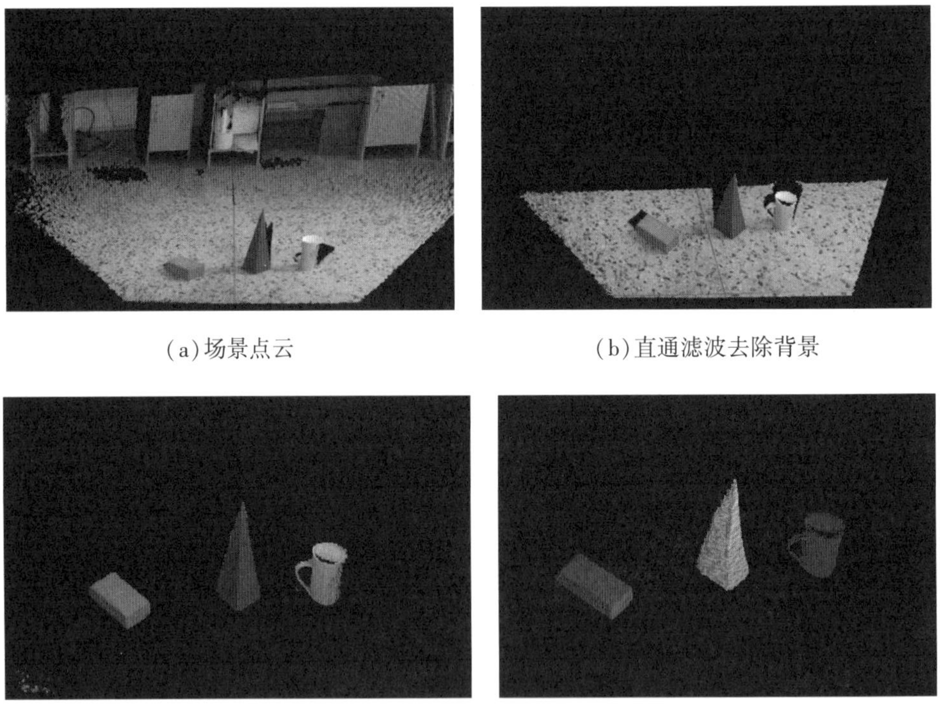

(a)场景点云　　(b)直通滤波去除背景

(c)RANSAC 背景去除　　(d)聚类分割

图 4-2　原始 RGB-D 点云预处理示意图

4.2.2　三维特征点检测与特征描述子生成

1. 特征点检测

点云特征的描述和提取是基于点云的目标位姿估计的关键,特征点也称为关键点,是在基于原点云的基础上,提取带有一些特殊性的关键点集,通过选出来带有显著性的点,用来高效率地表示物体和其不同视角的对应关系。特征点具有稳定性,旋转不变形等特点,在数量上与原始的点云相比,点云中提取的特征点往往远少于原始点云。当特征点与局部不变的特征描述结合在一起,组合成为特征点描述子时,就能够紧凑代替原始点云,同时不失代表性和描述性,待抓取物体的位置姿态估计的计算速度也会加快。

这里对 3D 点云中常用的特征点进行详细介绍,其中具有代表性的有 Harris3D、SIFT3D、ISS3D。

(1) Harris3D 特征点

原始的 Harris 特征点是在 2 维图像上,提取出在水平和垂直方向上具有很明显变化的特征点,且通常具有旋转不变性和光照不变性。先将图像转换成灰度图,紧接着 Harris 角点检测能够在转换图上将角落上的特征点直接地检测出来。在 3D 点云的 Harris3D 角点特征的计算中,协方差矩阵中的图像梯度用点云表面的法向量代替,在 Harris3D 特征点寻找的过程中,在每个点的周围建立 Harris 初始矩阵 $\boldsymbol{C}$,利用高斯滤波器 $W_{G(\sigma)}$ 得到平滑化 Harris 矩阵 C_{Harris},也就是 $\boldsymbol{C}_{\text{Harris}}=W_{G(\sigma)}*\boldsymbol{C}$,其中 $*$ 表示卷积运算,σ 为高斯过滤器的标准偏差,此时,空间点云中的每个坐标点 (x,y,z) 的 Harris3D 特征点就被定义为

$$r(x,y,z)=\det[C_{\text{Harris}}(x,y,z)]-k\{\text{trace}[C_{\text{Harris}}(x,y,z)]\}^2 \tag{4-3}$$

式中,k 是正实数,表征强弱边缘大小的比率下限。

(2) SIFT3D 特征点

SIFT3D 特征具备尺度不变性和旋转不变性,并且在较为复杂的环境下仍能保持良好的性能。Flint 等一开始研究出使用 Hessian 的三维空间版本来为点云数据选择相应的 SIFT 特征点,为了得到密度函数 $f(x,y,z)$,使用了均匀地采样点云数据的方式去估计,在密度函数的基础上,建立了尺度空间并搜索 Hessian 行列式的局部极大值。输入点云 $I(x,y,z)$ 和一些高斯滤波器卷积运算,其中标准差 $\{\sigma_1,\sigma_2,\cdots\}$ 被常系数 k 分离,即 $\sigma_{j+1}=k\sigma_j$,通过卷积运算产生的平滑图像表示为 $G(x,y,z,\sigma_j)$,$j=1\cdots n$,提取相邻的平滑图像生成 3 层或 4 层高斯差分(DoG)点云:

$$D(x,y,z,\delta_j)=G(x,y,z,\delta_{j+1})-G(x,y,z,\delta_j) \tag{4-4}$$

(3) ISS3D 特征点

对于点云局部某些区域的空间结构特性,ISS3D 可以很好地描述,要描述一个点周围的局部特征,而且这个物体在全局坐标下还可能移动,那么有一个好方法就是在这个点周围建立一个局部坐标系,只要保证这个局部坐标系也随着物体旋转即可。

在点 p_i 处建立 $S_i=\{F_i,f_i\}$,将 p_i 作为固有参考坐标系的原点,即有 $F_i=\{p_i,\{e_i^x,e_i^y,e_i^z\}\}$,其中 $\{e_i^x,e_i^y,e_i^z\}$ 是基向量的集合,这里的坐标系是点云的局部形状的特征,与观察角度

的选取没有关系，因此能够使用固有坐标系作为参照计算的形状特征，并且独立于视点。

在待抓取物体的点云模型上进行 Harris3D 、SIFT3D、ISS3D 特征点的提取，如图 4-3 所示，SIFT3D 特征点分布与点云表面的灰度信息相关。当待抓取的物体表面颜色单纹理信息不足时，就不能较好地表示出待抓取物体表面的几何特征，而 Harris3D 特征点只对角点与边缘处敏感，提取的特征点零落偏少，会遗漏掉重要的几何特征信息，因为 ISS3D 将点云表面拓扑信息包含进去，最能够表示表面特征，因此物体位姿估计方法采用 ISS3D 特征点来表示物体点云。

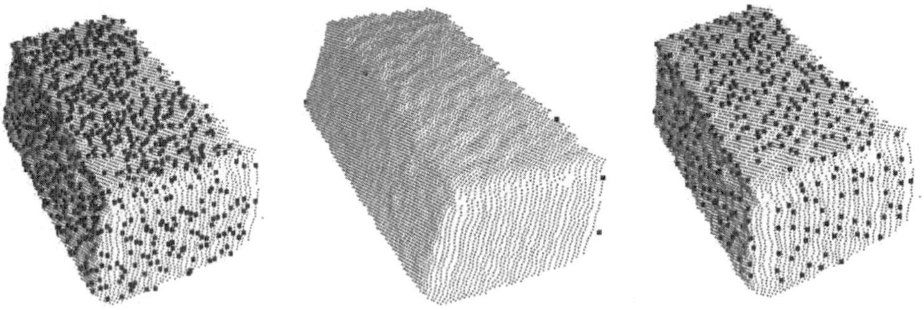

(a) SIFT3D　　(b) Harris3D　　(c) ISS3D

图 4-3　典型特征点示例

2. 局部特征描述子生成

在点云的特征点获取之后，在所有特征点的基础上生成描述子来表示一帧点云，这里选择了快速点特征直方图描述子（FPFH，simplified point feature histogram），用来描述特征点周围的局部几何特征。

这里首先介绍点特征直方图（PFH），建立一个统计分布直方图，图中含有待抓取物体点云周围的一定范围区域内的几何信息，得到直方图的主要方式是计算点云中选取的当前点和其 k 邻域之间的空间的区别。在 PFH 所在定义的空间里，在点云采集样本时所选取的密集程度有差异的情况下，或者邻域中在不同噪声级别的情况下有很强的稳定性。与此同时，对待抓取物体点云的表面也具有旋转平移不变性。具体的计算方法如下：首先对点云中的每一个点 p，在给定半径的 k 邻域中，寻找所有与 p 相邻的点；接着，在 p 的 k 邻域中，邻域内所有的点对 p_i 与 $p_j(i \neq j)$，计算他们的法向量 n_i 和 n_j。接着，在点 p_i 处定义一个局部坐标系 $uvw(u=n_i, v=(p_j-p_i)\times u, w=u\times v)$，把 p_i 作为其对应的法向量和两点间距离的接线之间角度值最小的点。如图 4-4 所示，用角度表示相应法向量 n_i 和 n_j 之间的偏差：

$$\begin{cases}\alpha = \nu \cdot n_j \\ \varphi = [u \cdot (p_j - p_i) / \| p_j - p_i \|] \\ \theta = \arctan(w \cdot n_j, u \cdot n_j)\end{cases} \tag{4-5}$$

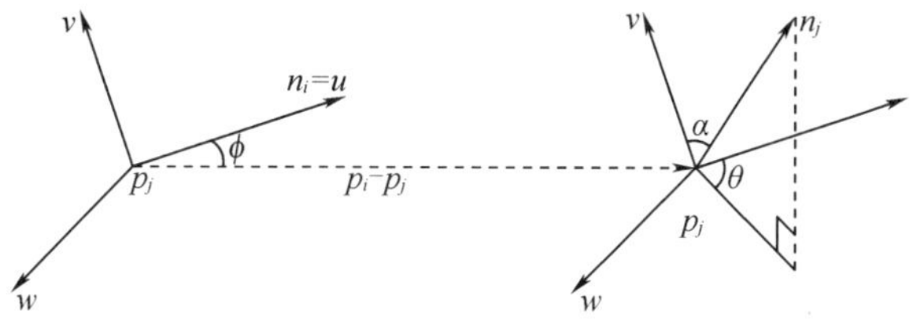

图 4-4　定义一个固定的局部坐标系

分别计算 k 邻域中所有的点对应的角度 α、φ、θ 和两点间距离 $d=\| p_i-p_j \|$，将两个点的三维坐标和其各自的法向量的 12 个参数减少到 4 个，图 4-5 表示当前点 p_q 的 PFH 计算时所影响的空间范围。

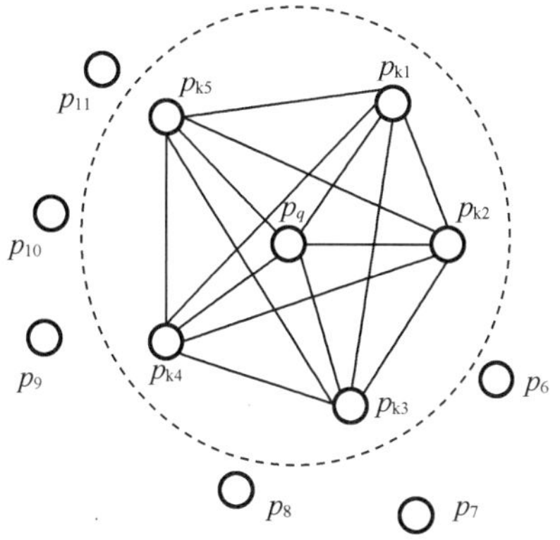

图 4-5　以点 p_q 为中心时的 PFH 所影响的空间范围

点 p_q 放置在圆球的中心位置，并用红色将其标记，把到 p_q 的距离小于半径阈值 r 时的所有 k 邻域点，全部互相连接在一起，构成同一片点云网络。将通过计算所得到的 k 邻域内的所有点两两之间的四元组，以统计的方式放入直方图中，以这种方式为点 p_q 创建最终的 PFH 表示。

快速点特征直方图描述子（FPFH）是以 PFH 的计算方法为基础，做进一步的简化处理，仍保留了 PFH 大部分的特性。PFH 理论上计算的时间复杂度是 $O(n \cdot k^2)$，其中 n 表示点云 P 的点数，k 表示每个点 p 在点云 P 邻近点的数目，计算的成本较高，采用简单的优化算法，针对点云数据中的 PFH 特征描述子，采用查表方式处理，进而获得更快的运行速度。对于能获取更快速的运行速度的应用而言，PFH 会随着点云的密集程度（n 的大小），运行时间成倍增加。快速点特征直方图描述子（FPFH）算法复杂度能降到 $O(n \cdot k)$。计算步骤如下所示：

Setp1：计算简化的点特征直方图 SPFH 即计算点云的当前点 p 和其 k 邻域之间的组合 α、φ、θ。

Setp2：重新计算每个点云的当前点 p 的 k 邻域，与此同时，在邻近的 SPFH 值使用加权项 p_k，得到最终的 FPFH。

$$\mathrm{FPFH}(p)=\mathrm{SPFH}(p)-\frac{1}{k}\sum_{i=1}^{k}\frac{1}{w_k}\mathrm{SPFH}(p_k) \tag{4-6}$$

式(4-6)中权值 w_k 可以定义为在特殊制定的度量空间中表示当前点 p 和其邻近点 p_k 之间的距离,也可用其他度量来表示。图 4-6 表示以点 p_q 为中心点时的 FPFH 计算影响范围。当前点 p_q 给定之后,计算得到其 SPFH 特征值,利用邻近点的 SPFH 特征值的几何特性定义权值,重新加权 SPFH 特征值,就可以得到以当前点 p_q 为中心的 FPFH。

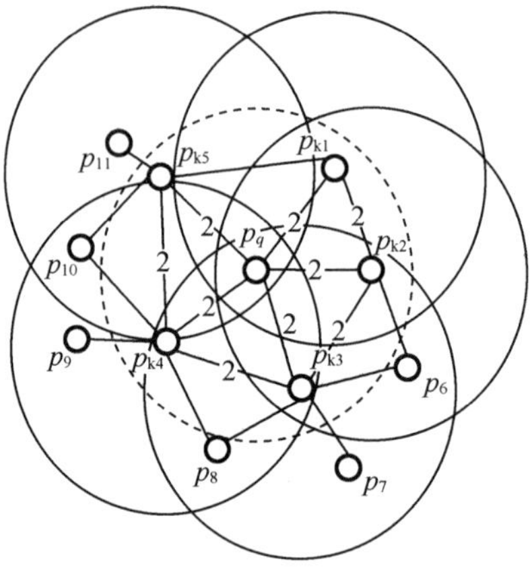

图 4-6　以点 p_q 为中心时的 FPFH 所影响的空间范围

PFH 和 FPFH 计算方法的特点总结为:

(1)与 PFH 相比,FPFH 并不是和 p_q 的所有邻近点相连接,因此对于一些重要的特征点对可能会遗漏,而这些遗漏的点对在一定的概率上对捕获当前点周围的几何特征有贡献。

(2)作用范围不同。PFH 特征描述子的模型对是在当前点周围的一个精确而又完整的邻域半径内进行的,而 FPFH 还包括半径 r 范围以外的额外点对(大多在半径 $2r$ 范围内),作用范围大于 PFH。

(3)重新加权机制,FPFH 结合 SPFH 特征值在处理邻近重要点对时,会重新捕获的几何信息,加入权值的计算中去。

(4)计算复杂度不同。FPFH 省去了重复计算的过程,并且对当前点周围的点会选择性地计算,从而 FPFH 的整体时间复杂度会大大降低,可能在实时应用中使用。

4.2.3　基于 SAC-IA 的目标位姿估计

基于采样一致性,初始配准(SAC-IA)的目标位姿估计任务是设计基于点云的三维局部不变几何特征,实现物体六个自由度的位置姿态估计。由于 ISS3D 可以明显地表示出物体形状特征,有着明显的物体区分度,FPFH 包含着待抓取物体点云表面法线之间的相对角度信息,因此即使是在有噪声干扰的情况下仍然可以稳定高效地表征待抓取物体的点云。在节省计算的时间与空间的标准下,为了加快位姿估计的速率,在这里使用 ISS3D 特征点来表示物体,相对 Harris3D 和 SIFT3D,ISS3D 特征点具有更好的旋转平移不变性。提取特征点处的 FPFH 特征描述子用于寻找匹配点对,通过使用 SAC-IA 算法将待抓取的物体的点云与人为设定的物体模板去匹配,最终获得待识别物体姿态的粗略估计。

在模板库建立阶段,在模板点云中提 ISS3D 特征点和相应的 FPFH 特征描述子,结合成一个整体作为该物体点云的几何特征模板,存储到模型数据库里,提取 ISS3D 特征点 $p_f=[x,y,z]$,并在稠密的点云中计算特征点上的 FPFH 特征描述子 V_{FPFH},可将每个特征模板表达为一系列增广特征向量的集合 $E_i=[x,y,z,V_{FPFH}]$,从而一个物体模型显著性表达为 $M=U_{i=0i}^{N\ \ 0}TE_i$。

对于几何特征明显的待抓取物体,为了获取物体对于预设模型点云的位姿,移除背景和大平面后得到待识别物体$\{O_i\}$,提取每一个待识别物体 O_i 的 ISS3D 特征点,计算 FPFH,将物体 O_i 表示为 ISS3D 特征点和相应 FPFH 特征描述子的增广特征向量集合 $O_i=[x,y,z,V_{\mathrm{FPFH}}^0]$。

使用 SAC-IA 算法将待抓取物体的集合 O_i 分别和特征模板集$\{E_i\}$进行初始配准,记录特征模板集 E_i 与 O_i 重合区域的对应点数目和对应点间的欧式距离来识别物体,若匹配上对应点的个数与特征模板的 ISS3D 特征点总数的比值小于给定阈值,则认为匹配成功,如果没达到阈值则记为失败。根据匹配上的特征点对,计算对应的刚体变换矩阵。

对于匹配成功的待识别物体 O_i 和特征模板 E_i,得到两者之间的位姿矩阵,将该结果当作初始条件,代入 ICP 算法中进行精确配准,从而得到物体 O_i 的精确位姿估计。

4.2.4　ICP 算法的修正

ICP 算法是一种常用的位置姿态估计的方法,其主要基于几何特征匹配,对于给定的模型点集和目标点集,采用最近邻的方式选择目标点集与模型点集中的相关点,形成相关点对集合。

当相关点对集合确定后,ICP 算法将输出一个变换矩阵 $\boldsymbol{M}$,使得模型与目标的相关点集的误差函数达到最小。基于对误差函数构建方法的不同,ICP 算法又可分为点到点(point-to-point)的 ICP 算法和点到切平面(point-to-plane)的 ICP 算法,其中点到点的 ICP 算法是通过计算点与点欧式距离的累计误差来构建误差函数,而点到切平面的 ICP 算法则是通过计算点与其对应点的切平面的欧式距离的累计误差来构建误差函数。通常情况下,点到点的 ICP 算法比点到切平面的 ICP 算法更快,但有文献证明,当相关的点集之间的姿态相近的时候,可以将 ICP 算法中的非线性估计问题简化为线性估计问题。在这样的情况下,点到切平面的 ICP 算法的速度将显著优于点到点的 ICP 算法。SAC-IA 算法的结果正好满足相关点姿态相近的条件,因此,这里采用了点到切平面的 ICP 算法,通过对 ICP 算法的线性化处理,使得 ICP 算法在保障精度的同时拥有更快的速度。

对于点到切平面的 ICP 算法,误差函数的优化目标为模型点到对应目标点的切平面的均方误差达到最小,如图 4-7 所示,误差函数可表示为

$$\boldsymbol{M}_{\mathrm{opt}}=\operatorname{argmin}_M\sum[(\boldsymbol{M}\cdot\boldsymbol{m}_i-\boldsymbol{s}_i)\cdot\boldsymbol{n}_i]^2 \tag{4-7}$$

式中,$\boldsymbol{m}_i=(m_{ix},m_{iy},m_{iz},1)^{\mathrm{T}}$ 表示模型点云中的某一点;$\boldsymbol{s}_i=(s_{ix},s_{iy},s_{iz},1)^{\mathrm{T}}$ 表示 m_i 在目标点云中对应的点;$\boldsymbol{n}_i=(n_{ix},n_{iy},n_{iz},1)^{\mathrm{T}}$ 是点 s_i 的法向量;$\boldsymbol{M}$ 为位姿变换矩阵,维度为 4×4。

在模型点按照变换矩阵 $\boldsymbol{M}$ 运动之后,移动后的模型点 m_i 与场景点 s_i 做差值,得到一个描述位移差的向量,这个向量与点 s_i 的法向量做点积,结果可用来衡量一个点到另一个点切平面的远近。在所有模型点 m_i 按照 $\boldsymbol{M}$ 矩阵进行移动过后,使累计误差达到最小,此时的

$\boldsymbol{M}$ 就为 $\boldsymbol{M}_{\mathrm{opt}}$。

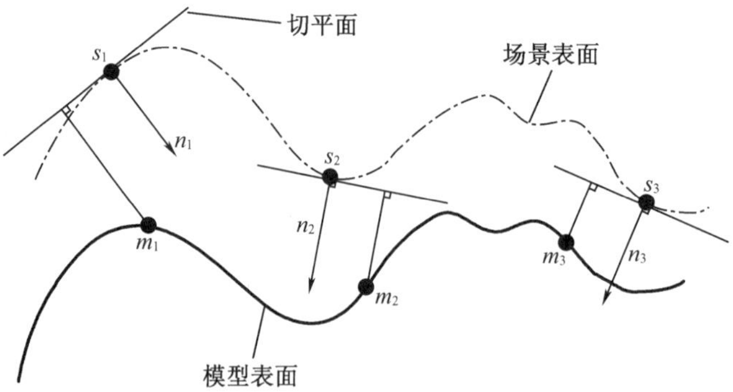

图 4-7　点到切平面 ICP 算法

如果模型点集与场景点集的姿态相似,就可以采用点到切平面的迭代最近点算法来将非线性问题朝着线性问题进行逼近,从而使得迭代最近点算法的数学变现形式更加简单,算法运行速率更快。对于位移旋转的变换矩阵 $\boldsymbol{M}$,其由位移部分 $\boldsymbol{T}(t_x,t_y,t_z)$ 与旋转部分 $\boldsymbol{R}(\alpha,\beta,\gamma)$ 组成,如下面各式所示:

$$\boldsymbol{M}=\boldsymbol{T}(t_x,t_y,t_z)\cdot\boldsymbol{R}(\alpha,\beta,\gamma) \tag{4-8}$$

$$\boldsymbol{T}(t_x,t_y,t_z)=\begin{bmatrix}1&0&0&t_x\\0&1&0&t_y\\0&0&1&t_z\\0&0&0&1\end{bmatrix} \tag{4-9}$$

$$\boldsymbol{R}(\alpha,\beta,\gamma)=\boldsymbol{R}_z(\gamma)\cdot\boldsymbol{R}_y(\beta)\cdot\boldsymbol{R}_x(\alpha)=\begin{bmatrix}r_{11}&r_{12}&r_{13}&0\\r_{21}&r_{22}&r_{23}&0\\r_{31}&r_{32}&r_{33}&0\\0&0&0&1\end{bmatrix} \tag{4-10}$$

$$\begin{aligned}
r_{11}&=\cos\gamma\cos\beta\\
r_{12}&=-\sin\gamma\cos\alpha+\cos\gamma\sin\beta\sin\alpha\\
r_{13}&=\sin\gamma\sin\alpha+\cos\gamma\sin\beta\cos\alpha\\
r_{21}&=\sin\gamma\cos\beta\\
r_{22}&=\cos\gamma\cos\alpha+\sin\gamma\sin\beta\sin\alpha\\
r_{23}&=-\cos\gamma\sin\alpha+\sin\gamma\sin\beta\cos\alpha\\
r_{31}&=-\sin\beta\\
r_{32}&=\cos\beta\sin\alpha\\
r_{33}&=\cos\beta\cos\alpha
\end{aligned} \tag{4-11}$$

上式中 $R_x(\alpha)$、$R_y(\beta)$、$R_z(\gamma)$ 分别代表绕着 x、y、z 轴的旋转,通过构建的误差函数求解 $(t_x,t_y,t_z,\alpha,\beta,\gamma)$ 的过程会涉及 R 部分中的三角函数,使得迭代最近点算法是一个非线性寻优问题,由于在粗略的位姿估计中,已经使得模型点集与场景点集的姿态相似,利用三角函数的等价相似性可知,将 R 部分中的三角函数进行等价代换,使得 $\sin\alpha\approx\alpha$,$\cos\alpha\approx1$,此时 $\boldsymbol{M}$ 中的旋转部分 $\boldsymbol{R}$ 可写为下式形式:

$$\boldsymbol{R}(\alpha,\beta,\gamma)\approx\begin{bmatrix}1 & \alpha\beta-\gamma & \alpha\gamma+\beta & 0\\ \gamma & \alpha\beta\gamma+1 & \beta\gamma-\alpha & 0\\ -\beta & \alpha & 1 & 0\\ 0 & 0 & 0 & 1\end{bmatrix}\approx\begin{bmatrix}1 & -\gamma & \beta & 0\\ \gamma & 1 & -\alpha & 0\\ -\beta & \alpha & 1 & 0\\ 0 & 0 & 0 & 1\end{bmatrix}\tag{4-12}$$

位姿变换矩阵 $\boldsymbol{M}$ 可以表示为

$$\hat{\boldsymbol{M}}=\boldsymbol{T}(t_x,t_y,t_z)\cdot\hat{\boldsymbol{R}}(\alpha,\beta,\gamma)=\begin{bmatrix}1 & -\gamma & \beta & t_x\\ \gamma & 1 & -\alpha & t_y\\ -\beta & \alpha & 1 & t_z\\ 0 & 0 & 0 & 1\end{bmatrix}\tag{4-13}$$

进而可得

$$\hat{\boldsymbol{M}}_{\text{opt}}=\operatorname{argmin}_{\hat{M}}\sum_i[(\hat{\boldsymbol{M}}\cdot\boldsymbol{m}_i-\boldsymbol{s}_i)\cdot\boldsymbol{n}_i]^2\tag{4-14}$$

其中

$$\begin{aligned}(\hat{\boldsymbol{M}}\cdot\boldsymbol{m}_i-\boldsymbol{s}_i)\cdot\boldsymbol{n}_i&=\left(\begin{bmatrix}1 & -\gamma & \beta & t_x\\ \gamma & 1 & -\alpha & t_y\\ -\beta & \alpha & 1 & t_z\\ 0 & 0 & 0 & 1\end{bmatrix}\cdot\begin{bmatrix}m_{ix}\\ m_{iy}\\ m_{iz}\\ 1\end{bmatrix}-\begin{bmatrix}s_{ix}\\ s_{iy}\\ s_{iz}\\ 1\end{bmatrix}\right)\cdot\begin{bmatrix}n_{ix}\\ n_{iy}\\ n_{iz}\\ 1\end{bmatrix}\\ &=(n_{iz}m_{iy}-n_{iy}m_{iz})\alpha+(n_{ix}m_{iz}-n_{iz}m_{ix})\beta+(n_{iy}m_{ix}-n_{ix}m_{iy})\gamma+n_{ix}t_x+n_{iy}t_y+\\ &\quad n_{iz}t_z-n_{ix}s_{ix}+n_{iy}s_{iy}+n_{iz}s_{iz}-n_{ix}m_{ix}-n_{iy}m_{iy}-n_{iz}m_{iz}\end{aligned}\tag{4-15}$$

对于 N 组相关的点对,通过上式可获得 N 组线性方程组,这些方程组可写为 $\boldsymbol{Ax}-\boldsymbol{b}$ 的形式,如下式所示:

$$\boldsymbol{A}=\begin{bmatrix}m_1\times n_1\\ m_2\times n_2\\ \vdots\\ m_N\times n_N\end{bmatrix},\boldsymbol{b}=\begin{bmatrix}(s_1-m_1)\times n_1\\ (s_2-m_2)\times n_2\\ \vdots\\ (s_N-m_N)\times n_N\end{bmatrix},\boldsymbol{x}=\begin{bmatrix}\alpha\\ \beta\\ \gamma\\ t_x\\ t_y\\ t_z\end{bmatrix}\tag{4-16}$$

$$\operatorname{argmin}_{\hat{M}}\sum_i[(\hat{\boldsymbol{M}}\cdot\boldsymbol{m}_i-\boldsymbol{s}_i)\cdot\boldsymbol{n}_i]^2=\min_x|\boldsymbol{Ax}-\boldsymbol{b}|^2\tag{4-17}$$

求解 $\boldsymbol{M}_{\text{opt}}$ 的问题就转化为了求解 $\boldsymbol{x}_{\text{opt}}$ 的问题,这是一个标准的线性优化问题:

$$\boldsymbol{x}_{\text{opt}}=\underset{x}{\operatorname{argmin}}|\boldsymbol{Ax}-\boldsymbol{b}|^2\tag{4-18}$$

通过上述过程,就将 ICP 部分中的非线性部分通过线性逼近的方式进行了简化,通过 SVD 分解来完成上式的求解,对 $\boldsymbol{A}$ 进行 *SVD* 分解可得到 $\boldsymbol{A}=\boldsymbol{U}\sum\boldsymbol{V}^{\mathrm{T}}$,从而计算 $\boldsymbol{A}$ 的伪逆 $\boldsymbol{A}^+=\boldsymbol{V}\sum^+\boldsymbol{U}^{\mathrm{T}}$,那么上式的线性最小二乘解为:$\boldsymbol{x}_{\text{opt}}=\boldsymbol{A}^+\cdot\boldsymbol{b}$。

4.3 基于目标边缘特征的双目位姿估计

这里围绕基于双目相机的物体位姿估计的研究来展开,位姿估计的对象为带有明显直线特征的物体,对待抓取的物体在图像上进行直线提取,以此展开的工作分别是基于先验知识将物体在图像上准确的框选出来,并且在直线提取的算法上做出了改进,基于双目立体标定的参数制定一系列的匹配筛选机制,得到左右目正确匹配的直线对,将直线从二维平面到三维空间的转换。这里提出了空间平面求交线的方法,得到三维空间中的直线段,结合 EPNP 和 ICP 位置姿态计算方法,EPnP 计算得到的旋转平移矩阵,将三维重建后的直线段转换至世界坐标系下,利用最邻近迭代算法对待配准边缘点云和目标边缘点云进行精配准过程,得到精确的旋转平移矩阵。

考虑将角点特征、直线特征以及点云匹配的思想结合,设计出计算量小、可靠性高,且能适应普通图像输入的方法。具体方法是以直线特征为主,基于双目视觉系统,通过左右目匹配将其还原为三维线段集,并通过离散采样将线段集打散成三维点集,利用点云匹配的方法实现物体位置姿态的估计,在匹配前以角点特征计算的物体位姿结果作为初始代入条件。基于目标边缘特征的双目位姿估计流程图如图 4-8 所示。

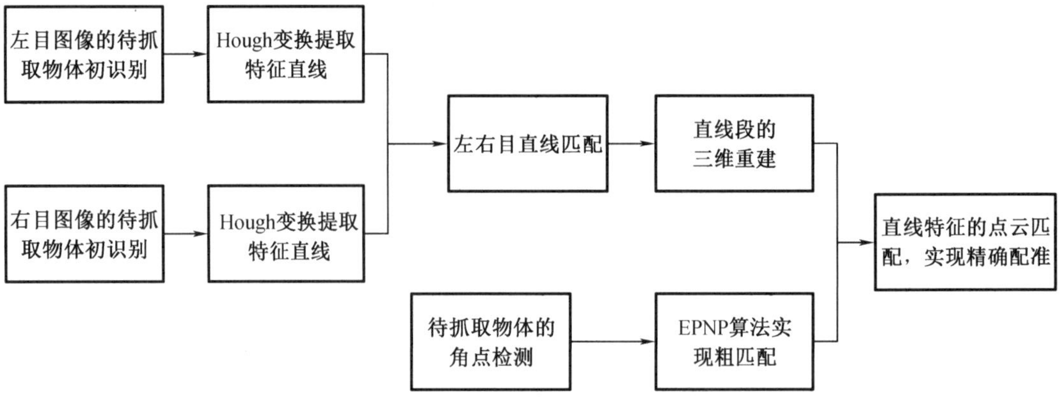

图 4-8 基于目标边缘特征的双目位姿估计流程图

4.3.1 图像预处理与直线提取

取相机标定与图像校正之后的左右目的图像进行处理,根据先验知识,确定待识别的物体在图片中的位置并框选出来,将框选的范围与原图片融合,进行边缘提取,利用边缘信息进行直线检测,得到稳健的直线特征。

1. 根据先验知识的图像预处理

在视觉系统实际搜索目标物体位置时,一般会预知物体的某些特点,如初步位置范围、颜色、尺寸等,为了重点分析目标物体而不受到环境中其他物体的不良干扰,可以将物体所具有的颜色特征在图像中的区域提取出来，这样方便后续对目标物体的边缘进行直线提取。基于双目视觉的图像方法要将待抓取的物体从复杂的场景中识别与分离，对于二维图像的物体识别目前有许多成熟的技术，这里运用先验知识，将待抓取的物体从图片中分离出来，为后续的物体位置姿态识别做铺垫。

对于抓取纹理较少、颜色单一和直线特征明显的物体，可以根据颜色特征将其检测并分离。相机所拍的图像颜色都是利用 RGB 色彩空间进行表示的，在 RGB 色彩空间中，任何颜色都可用 RGB 三色以不同比例相加组成，这种表示方法不适用于人类视觉特征，根据人类对颜色的感知，产生了 HSV 颜色空间，即利用三个分量来表示一种颜色，分别为色相 H，即生活中提到的颜色名字，例如紫色，蓝色等；饱和度 S，即色彩的深浅，量越高越纯，量越低颜色越灰；亮度 V，即颜色的明暗。图 4-9 和图 4-10 分别为 RGB 和 HSV 色彩空间的三维立体表述。

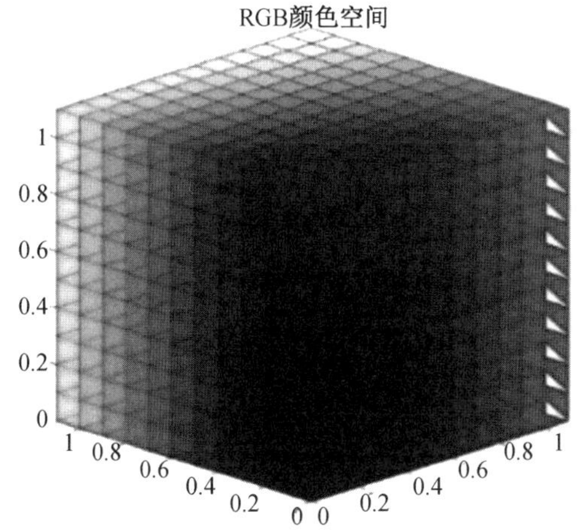

图 4-9　RGB 彩色空间

图 4-9　彩色版

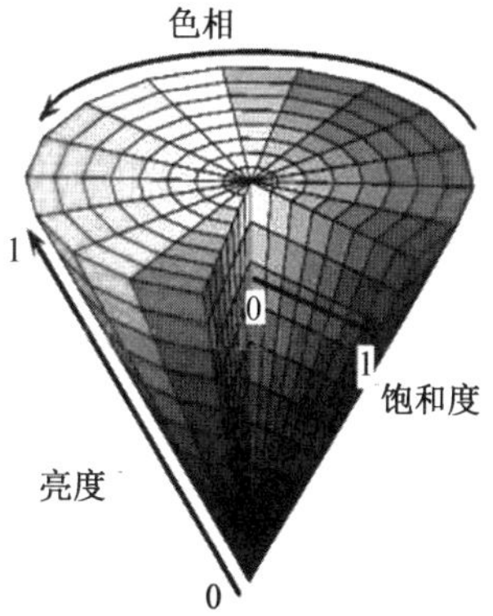

图 4-10　HSV 彩色空间

这里先将 RGB 格式改成 HSV 格式，利用 OpenCV 的自带函数对图像进行转化，根据目标物体颜色特征的 H、S、V 各个量的取值范围对图像全部像素点进行筛选，选出目标物体在图像上所占区域。对于颜色特征复杂的物体，通常的检测做法是在图像中提取物体存在的疑似区域，提取区域特征并利用分类器分类，采用利用滑动窗口遍历图像的办法提取检测框，这种方法要对图片进行大规模遍历，这是基于传统机器学习的方法。最近几年随着深度学习的发展，深度学习方法和目标检测的结合，深度学习目标检测的开山之作 RCNN 在检测准确率上取得了很大提升，随后又有一系列的改进算法 Faster-RCNN。Mask-RCNN 是基于 Faster-RCNN 架构提出的新的卷积网络，可开展对象实例分割，该方法支持同时目标检测和语义分割任务。

2. 边缘检测与提取

为了获取图像中目标物体上明显的直线特征，可以使用 Hough 线变换，但是 Hough 线变换的前提是输入图像为边缘二值图像，因此在直线提取之前，对图像进行边缘检测，将其转换为黑白图,即图中只出现两个灰度值。边缘是指图像局部区域像素灰度级变化显著的部分,对于一个理想的边缘,其上的每个像素都处在灰度级跃变的一个台阶上,即边缘及四周区域的灰度剖面图呈阶跃现象,该区域内的灰度从边缘一侧的值在经过边缘之后瞬间跳跃至另一灰度值。一般在边缘处,其灰度的一阶导数为最大,二阶导数为过零点,所以边缘检测算子包含一阶和二阶微分算子。

对边缘检测的评判准则有三点:

(1)低错误率:尽量识别出大多数实际边缘。

(2)定位精确度高:检测出的边沿位置尽量与真实边沿位置靠近。

(3)最小响应:每个边沿只能识别出一次,图中留存的噪声信号不应被识别为边缘。

Canny 边缘检测的步骤:

(1)对增强后图像进行灰度化处理,若图像用红绿蓝彩色空间表示,通常按照下式对其进行灰度化:

$$\text{Gray}=0.299R+0.587G+0.144B \tag{4-19}$$

(2)消除噪声。因为边缘检测算法主要利用像素灰度的一阶导数或二阶导数,但是噪声对其计算影响很大,需使用滤波器来改进有可能受到噪声干扰的 Canny 边缘检测器的机能,这里用高斯平滑方法对灰度化后的图像进行卷积降噪,先产生高斯核,后进行卷积降噪。

(3)计算图像梯度的幅值与方向,这里使用微分边缘检测算子,一般图像的梯度可以利用有限差分来近似。例如这里使用的边缘检测算子是 Sobel,3×3 的邻域,则得到的作用于 x 和 y 向上的卷积阵列如下:

$$\boldsymbol{G}_x=\begin{bmatrix}-1 & 0 & +1\\ -2 & 0 & +2\\ -1 & 0 & +1\end{bmatrix}\quad \boldsymbol{G}_y=\begin{bmatrix}-1 & -2 & -1\\ 0 & 0 & 0\\ +1 & +2 & +1\end{bmatrix} \tag{4-20}$$

假设图像边缘区域如图 4-11 所示。

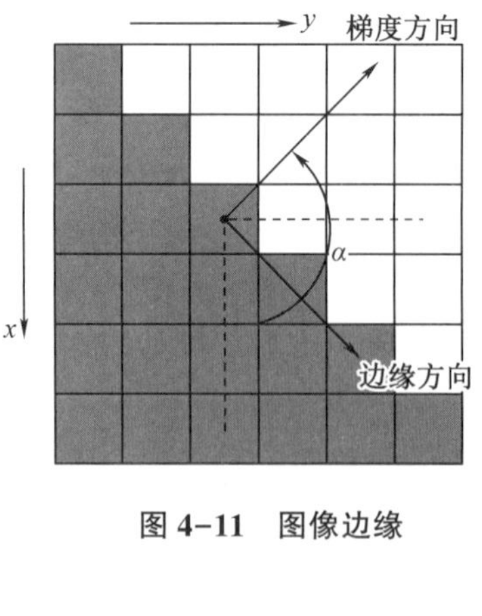

图 4-11 图像边缘

则 x 方向的梯度为

$$g_x=\partial f/\partial x=(1-0)+(2-0)+(0-0)=3 \tag{4-21}$$

y 方向的梯度为

$$g_y=\partial f/\partial y=(0-0)+(0-2)+(0-1)=-3 \tag{4-22}$$

利用下列公式计算梯度的幅值与方向：

$$M(x,y)=\sqrt{g_x^2+g_y^2}=2\sqrt{3} \tag{4-23}$$

$$\theta=\arctan\left(\frac{g_y}{g_x}\right)=135° \tag{4-24}$$

计算图像梯度幅值和方向的目的在于将图像中像素点邻域灰度值有明显变换的点凸显出来，即将类边缘的点凸显出来。

（4）非极大值抑制。假设是 3×3 的邻域，中心点的梯度在沿着梯度方向上的邻域内是最大，则留下该点，若不是则排除，即其不是边缘成员。

（5）滞后阈值。为了继续排除假边缘，这里采用双阈值法，即高低阈值。若上一步得到的边缘像素幅值在高阈值之上，其就被确定为边缘像素，若在低阈值之下，则其被排除，若处于高、低阈值之间，则其仅在连接一个高于高阈值的像素时才被确定为边缘像素，高低阈值比值一般在 2∶1到 3∶1之间，两个阈值的值越大检测出来的边缘越多，值越小检测出来的边缘越少。

Canny 边缘提取法的优点是不易受噪声的干扰，能检测到真弱边缘。因为该方法利用了双阈值来分别检测强弱边缘，而且只有在这两个边缘紧挨着时才会被识别出来，所以该方法相比于其他的边缘提取效果很好。利用 Canny 边缘提取及后续 HSI 区域选择、融合后的边缘信息获取效果如图 4-12 所示。

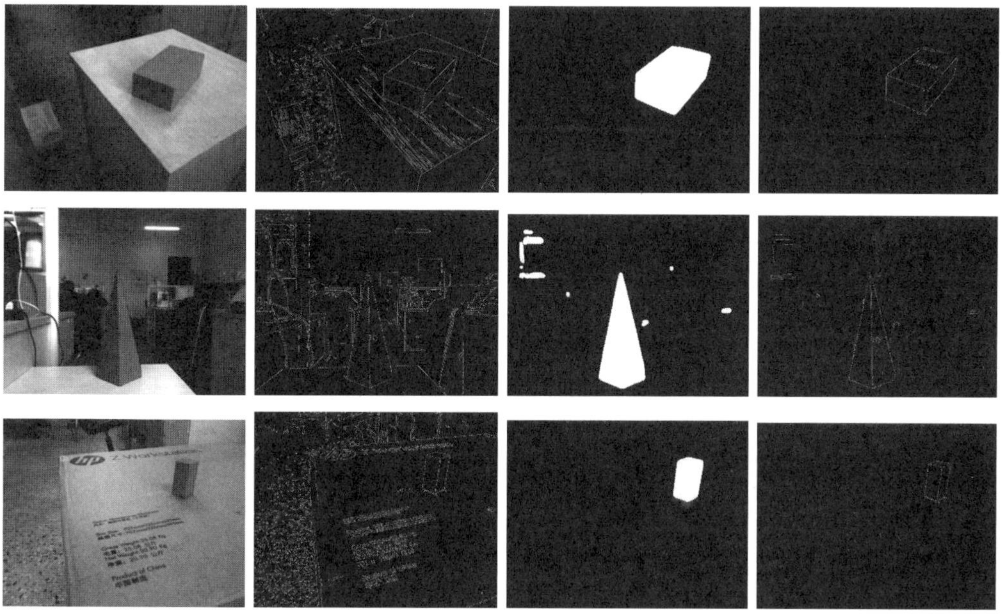

（a）原图　（b）Canny 边缘提取　（c）HIS 区域选择　（d）融合后的边缘信息

图 4-12　边缘提取试验效果

图 4-12 彩色版

3. 直线特征提取与线段聚类合并

基于双目的物体位置姿态的估计,选择利用目标物体上的边缘线段特征进行三维重建和姿态估计,直线特征在常见的集中几何变换中均保持一定的不变性,这便于后续进行试验。Hough 变换为对图像进行直线提取的一种可靠方法,最突出的优点是对图像中的噪声以及数据的不完全不是非常敏感,具有优异的抗干扰能力,能够很好地处理局部遮挡等经常出现的干扰情况。

一条直线在图像的二维空间有两种表示方法,如下所示:

笛卡儿坐标系:该坐标系的横纵坐标的单位相同,直线由下面公式表示,其中 k 为直线斜率,b 为直线与 y 轴交点纵坐标,即直线截距。

$$y=kx+b \tag{4-25}$$

极坐标系:直线方程可以由直线的极径 ρ 和极角 θ 来表示。

根据图 4-13 和图 4-14,把两个坐标系的直线信息联合在一起可得

$$k=-\frac{\cos\theta}{\sin\theta}$$

$$b=\frac{\rho}{\sin\theta} \tag{4-26}$$

综合前两式可得

$$\rho=x\cos\theta+y\sin\theta \tag{4-27}$$

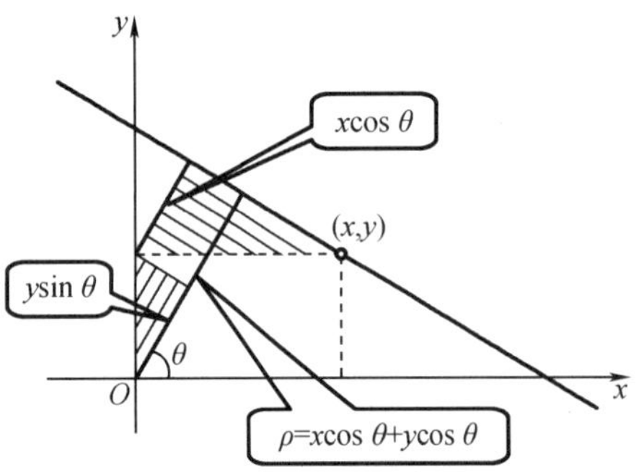

图 4-13　直线信息联合

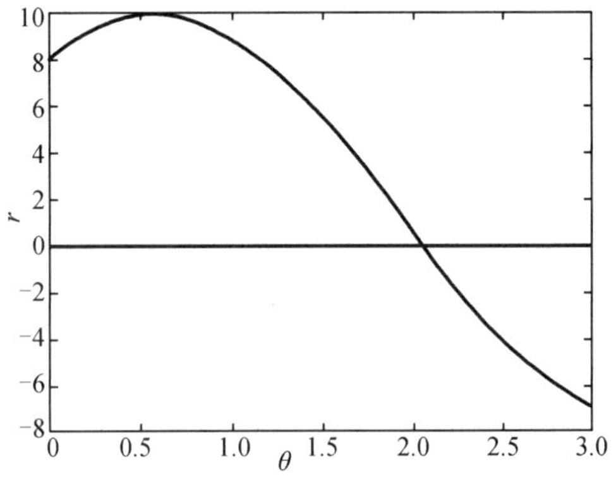

图 4-14　固定点转换示例

对于图像上任意一个点(x_0,y_0),通过该点的一簇直线可以表示为

$$\rho_\theta=x_0\cos\theta+y_0\sin\theta \tag{4-28}$$

该式表示每一对(ρ_θ,θ)通过点(x_0,y_0)的一条直线。对于图像上的固定点(x_0,y_0),将通过该点的每一条直线转化为极径极角坐标系(该坐标系横坐标为直线极角,纵坐标为直线极径)中的一个点,则通过该固定点的所有直线就转换为另一个坐标系中很多个点的集合,将这些点连接起来构成一条正旋曲线,要求只画出 $\rho>0$ 和 $0<\theta<2\pi$ 的点。

将图像上所有点进行上述操作,如果两个不同的固定点在进行上述处理后得到的曲线

在极径极角坐标系中相交,则证明这两个点通过同一条直线。那么越多的曲线相交于同一点,证明这个交点表示的直线由更多的点组成。一般可以通过假定一固定量,规定交于一点的曲线量在固定值之上,该点表示的直线才能被识别出来。Hough 线变换要做的就是检查图中每一点对应的曲线之间的交点,当交于一点的曲线数目高于设定量时,证明该直线被提取出来。还可以通过 Hough 线变换提取图中线段,需要设置其他阈值,如线段的最低长度、图像中位于一条直线上的点与点可以连到一起的最小距离等。

上面步骤可从图像指定区域的二值边缘图中提取到需要的直线特征,利用 OpenCV 自带的库函数进行提取,函数中有三个直线提取条件需要设置,分别为累加阈值(设为 a),最短线段阈值(设为 b),连线阈值(设为 c),对上述三个阈值的具体解释为,当满足超过 a 个点在该线段上时,该线段才被提取出来,线段的最短长度不低于 b,处于一条直线上的两个点,只有其间距小于 c 时才可以连成一条线段。

通过对 Hough 变换提取到的直线进行分析,实际物体上的一条线段可能会被提取出很多间断、重复或交叉的线段。这种情况是噪声或者图像失真造成的。为了提高后续直线对的匹配的正确率,要对重复的直线段进行合并,方法如下:将所有提取出的线段进行聚类,这里设置了三个阈值,第一是两条线段的倾斜角之差小于固定阈值,第二是两条线段的极径之差在固定量以内,第三是两条线段之间的距离在固定量以内,满足上述三个条件的线段被归为一组。将所有选段进行上述选拔,分出若干组;将一组中的线段合并为一条线段,先取出两条线段进行合并,再拿合并后的直线段与分组中的其他直线段继续进行合并,最终得到一条直线段。合并方式分为两种情况,如图 4-15 所示。

如图 4-15(a)所示,过线段 l_2 的点 A_2 作线段 l_1 的垂点 O_1,取点 O_1 和 A_2 的中点为合并线段的起点 A,同理,过线段 l_2 的点 B_2 作线段 l_1 的垂点 O_2,取点 O_2 和 B_2 的中点为合并直线的终点 B。

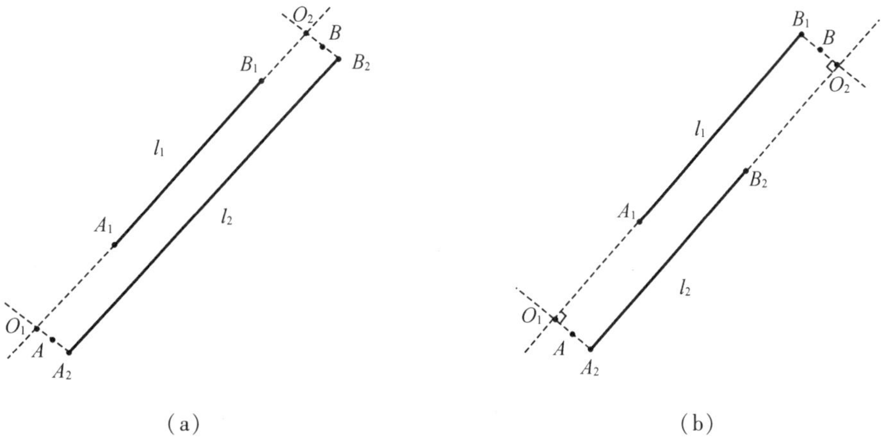

图 4-15　合并情况

如图 4-15(b)所示,过线段 l_2 的点 A_2 作线段 l_1 的垂点 O_1,取点 O_1 和 A_2 的中点为合并线段的起点 A,同理,过线段 l_1 的点 B_1 作线段 l_2 的垂点 O_2,取点 O_2 和 B_1 的中点为合并线段的终点 B。

具体步骤如下:将所有的直线段进行有序处理,即按照规定对直线段的起点和终点顺序进行调整。调整要求为先以端点坐标的 x 值为标准,x 值小的端点作为本直线段的起点,若两端点 x 值相近,即差值小于一定阈值,则将 y 值小的端点作为直线段的起点。将提取出来的所有直线段进行分组,即将表示同一条边缘线段的直线段分到一组当中。分组需要按顺序满足三个条件,第一要满足两直线段的倾斜角差值小于一定阈值,第二判断两直线段到原点的距离,即极径的差值是否小于设定阈值数,第三判断两直线段之间的距离是否小于设定值,距离求取方法为计算其中一条直线段的中点到另一条直线段的垂直距离。分组策略为先将第一条直线段放入分组第一组中,然后依次计算后面的直线段是否与每组中的第一条直线段满足上述三个条件,若满足则将该直线段加入相应组中,若现有分组均不满足条件,则将其放入一个空组中,直到所有的直线段分组完毕;将每一组中的直线段按照上述合并方法中的方法一进行合并,即将组中的一条直线段与第二条直线段进行合并,合并之后的直线段继续与第三条直线段进行合并,以此类推,直到组中的直线段合并为一条完整直线段。合并前后试验效果图如图 4-16 所示。

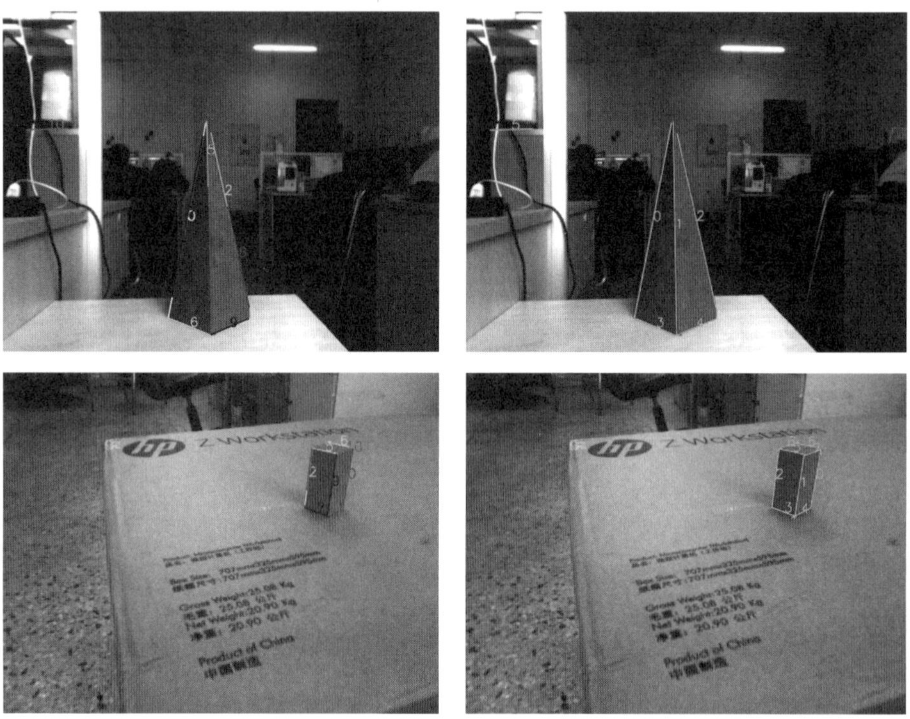

(a)合并之前　　　　(b)合并之后

图 4-16　合并前后试验效果图

4.3.2　线段匹配与三维重建

前面基于视觉的三维重建是通过左右目摄像机获取目标物体的数字图像,对两图像进行处理后进行直线特征提取,利用相机标定计算出来的其内参数以及校正后所得出来的图像计算视差,进而求得目标物体在左摄像机坐标系下的位姿信息(重点即深度信息)。三维重建是通过目标物体上的直线特征在两成像面上的投影,经过一定的几何运算,求出这条直线在摄像机坐标系下的三维信息,但是左右图像上提取的特征直线,顺序是散乱的,并不知道左目哪条线段与右目哪条线段对应目标物体上的同一线段,所以在三维重建之前,需要将左右目图中的二维特征直线进行匹配。

1. 直线段匹配

直线匹配过程分为直线特征提取、直线描述、直线相似性度量三个重要步骤,直线特征提取已经在上一章完成,这里重点介绍直线的描述形式、匹配准则、约束与策略。

用斜截式表示直线,如前式所示,其中利用斜率 k 和截距 b 表示一条直线,具有唯一性,但是可能会不能表示所有情况的直线,例如倾斜角为 90°的直线,斜率 k 近似无穷,利用计算机是无法表示的,因为可能会超出变量表示范围;用斜截式表示直线,如前式所示,其中利用极径 ρ 和极角 θ 来表示一条直线,极径是原点到直线的距离,极角是直线与水平方向之间的夹角,该表示具有唯一性。所提取出来的直线段是以其起点(x_1,y_1)和终点(x_2,y_2)坐标来表示的,为了后续直线相似性的度量,以及满足描述准则,要将直线段的信息进行完善,加入直线段所在直线的斜率 k、倾斜角 α、截距 k,极径 ρ 以及直线段的长度 l。具体公式如下:

$$\begin{cases} k=(y_2-y_1)/(x_2-x_1) \\ b=y_1-k*x_1 \\ \rho=\left|\dfrac{x_1y_2-x_2y_1}{\sqrt{(y_2-y_1)^2+(x_2-x_1)^2}}\right| \\ l=\sqrt{(y_2-y_1)^2+(x_2-x_1)^2} \end{cases} \tag{4-29}$$

匹配准则是在图像匹配过程中要遵循的一些准则,能够在一定程度上提高计算速度,降低误配率。常用的匹配准则包括:

(1)唯一性:指对于一图像中的某一特征,另一图像中有且仅有一个特征与其能够匹配上。

(2)相容性:对于物体上任意特征,以不同视角拍摄的两张图像,其在灰度、几何形状等方面具有相似性。

(3)极线约束:对于一图像上的某特征点,其在另一图像中的对应点位于对应的特定极线上,由此大大降低了需要计算的是否匹配的点的数量,将点的分布情况从平面区域降到直线区域。

(4)顺序一致性约束:一幅图像的几个特征在另一幅图像极线上的顺序不会变化。

对于以上的匹配准则,建立相应的匹配的约束项:

(1)基线水平约束

对于双目校正过后的左右摄像机图像,其上所拍摄的实际物体的特征点在图像上的位置,理论上应该位于一条水平直线上,但是由于双目标定,校正的过程都存在无法消除的误差,所以对于拍摄出来的图像,特征点位置可能存在一定偏差,但是不会与理论情况相差很多。如图 4-17 所示,这里设左目特征线段 L_l 的起点坐标为(x_{ls},y_{ls}),终点坐标为(x_{le},y_{le}),

右目特征线段 L_r 的起点坐标为 (x_{rs},y_{rs})，终点坐标为 (x_{re},y_{re})。需要求取右目中的目标直线段与左目已知直线段是否符合一定的水平约束，即求取左右直线段上下边界 y 值之差的和是不是小于某一固定值，具体公式如下：

$$\begin{cases} Ly_{\min}=\min(y_{ls},y_{le}) \\ Ly_{\max}=\max(y_{ls},y_{le}) \\ Ry_{\min}=\min(y_{rs},y_{re}) \\ Ry_{\max}=\max(y_{rs},y_{re}) \end{cases} \tag{4-30}$$

$$\text{TotalYErr}=\text{fabs}(Ly_{\min}-Ry_{\min})+\text{fabs}(Ly_{\max}-Ry_{\max}) \tag{4-31}$$

假设图像坐标 y 轴沿图像从上到下依次增大，$Ly_{\min}$ 是左目特征线段上界 y 值，$Ly_{\max}$ 是左目特征线段下界 y 值，同理 $Ry_{\min}$ 和 $Ry_{\max}$ 是特征线段的上下界 y 值。TotalYErr 是左右直线段上下边界 y 值之差的和，所以若对两图像中两条直线段进行上述计算，若 TotalYErr 在固定值以内，就说明这两线段满足基线水平约束，有可能成为匹配线段。

具体的，左右目图像中稳定的直线集合 $L_L=\{l_l^1,l_l^2\cdots l_l^n\}$ 和 $L_R=\{l_r^1,l_r^2\cdots l_r^n\}$，取左目中的直线，从 l_l^1 到 l_l^n 依次与右目中的直线 $\{l_r^1,l_r^2\cdots l_r^n\}$ 计算，则有公式：

$$\text{Mark}_i=f(\text{Mark}_{i-1},l_r^k,l_r^i)\quad k,i\in(1,n) \tag{4-32}$$

式中，Mark 为两条直线匹配的评分值，在初始的 $\text{Mark}_{\text{final}}=\text{Mark}_0=100$；$f$ 为评分条件，由直线的夹角、水平约束、左右目视差约束以及长度差别匹配这个条件约束。

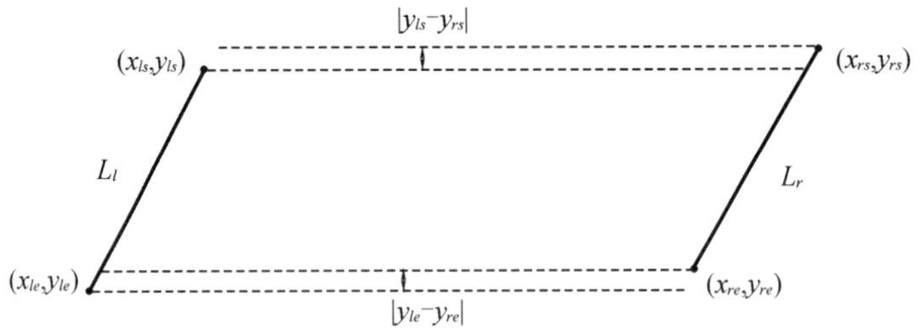

图 4-17　基线水平约束

(2)左右视差约束

利用双目摄像机对一个目标物体进行拍摄，目标物体上的一条特征直线段在两成像面上的像必定满足：右图像上的像位于左图像上像的左边，并且左右直线段左右边界 x 值之差的和也满足一定条件，如图 4-18 所示，公式为

$$\begin{cases} Lx_{\min}=\min(x_{ls},x_{le}) \\ Lx_{\max}=\max(x_{ls},x_{le}) \\ Rx_{\min}=\min(x_{rs},x_{re}) \\ Rx_{\max}=\max(x_{rs},x_{re}) \end{cases} \tag{4-33}$$

$$\text{TotalXErr}=\text{fabs}(Lx_{\min}-Rx_{\min})+\text{fabs}(Lx_{\max}-Rx_{\max}) \tag{4-34}$$

$$\text{TotalErrSgn}=(Lx_{\min}-Rx_{\min})+(Lx_{\max}-Rx_{\max}) \tag{4-35}$$

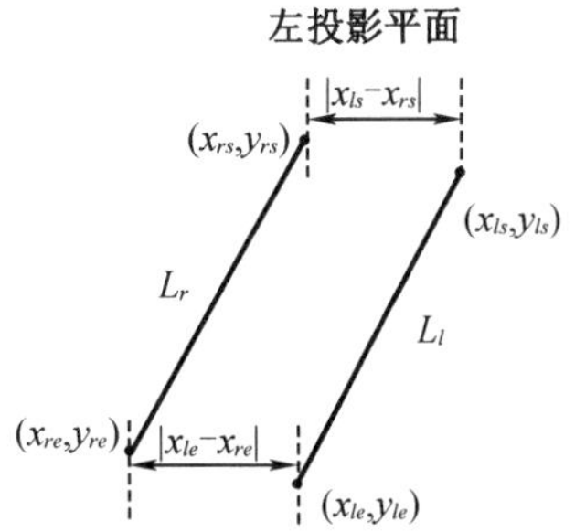

图 4-18　左右视差约束

式(4-33)(4-34)(4-35)中,假设图像坐标 x 轴沿图像从左到右依次增大,$Lx_{\min}$ 为左目特征线段左边界 x 值,$Lx_{\max}$ 为左目特征线段左边界 x 值,同理 $Rx_{\min}$、$Rx_{\max}$ 分别为右目特征线段的左右边界 x 值。假设双目系统中右相机位于左相机坐标系 x 正方向区域,则如果 TotalErrSgn 大于 0,且 TotalXErr 位于一定区域之间,则证明两条直线段满足左右视差约束,有可能成为匹配线段。

(3)长度和角度的差别匹配

左右目图像上相互匹配的直线段在长度 l 和倾斜角 θ 上存在一定差别,但是这个差别在一定范围内,如图 4-19 所示,所用公式如下:

$$\begin{cases} l_{\min}=\min(l_l,l_r) \\ \Delta l=|l_l-l_r| \\ \Delta\theta=|\theta_l-\theta_r| \end{cases} \tag{4-36}$$

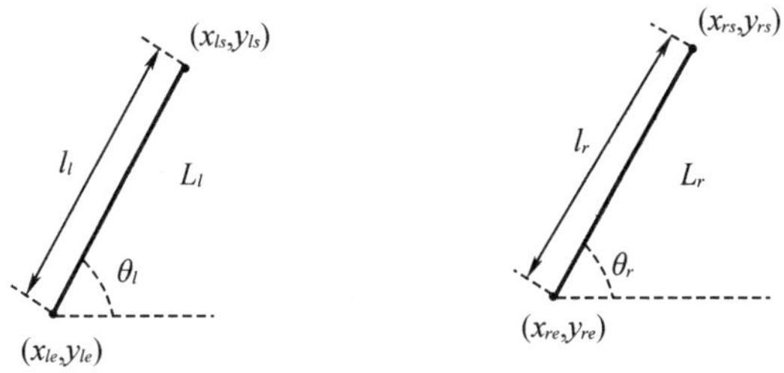

(a)左投影平面　　(b)右投影平面

图 4-19　长度角度差别

上中(4-36),l_l 和 l_r 分别为左右目直线段的长度,θ_l 和 θ_r 分别为左右目直线段的倾斜角,$l_{\min}$ 即左右目直线段最短的长度,Δl 即长度之差,$\Delta\theta$ 为倾斜角之差。

为了减小误匹配率,使得所有线段能够逐一对应,这里提出一种匹配策略,具体如下:

(1)评分制度

对于左目的一条特征直线段,以分数形式对右目所有线段和左目指定线段的匹配程度进行表示。满分为 100 分,根据约束条件在 100 分的基础上进行减分,分数越高证明该直线

段与左目固定直线段匹配度越高,以下分四个部分对分数进行评定:

①基线水平约束方面,如果 TotalYErr 大于设定的阈值,则直接将该直线段分数降为最低,即淘汰,如果 TotalYErr 小于设定阈值,则在原始分数上减去 TotalYErr * 2.0,即表示差值越大,分数越低,匹配度越低。

②左右视差约束方面,如果不满足 TotalErrSgn 大于 0,且 TotalXErr 位于一定区域之间,直接将该直线段分数降为最低,即淘汰,如果满足上述要求,进行下一步判别。

③长度差别匹配方面,若 l_{min} 小于设定值,则淘汰该对直线,即过滤过短直线。若 Δl 大于设定阈值,则将该直线段分数降为最低,反之在分数上减去 $10*(\Delta l/l_l)$。

④角度差别匹配方面,若 $\Delta\theta$ 不在设定的范围之内,则该直线段被淘汰,反之在分数上减去 $10*(\Delta\theta/\theta)$,θ 为设定的角度变换范围的长度大小。注意匹配直线段的倾斜角一定存在差别,但是差别不会很大。

(2)反向匹配

把左目中第 i 条直线段与右目中所有提取出的直线段进行匹配,把评分最高的直线段取出来,再将其与左目所有提取出来的直线段进行匹配,若评分最高的直线段仍为左目第 i 条直线段,则证明两直线段匹配成功,共同表示目标物体上的一条直线。

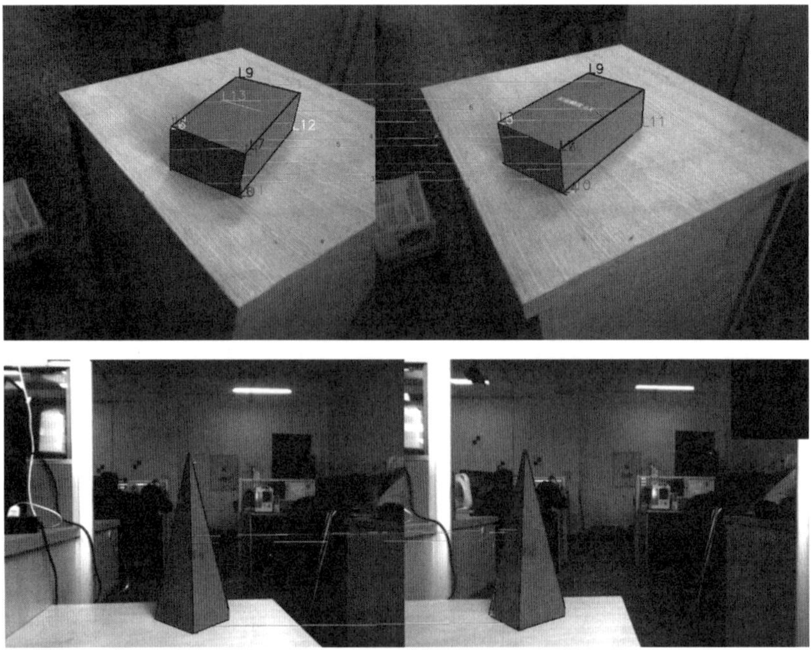

图 4-20　匹配结果

2. 直线的三维重建

三维重建即是利用摄像机以及其他设备,获得目标物体在摄像机坐标系下的三维信息,重点取得深度信息。获取信息的方式很多,根据成像系统对光源是否有要求,可以分为主动深度信息获取和被动深度获取,这里采用被动深度获取方式,被动深度获取深度信息模式是指视觉平台在自然光的条件下利用双目摄像机对目标进行拍摄，利用所获得的图像恢复目标物体的深度信息。

在基于双目立体视觉系统的深度测量技术中，利用并排放置的两相机对目标物体采集两幅图像，通过直线特征的提取以及图像之间的匹配获取视差信息，并结合摄像机标定获取的内参数，就可以从视差中获得目标在主摄像机坐标系下的位置信息。经过双目相机的标定与校正过程，获得共面且行对准的标准的双目立体视觉成像系统，对于这样的系统，有两种空间几何处理方法利用已知的特征直线段在双目成像面上的坐标，求出该线段在左摄像机坐标系下的三维位置，分别为三角测量法和线面相交法。

三角测量法的原理如图 4-21 所示，设左右目摄像机的焦距相等为 f，右摄像机的投影中心与左摄像机投影中心之间的距离为 T_x，取左摄像机坐标系为主坐标系，校正后的右摄像机坐标系投影中心坐标为 $(T_x,0,0)$，任一物理点 P 在主摄像机坐标系上的坐标即 (X,Y,Z)，其在左图像上的投影点坐标为 (x_l,y_l)，在右图像上的投影点坐标为 (x_r,y_r)，以上两个坐标为在图像像素坐标系表示的，因为是标准的双目视觉立体成像系统，所以 P 点在左右成像面上有 $y_l=y_r=y$，因为在该图中目标点 P 与两摄像机的投影中心构成三角形，并且可以通过三角投影原理恢复目标三维信息，因此该方法被称作三角测量法，具体计算公式如下：

$$
\begin{gathered}
x_l=f\frac{X}{Z}\\
x_r=f\frac{X-T_x}{Z}\\
y_l=y_r=y=f\frac{Y}{Z}
\end{gathered}
\tag{4-37}
$$

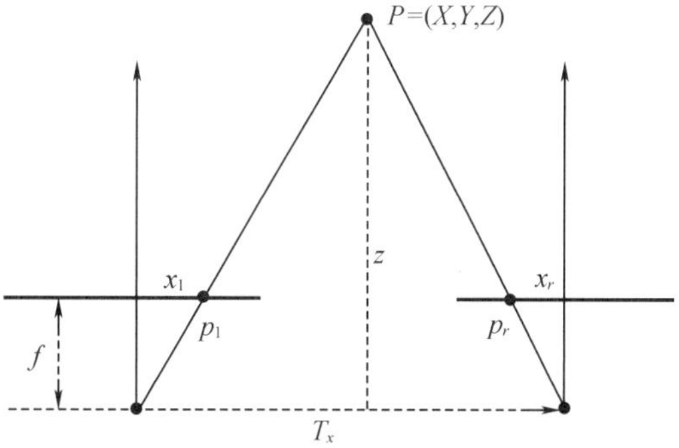

图 4-21　三角测量示意图

由式(4-37)算出物理点 P 在主摄像机坐标系下的坐标为

$$
\begin{cases}
X=\dfrac{T_x x_l}{x_l-x_r}\\[2ex]
Y=\dfrac{T_x y}{x_l-x_r}\\[2ex]
Z=\dfrac{T_x f}{x_l-x_r}
\end{cases}
\tag{4-38}
$$

根据式(4-38)可知,通过双目摄像机标定可获得 T_x 和两摄像机焦距 f,通过左右目图像上特征的匹配可以得到视差信息,即 x_l 和 x_r 的差,所以就可以利用上式确定个目标物体在左摄像机坐标系下的三维坐标。该方法为点对点的几何计算方法,只要已知两像平面上互相匹配的特征直线段的起点和终点的坐标信息,就可以利用上述运算,算出匹配线段起、终两点深度信息 z,同时得到 x 和 y 的值。

但在实际的应用中,直线检测的不完整性,会导致左目与右目的直线虽然匹配准确,但是左目图像中检测到的直线起点与终点,与右目图像中检测到的直线起点与终点不能对应上,导致三维重建之后的物体的边缘直线特征失真,这里提出一种稳健的获取空间直线段的方法,线面相交法也是在标准的双目立体视觉成像系统的基础上,利用空间立体几何知识,重建三维目标特征直线段的一种方法。

如图 4-22 所示为线面相交法,O_L-XYZ 为左摄像机坐标系,O_L 为投影中心,设其为主坐标系,O_R-XYZ 为右摄像机坐标系,其投影中心 O_R 在主坐标系中的坐标为(T_x,0,0),s_le_l 和 s_re_r 分别为目标物体上的特征直线段在两摄像机的成像平面上的像,设 s_l 和 s_r 为直线段起点,e_l 和 e_r 为直线段终点。根据摄像机成像原理,可知目标物体特征直线段在 O_L、s_l、e_l 三点所组织成的三维平面 π_1 上,同理,该直线段也在 O_R、s_r、e_r 三点所组成的三维平面 π_2 上,并且平面 π_1 与平面 π_2 不共面且不平行。根据空间几何理论,若一条线段存在于两个不共面且不平行的平面上,那么该线段必定存在于两平面的交线上,图 4-22 中两平面交线为三维直线 l。

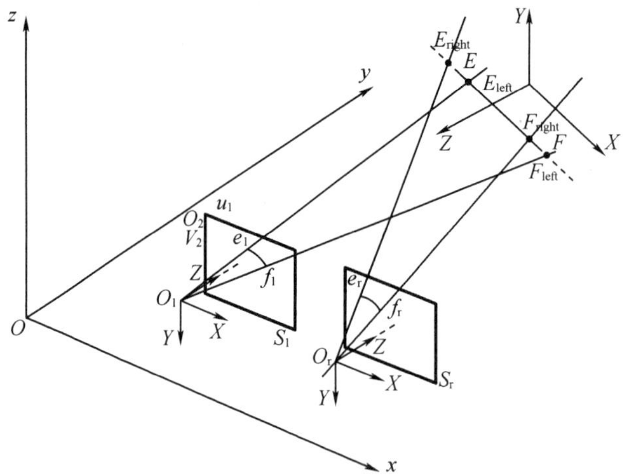

图 4-22 线面相交法

对于理想的系统,三维直线 O_Ls_l 和 O_Rs_r 应交于三维直线 l 上同一点 S,即特征直线段在主摄像机坐标系下的三维起点,同理,三维直线 O_Le_l 和 O_Re_r 应交于三维直线 l 上同一点 E,即特征直线段在主摄像机坐标系下的三维终点。但是由于三维重建之前经历了环节,每个环节都有可能存在一定的误差,所以造成图中所表示的情况。S_l 为 O_Ls_l 与三维直线 l 的交点,即与三维平面 π_2 的交点,S_r 为 O_Rs_r 与三维平面 π_1 的交点,E_l 为 O_Le_l 与三维平面 π_2 的交点,E_r 为 O_Re_r 与三维平面 π_1 的交点,所以 S_l、S_r、E_l、E_r 四个点位于同一直线 l 上,所以取

S_l 和 S_r 的中点为 S，取 E_l 和 E_r 的中点为 E，以下为具体计算过程。

空间三维直线的表示方法：

$$\begin{cases} x = m_1 + V_1 t \\ y = m_2 + V_2 t \\ z = m_3 + V_3 t \end{cases} \tag{4-39}$$

式中，(x,y,z) 即直线上任一点，(m_1, m_2, m_3) 即直线上一已知点，(V_1, V_2, V_3) 即该直线的方向向量，可由直线任意已知两点求得，图中 $O_L s_l$、$O_R s_r$、$O_L e_l$、$O_R e_r$ 四条直线均已知其上两点三维坐标。

空间平面的表示方法为

$$vp_1 * (x - n_1) + vp_2 * (y - n_2) + vp_3 * (z - n_3) = 0 \tag{4-40}$$

式中，(x,y,z) 即平面上任意一点，(vp_1, vp_2, vp_3) 即平面的法向量，可由平面内两已知相交直线求得，(n_1, n_2, n_3) 为平面上一已知点，图中 π_1 和 π_2 平面的以上信息均已知。

根据上两式可得

$$vp_1 * (m_1 + V_1 t - n_1) + vp_2 * (m_2 + V_2 t - n_2) + vp_3 * (m_3 + V_3 t - n_3) = 0 \tag{4-41}$$

式(4-41)中除了 t 的其他参量均为已知值，故有下式成立：

$$t = \frac{(n_1 - m_1) vp_1 + (n_2 - m_2) vp_2 + (n_3 - m_3) vp_3}{vp_1 V_1 + vp_2 V_2 + vp_3 V_3} \tag{4-42}$$

根据式(4-42)可得出该直线与该平面交点的坐标，重复以上步骤可求出 S_l、S_r、E_l、E_r 四个点的空间坐标，将起点、终点分别取中点，可得到三维重建后的线段 SE。

4.3.3　目标位姿估计

目标位姿估计是指利用图像中或点云中提取得到的物体特征来估计物体的位姿，常用的算法有 PnP，其中包含 P3P 问题以及 EPnP 问题等，这里利用 EPnP 方法来对目标物相对左目坐标系位置姿态进行粗估计，并提出一种基于边缘特征的 ICP 点云匹配方法来求解目标物体位姿的方法。

1. PnP 算法

PnP 又被称为给定了控制点的位姿测量问题，利用 n 个在世界坐标系中的三维位置已知且固定不变的控制点，以及双目对目标物采集的图像，计算双目与目标物的相对位姿。Horaud 等在 1989 年给出了 PnP 问题的定义：给定目标坐标系下 n 点的坐标及相对应的投影位置，并假设相机内参数已定，求解目标坐标系与摄像机坐标系之间的变换矩阵，包含旋转和平移参数。主要思想即是利用三角余弦公式作为约束条件，形成 n 元二次多项式方程组，算法的主要任务即是求解该方程组。下文首先介绍 PnP 问题中最简单的 P3P 问题，再介绍 PnP 问题中计算效果做好的 EPnP 问题。

P3P 是透视三点问题的简称，其是 PnP 问题中控制点最少的情况，即已知三个非共面点的信息，包含有限解但不是唯一解，需要根据不同的实际情况选出适合该情况的特定解。P3P 位姿结算示意图如图 4-23 所示，图中 A、B、C 表示目标物体上的特征点，已知他们在世界坐标系中的坐标信息以及目标物体的尺寸信息，即 AB、BC、CA 线段的长度已知，A'、B'、C' 为 A、B、C 三点在左目成像平面上的像，也就是 A'、B'、C' 这三个像的位置能通过图像处理分析出来，O 点为摄像机的投影中心，其到投影平面之间的距离为相机焦距，通过摄像机标定还可以获得摄像机的其他内参数，所以 $A'B'$、$B'C'$、$C'A'$、OA'、OB'、OC' 的长度可以通过以上信息计算得到，所以 $\angle A'OB'$、$\angle A'OC'$、$\angle C'OB'$ 可以利用以上线段长度计算得到，这里将以上三个角分别记作 α、β、γ，具体计算公式如下：

$$\begin{cases} \cos\alpha = \dfrac{OA'^2+OB'^2-A'B'^2}{2\cdot OA'\cdot OB'} \\ \cos\beta = \dfrac{OA'^2+OC'^2-A'C'^2}{2\cdot OA'\cdot OC'} \\ \cos\gamma = \dfrac{OC'^2+OB'^2-B'C'^2}{2\cdot OC'\cdot OB'} \end{cases} \tag{4-43}$$

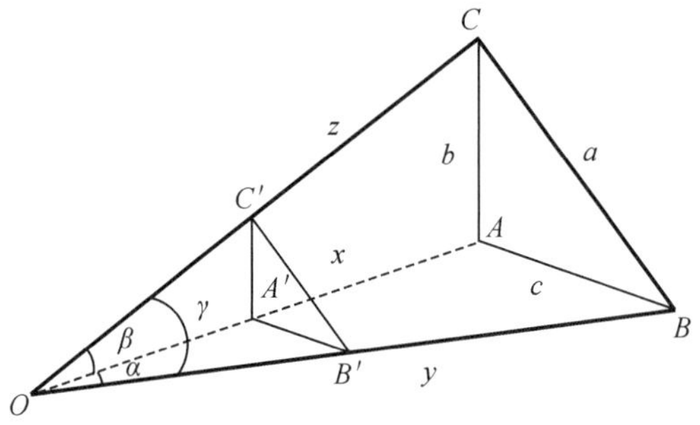

图 4-23　P3P 位姿解算

通过上式可以求得 α、β、γ 的值，由于已知目标物体尺寸，所以已知 AB、BC、AC 的长度，就可以利用 α、β、γ、AB、BC、AC 这 6 个已知变量求解未知量 OB、OC、OA 的长度，具体计算公式如下：

$$\begin{cases} OA^2+OB^2-2\cdot OA\cdot OB\cdot\cos\alpha = AB^2 \\ OA^2+OC^2-2\cdot OA\cdot OC\cdot\cos\beta = AC^2 \\ OB^2+OC^2-2\cdot OB\cdot OC\cdot\cos\gamma = BC^2 \end{cases} \tag{4-44}$$

上式共有 8 组解，其中有 4 组负解可以排除，剩下的四组为正解。对于这四组正解，可以根据实际目标物体与摄像机之间的位置关系，选出正确解。

利用解出的 OB、OC、OA 的长度，摄像机内参数焦距 f，图像中心在像素坐标系上的坐标 (u_0,v_0)，特征点 A、B、C 在成像平面上的投影坐标 (x_A,y_A) (x_B,y_B) (x_C,y_C)，就可以计算出三个特征在左目坐标系下的坐标分别是 (X_A^C,Y_A^C,Z_A^C) (X_B^C,Y_B^C,Z_B^C) (X_C^C,Y_C^C,Z_C^C)，具体计算公式如下：

$$\begin{cases} X_A^C=\dfrac{OA(x_A-u_0)}{|OA'|} & Y_A^C=\dfrac{OA(y_A-v_0)}{|OA'|} & Z_A^C=\dfrac{OA*f}{|OA'|} \\ X_B^C=\dfrac{OB(x_B-u_0)}{|OB'|} & Y_B^C=\dfrac{OB(y_B-v_0)}{|OB'|} & Z_B^C=\dfrac{OB*f}{|OB'|} \\ X_C^C=\dfrac{OC(x_C-u_0)}{|OC'|} & Y_C^C=\dfrac{OC(y_C-v_0)}{|OC'|} & Z_C^C=\dfrac{OC*f}{|OC'|} \end{cases} \tag{4-45}$$

根据上式可以求得特征点在左目坐标系中的坐标，并且又已知 A、B、C 在世界坐标系下的坐标$(X_A^W,Y_A^W,Z_A^W)(X_B^W,Y_B^W,Z_B^W)(X_C^W,Y_C^W,Z_C^W)$，根据上述已知的 6 个坐标以及坐标系变换理论能求得左目坐标系(C)与世界坐标系(W)之间的位置姿态关系，利用 R 和 T 分别表示两坐标系之间的旋转和平移关系，具体变换式如下：

$$C=RW+T \tag{4-46}$$

式(4-46)适用于分别将特征点在左目坐标系和世界坐标系中的坐标带入而求取 R 和 T，即特征点坐标在两坐标系之间的转换，同时也适用于向量在两坐标系之间的转换，向量变换没有平移向量，所以式(4-46)简化为

$$n_c=Rn_w \tag{4-47}$$

式中，n_C 和 n_W 分别为同一向量在左目坐标系和世界坐标系中的坐标，三个非共线特征点可以确定两个线性无关的向量 n_1 和 n_2，比如 $\overrightarrow{AB}$ 与 $\overrightarrow{BC}$，第三个向量必定与前两个向量线性无关，才能使得上式 R 有唯一解，所以取第三个向量为 $n_3=n_1\times n_2$。将三个线性无关的向量在左目坐标系中的坐标表示为矩阵$\boldsymbol{n}_C=[n_{C1}、n_{C2}、n_{C3}]$，其中 n_{C1}、n_{C2}、n_{C3} 分别为三个向量坐标的列向量形式。同理，这三个线性无关的向量在世界坐标系中的坐标表示为矩阵$\boldsymbol{n}_W=[n_{W1},n_{W2},n_{W3}]$。所以：

$$\begin{aligned} \boldsymbol{R}&=\boldsymbol{n}_C\boldsymbol{n}_W^{-1} \\ \boldsymbol{T}&=\boldsymbol{C}-\boldsymbol{RW} \end{aligned} \tag{4-48}$$

PnP 方法为已知目标物体上 n 个特征点在世界坐标系下的坐标和在图像像素坐标系下的坐标以及标定环节所得到的摄像机内参数，算出两坐标系的转换关系，实际上是计算得旋转矩阵 $\boldsymbol{R}$ 和平移矩阵 $\boldsymbol{T}$。EPnP 为目前 PnP 算法中最为有效的求解方法，并且有唯一解，不同于 P3P 方法需要根据具体情况选出正确解。

任何一个三维点的坐标都可以利用 4 个非共面的三维点作为基进行表示，所以 EPnP 算法的主要思想为：选出 4 个非共面的三维点，称其为虚拟控制点，其他 n 个已知特征点均可利用这 4 个点进行按比重加权表示，所以只要求出这 4 个控制点在左目坐标系下的位置，就可以通过权重计算得到已知 n 个点在左目坐标系下的位置，再按照 P3P 问题的后半部计算 $\boldsymbol{R}$ 和 $\boldsymbol{T}$。EPnP 方法具体内容如下：

(1)在世界坐标系中选出 4 个虚拟控制点，这 4 个点要便于表示其他 n 个已知点的坐标，并且还需要已知这 4 个点在投影面上的投影点坐标。在世界坐标系下，4 个虚拟控制点的坐标分别记作 $c_i^w(i=1,2,3,4)$，在摄像机坐标系下，4 个虚拟控制点的坐标分别记作 $c_i^c(i=1,2,3,4)$，所以未知量为 4 个坐标，即 12 个参数。

(2)n 个已知三维点在世界坐标系下的坐标分别记作 $p_i^w(i=1,2,\cdots,n)$，其可以利用 4

个虚拟控制点在世界坐标系下的坐标进行按比重加权表示，具体公式为

$$p_i^w = \sum_{j=1}^{4} a_{ij} c_i^w \tag{4-49}$$

式中，a_{ij} 为每一个控制点的比重，其约束条件为

$$\sum_{j=1}^{4} a_{ij} = 1 \tag{4-50}$$

同理，在摄像机坐标系下，n 个已知三维点的坐标分别记作 $p_i^c(i=1,2,\cdots,n)$，其可以利用 c_i^c 进行表示，如下：

$$p_i^c = \sum_{j=1}^{4} a_{ij} c_i^c \tag{4-51}$$

由于摄像机的透视投影原理，可得式上式，其中(X,Y,Z)为三维点在左目坐标系下的坐标，(u,v)为该点在像素坐标系上位置坐标，其余参数为摄像机内参数矩阵 $\boldsymbol{M}$。

$$\boldsymbol{Z}\begin{bmatrix} u \\ v \\ 1 \end{bmatrix} = \begin{bmatrix} \frac{f}{\mathrm{d}x} & 0 & u_0 \\ 0 & \frac{f}{\mathrm{d}y} & v_0 \\ 0 & 0 & 1 \end{bmatrix} \begin{bmatrix} X \\ Y \\ Z \end{bmatrix} \tag{4-52}$$

根据式(4-51)、式(4-52)可得

$$\sum_{j=1}^{4} \boldsymbol{a}_{ij} \boldsymbol{c}_i^c \begin{bmatrix} u_i \\ v_i \\ 1 \end{bmatrix} = \boldsymbol{M} \sum_{j=1}^{4} \boldsymbol{a}_{ij} \begin{bmatrix} X_j^c \\ Y_j^c \\ Z_j^c \end{bmatrix} \tag{4-53}$$

式(4-53)可以转换为方程组：

$$\begin{cases} \sum\limits_{j=1}^{4} \boldsymbol{a}_{ij} \boldsymbol{Z}_i^c \boldsymbol{u}_i - \sum\limits_{j=1}^{4} \left(\frac{f}{\mathrm{d}x} \boldsymbol{a}_{ij} \boldsymbol{X}_j^c - \boldsymbol{a}_{ij} \boldsymbol{Z}_i^c \boldsymbol{u}_0\right) = 0 \\ \sum\limits_{j=1}^{4} \boldsymbol{a}_{ij} \boldsymbol{Z}_i^c \boldsymbol{v}_i - \sum\limits_{j=1}^{4} \left(\frac{f}{\mathrm{d}y} \boldsymbol{a}_{ij} \boldsymbol{Y}_j^c - \boldsymbol{a}_{ij} \boldsymbol{Z}_i^c \boldsymbol{v}_0\right) = 0 \end{cases} \tag{4-54}$$

将式(4-54)转换成矩阵形式为

$$\boldsymbol{NQ}=0 \tag{4-55}$$

式中，$\boldsymbol{N}$ 为 2×12 的矩阵，$\boldsymbol{Q}$ 是 12×1 的矩阵，$\boldsymbol{Q}$ 里包含所要求得的 4 个虚拟控制点在左目坐标系下的位置信息，所以未知参数为 12 个。将所有已知的 n 个点的坐标分别代入上式，其中$\boldsymbol{a}_{ij}$、$\boldsymbol{u}_i$、$\boldsymbol{v}_i$、$\boldsymbol{M}$ 为已知量，可得下式：

$$\boldsymbol{BQ}=0 \tag{4-56}$$

式中，$\boldsymbol{B}$ 为 $2n$×12 的已知矩阵，$\boldsymbol{Q}$ 属于 $\boldsymbol{B}$ 的右零空间，$\boldsymbol{v}_i$ 为矩阵 $\boldsymbol{B}$ 的右奇异向量，可以通过求解$\boldsymbol{M}^{\mathrm{T}}\boldsymbol{M}$ 零空间特征值得到 $\boldsymbol{Q}$。$\boldsymbol{Q}$ 即是 4 个虚拟控制点在左目坐标系中的坐标组合，就可以得到所有特征点在左目坐标系下的坐标，再按照 P3P 问题的后半部分计算 $\boldsymbol{R}$ 和 $\boldsymbol{T}$。

2. 三维直线段的离散化处理

边缘点云特征是将匹配直线段三维重建后的三维直线段打散成等间距的一些点的集

合。所以在进行点云匹配算法之前要将提取出来的边缘直线特征进行离散化处理,需要注意的是每条线段离散出来的点的个数是不同的,是根据每条直线段的长度决定的,但是点与点之间的空间距离是相等的,具体计算步骤如下:

(1)计算直线段长度,直线段起点坐标记为 $P_s(x_s^w, y_s^w, z_s^w)$,终点坐标记为 $P_e(x_e^w, y_e^w, z_e^w)$,长度记为 L_{3D},公式如下:

$$L_{3D}=\sqrt{(x_e^w-x_s^w)^2+(y_e^w-y_s^w)^2+(z_e^w-z_s^w)^2} \tag{4-57}$$

(2)计算点与点之间的步长,记作 $\Delta\boldsymbol{P}(\Delta\boldsymbol{x}, \Delta\boldsymbol{y}, \Delta\boldsymbol{z})$,公式如下:

$$\Delta P=(P_s-P_e)/L_{3D} \tag{4-58}$$

(3)计算线段点云集合中点的坐标,记点的坐标为 $P_i(x_i, y_i, z_i)$,$(i=0,1,2,3,\cdots,L_{3D})$,具体公式如下:

$$\begin{aligned} &P_0=P_s \\ &P_i=P_{i-1}+\Delta P \quad (0<i\leqslant L_{3D}) \end{aligned} \tag{4-59}$$

重复上述步骤,对目标边缘模型进行离散化处理,变为点云模型。

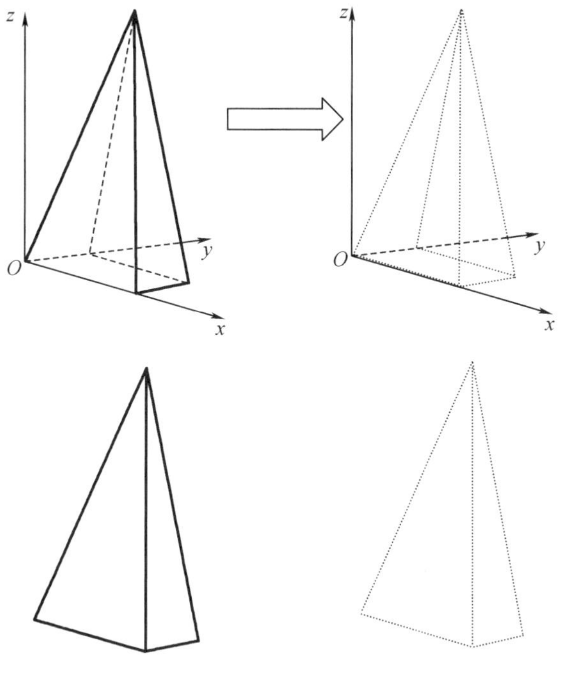

图 4-24　边缘模型离散化

3. EPNP+ICP 点云匹配算法

ICP 点云匹配算法是一种点集对点集的匹配方法,方法中涉及两个点集,一个是在三维重建后,世界坐标系下的特征线段利用上一小节所述的方法进行离散化产生的点集,记作源点集,另一个是在世界坐标系建立起来的能够准确表示目标物体尺寸的点云模型,记作目标点集。点云匹配算法的主要思想为相对于特定目标物体有两个点集,分别为源点集和目标点集,目标点集固定不变,源点集经过旋转和平移,以及尺度上的变换,使得变换后的源点集尽可能地与目标点集重合,这个过程叫做点集配准。ICP 是应用最广泛的配准方法,即最邻近迭代算法,对于稀疏的点云,应用点到点的方法能实现较快的计算速率和准确的位置姿态。

通过 EPnP 算法粗估计了与目标物体固连的世界坐标系和左摄像机坐标系之间的位置姿态关系,还将三维重建后的三维特征线段的坐标转换至世界坐标系中,但结果是重建后的特征直线段无法与在世界坐标系建立的目标物体模型重合,所以需要通过 ICP 点云匹配算法对世界坐标系和左摄像机坐标系之间的位置姿态关系进行进一步的精确估计。该方法主要采用迭代优化的思想,在每一次迭代运算中,为源点云中的每一个点找到目标点云中与其距离最近的点,即匹配点,通过一定的计算法计算两个点云之间的变换矩阵,并使源点云进行相应变换,计算匹配点之间的距离以及其他参数是否满足设定阈值,使得迭代过程收敛,如果不满足,将继续进行以上步骤,直到运行到终止条件。也就是说,每经历一次迭代过程,源点云就与目标点云靠近一点。该算法具体步骤如下:

(1)计算最近点集

假设参考点集为 P,即目标点云,待配准点集 Q,即源点云,$p_i(x_i^p,y_i^p,z_i^p)$ 和 $q_j(x_j^q,y_j^q,z_j^q)$ 分别为两个点集中的点。首先选择参考点集中的某一点 p_i,然后依次计算待配准点集中每一个点与 p_i 点之间的欧式距离,欧式距离计算公式如下:

$$d_i=\sqrt{(x_j^q-x_i^p)^2+(y_j^q-y_i^p)^2+(z_j^q-z_i^p)^2} \tag{4-60}$$

式中,记使得 d_i 值最小的 q_j 点为与 p_i 匹配的点,q_j 点为 p_i 的最邻近点,将点 q_j 放入另一空点集 U 中,使得 $u_i=q_j$。

将参考点集中每一个点进行上述步骤,当所有的 u_i 与 p_i 距离最近时,则本轮迭代匹配完毕。点集 U 中的点依次是参考点集 P 中点的匹配点,实际上点集 U 只是将待配准点集 Q 中点的顺序进行了整理。

(2)计算变换矩阵

变换矩阵即是点集 U 与点集 P 之间的变换矩阵,两个点集中点的坐标均是在世界坐标系下表示的,对于这两个相互对应的点集,求解变换矩阵的方法有单位四元数法和基于奇异值分解(SVD)方法。

单位四元数法的主要思想为:求解点集 U 与点集 P 之间的变换矩阵即是求解三维空间旋转与定向问题,单位四元数可以利用三个参数来表示定向问题,即三维空间绕着哪个轴进行旋转,另外用一个参数表示该三维空间绕该轴转角是多少,所以求变换矩阵变换即求解单位四元数,即是求解使得变换之后的点集 U 与点集 P 之间的距离最小的单位四元数。

基于奇异值分解(SVD)的主要思想:利用奇异值分解计算坐标系之间的变换矩阵。

(3)把上步计算得到的变换矩阵应用于带配准点集 Q。

(4)分析下述终止条件,满足任意一条即可表示配准完毕。

迭代次数已经达到预先规定好的最大次数。

匹配点之间的距离和小于设定的阈值,还需要当前变换矩阵与上一次迭代的变换矩阵之间的差异小于一定阈值。即满足以上两个收敛条件。

(5)如果迭代次数为 k,最终变换矩阵的结果为

$$R_{\text{icp}}=R_1R_2\cdots R_k$$
$$T_{\text{icp}}=T_1+T_2\cdots+T_k \tag{4-61}$$

ICP 算法为目前使用最为广泛的点云匹配算法,计算精度能够满足要求,算法简单,便于理解,即使一步一步迭代得到较好的变换矩阵结果,每迭代一次使得目标点集与待配准点集越靠近,这是一个对变换矩阵不断优化的过程,无法得到绝对的正解,只能根据具体情况以及具体迭代终止条件有限的接近正确解。

根据 pnp 粗匹配与 ICP 精匹配两个过程所得到的旋转平移矩阵,可以得到最终蓝色盒子相对于摄像机坐标系的位置关系,旋转矩阵为 $\boldsymbol{R}$,平移矩阵为 $\boldsymbol{T}$:

$$\boldsymbol{R}=\boldsymbol{R}_{\text{pnp}}\boldsymbol{R}_{\text{icp}}$$
$$\boldsymbol{T}=\boldsymbol{T}_{\text{pnp}}+\boldsymbol{T}_{\text{icp}} \tag{4-62}$$

4.4　目标物体位姿估计试验

在基于点云方法的位姿估计和基于直线特征的位姿估计中,设置试验来评价算法的识别和位姿估计精度性能,并从各项性能进行对比分析。

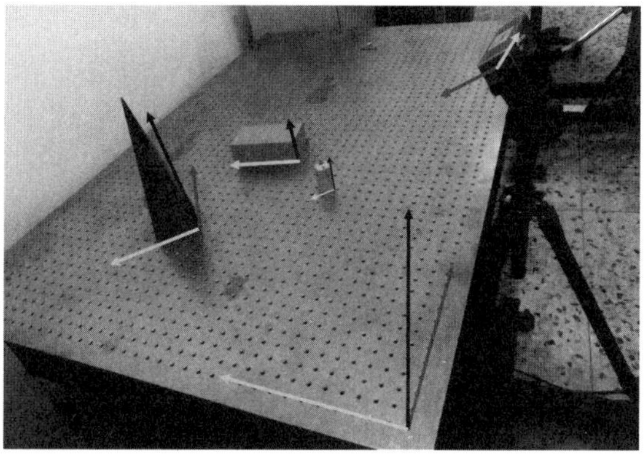

图 4-25 彩色版

图 4-25　试验场景示意图

(1)物体的多视角位姿检测

将任意视角下采集的物体表面点云与特征数据库匹配,根据获得的位姿估计结果评价多视角下物体识别和定位性能,图 4-26 显示了手机盒在 8 个视角下的识别和位姿估计效果。

根据图可知,在不同的拍摄角度下,物体在基于纯点云的位姿估计与基于图像的直线检测与重建方法的位姿估计,都能将待识别的物体与模型重叠与覆盖。因此这两种方法都能实现多角度的位置姿态估计。

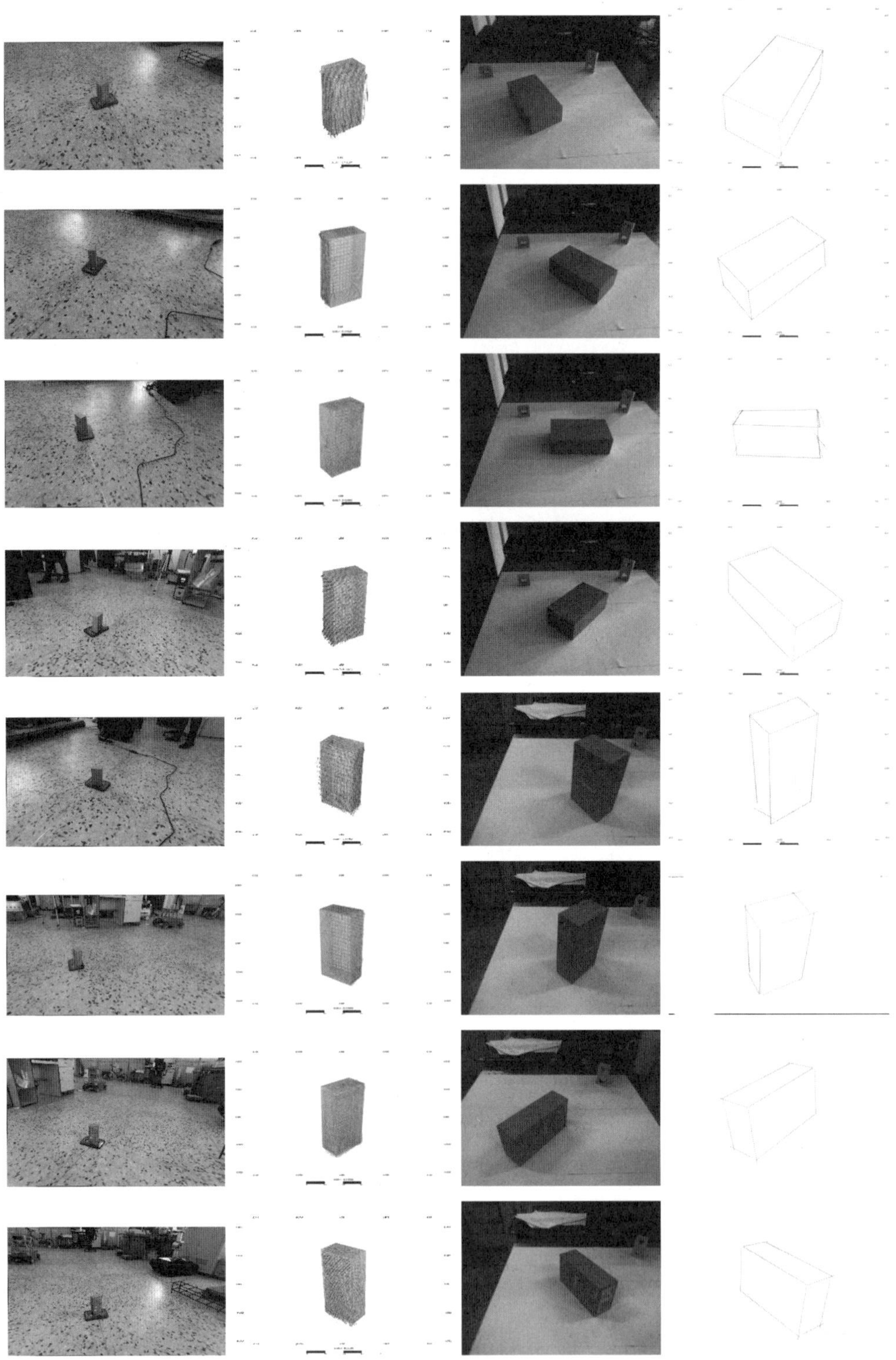

图 4-26　8 个视角的识别和位姿估计效果

图 4-26 彩色版

(2)重叠度与距离评估

重叠度评估为从主观角度观察,将经过一系列坐标变换之后的待检测点云与目标点云置于同一坐标系进行观察,图 4-27 和图 4-28 分别是基于纯点云方法得到的示意图以及基于直线检测与重建得到的示意图,分别从三个不同的角度进行观察,能够明显看出基于直线检测与重建的位姿估计方法所得到的点云重叠的效果更为明显。

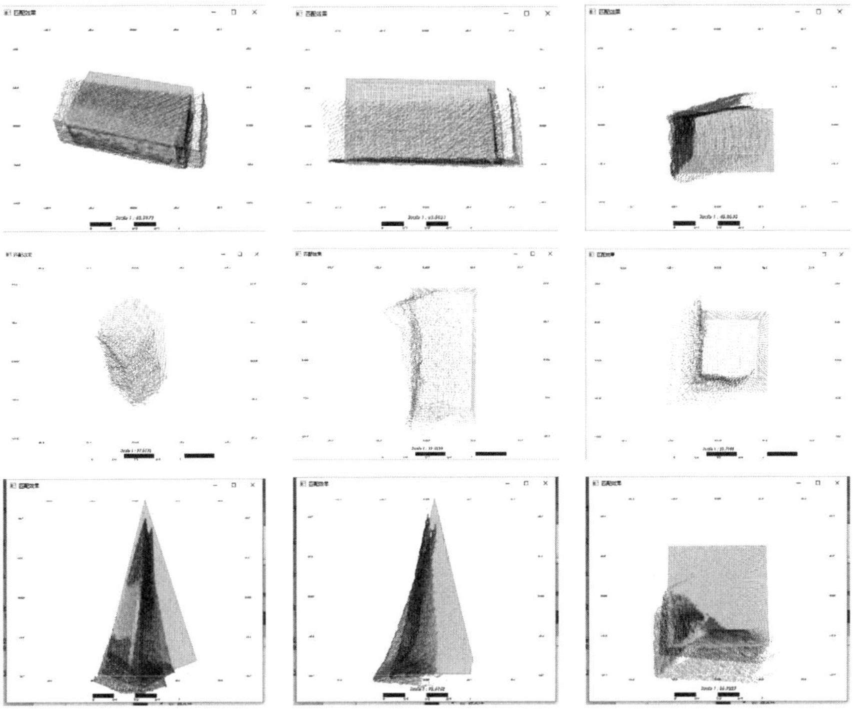

图 4-27 彩色版

图 4-27　基于纯点云方法的位姿估计

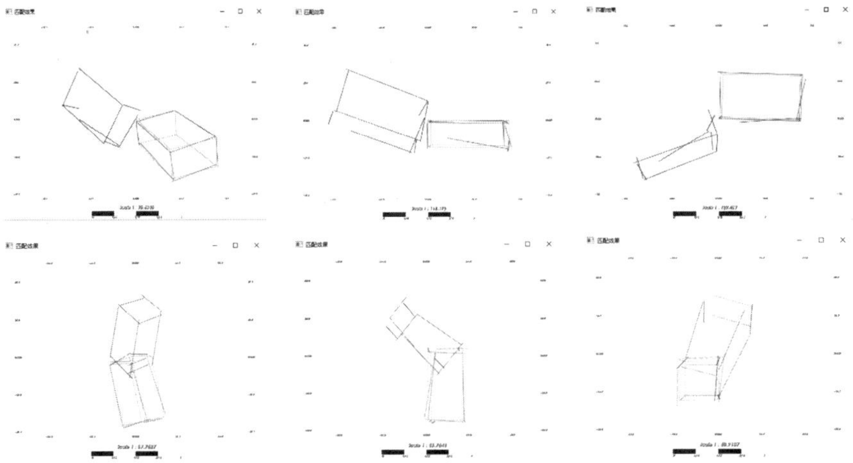

图 4-28 彩色版

图 4-28　直线重建方法的位姿估计

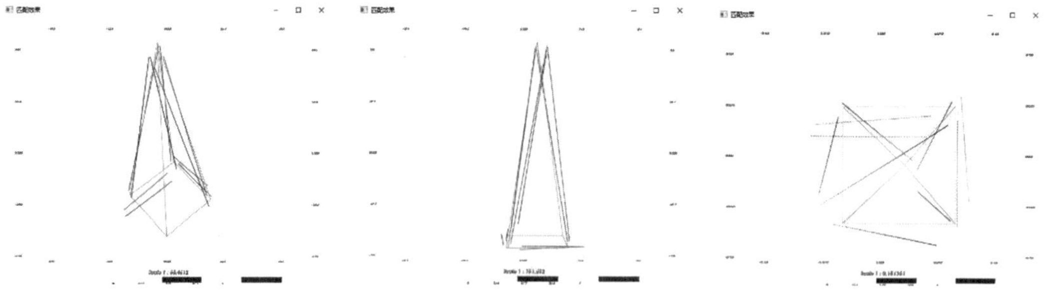

图 4-28(续)

将重叠度用数据的方式体现就是计算两片点云的距离。距离评估是评估位置姿态估计的一个重要的性能指标。在待检测点云经过一系列坐标变换与目标点云靠近与重叠的时候,计算待检测点云中的每一个点到目标点云,并将计算的这些点的距离直方图用直方图显示,如图 4-29 所示。

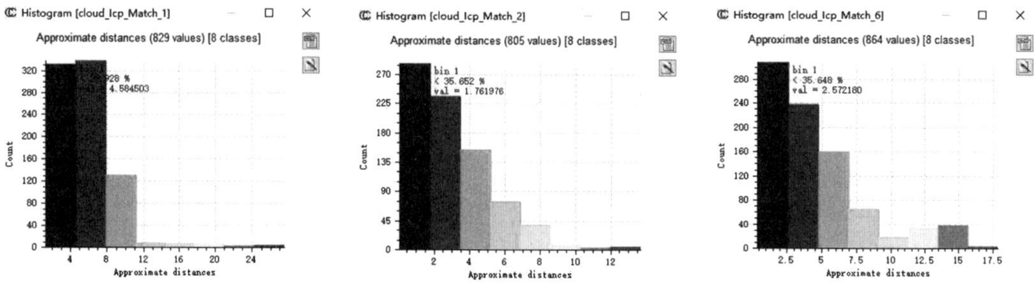

纯点云方法的位姿估计

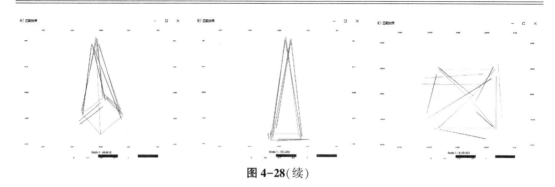

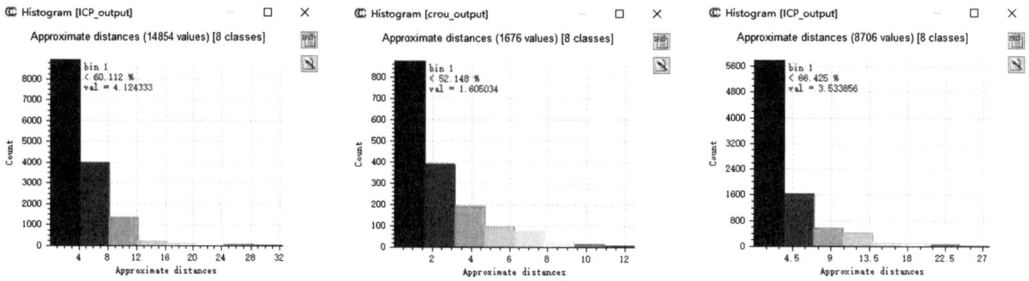

三角锥　　红色积木　　蓝色手机盒

直线重建方法的位姿估计

图 4-29　两种方法估计的位姿到实际模型的距离分布直方图

图 4-29 彩色版

第5章　多关节机器人三维场景动态重建技术

5.1　引　　言

机器人可通过传感器采集周围环境信息，如RGB图像、红外图像、点云图像等，在对目标图像、位姿估计的基础上，可通过仿真技术构建真实环境场景，在场景重构的技术上，便可进一步利用虚拟场景开展后续的环境理解和任务规划等工作。场景重建是多关节机器人智能化的重要基础，本章将通过利用Kinect v2获得采集的RGB-D数据，得到在彩色相机坐标系下描述的点云信息，通过点云的预处理和点云配准将一系列的点云拼接成一个整体，将点集曲面拟合和网格化形成曲面，最后形成真实环境的重建场景。

5.2　基于多角度观测与拼接的三维点云场景重建

为了获得三维信息，需要将深度相机的数据进行处理，同时拼接多幅三维图形，以扫描整个工作场景，这里利用Kinova MICO2搭载RGB-D摄像头在工作空间中按照预定轨迹的移动，来扫描多关节机器人工作场景，获得重建场景的信息。为了提高点云拼接的准确率，这里采用基于实时定位的相机位置与姿态的ICP算法，ICP算法是一种点云拼接算法，而且该算法需要一个初始的点云映射关系，也就是粗匹配，粗匹配的效果很大程度决定了ICP算法最终的匹配效果，所以采取SLAM实时定位的相机位置与姿态作为初始匹配的点云映射关系来提高算法的准确性，通过SVD算法来求解ICP来进行点云拼接。

5.2.1　基于SLAM结果的多角度观测

在实时SLAM的环境下，通过Kinect V2相机进行多角度拍摄，获取待测物体的RGB信息以及深度信息，RGB以及深度信息可以全面地反映具有6个自由度的相机的位置与姿态，对于计算后续的点云重建算法也就是ICP算法的粗匹配具有重要作用。

三维物体的运动过程必然需要深度信息的支持，为了把两片或者多片点云拼接，通常方法是通过旋转和平移把不同坐标系下的点云坐标合并统一到相同坐标系里面，这个算法就是点云配准，这个过程能够用一个矩阵映射 $\boldsymbol{H}$，如下式所示：

$$\boldsymbol{H}=\begin{bmatrix} a_{11} & a_{12} & a_{13} & t_x \\ a_{21} & a_{22} & a_{23} & t_y \\ a_{31} & a_{32} & a_{33} & t_z \\ v_x & v_y & v_z & s \end{bmatrix}=\begin{bmatrix} \boldsymbol{A}_{3*3} & \boldsymbol{T}_{3*} \\ \boldsymbol{V}_{1*3} & \boldsymbol{S} \end{bmatrix} \tag{5-1}$$

式中　$\boldsymbol{A}_{3*3}$——旋转矩阵而且对应元素为 a；

$\boldsymbol{T}_{3*1}$——平移而且对应元素 t；

$\boldsymbol{V}_{1*3}$——透视变换而且对应元素 v；

$\boldsymbol{S}$——比例因子表示形变，不过点云数据只有平移以及旋转的变化，所以将其设置为 1，$\boldsymbol{V}_{1*3}$ 设置为零向量。

所以 $\boldsymbol{H}$ 矩阵也可以设置为下式：

$$\boldsymbol{H}=\begin{bmatrix} R_{3*3} & T_{3*1} \\ O_{1*3} & S \end{bmatrix} \tag{5-2}$$

这里的旋转矩阵和平移矩阵也能够通过下述公式表示：

$$\boldsymbol{R}_{3*3}=\begin{bmatrix} 1 & 0 & 0 \\ 0 & \cos\alpha & \sin\alpha \\ 0 & -\sin\alpha & \cos\alpha \end{bmatrix}\begin{bmatrix} \cos\beta & 0 & -\sin\beta \\ 0 & 1 & 0 \\ \sin\beta & 0 & \cos\beta \end{bmatrix}\begin{bmatrix} \cos\gamma & \sin\gamma & 0 \\ -\sin\gamma & \cos\gamma & 0 \\ 0 & 0 & 1 \end{bmatrix} \tag{5-3}$$

$$\boldsymbol{T}_{3*1}=[t_x \quad t_y \quad t_z]^{\mathrm{T}} \tag{5-4}$$

式中　α、β、γ——点在 x、y、z 轴上旋转的角度；

t_x、t_y、t_z——点在 x、y、z 轴上的偏移量。

运行 SLAM 环境，利用搭载 Kinect V2 相机的机器人分别运行到图中待识别物体周围，并通过不同角度利用 Kinect V2 获取 RGBD 信息，同时记录拍摄点的相机定位数据，如图 5-1 所示。

P1：

$(x,y,z)=(-0.043\,156,0.265\,315,-0.051\,917\,3)$

$(r,p,y)=(0.158\,305,0.422\,55,0.697\,807)$

P2：

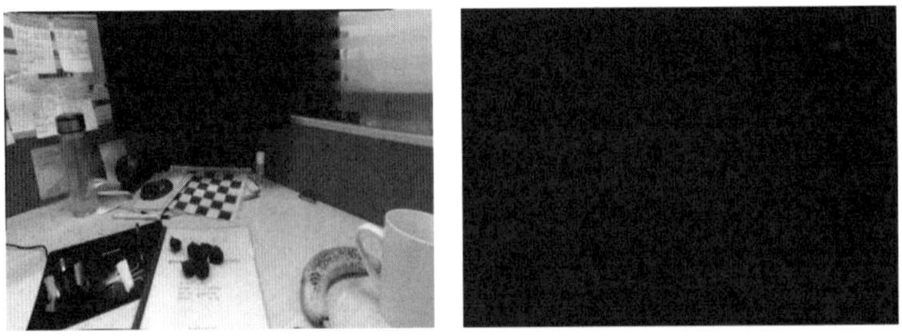

$(x,y,z)=(0.047\,917,0.268\,111,0.187\,796)$

$(r,p,y)=(0.291\,059,0.150\,222,0.423\,666)$

图 5-1　相机的位置姿态与图像

P3：

$(x,y,z)=(0.0895094,0.267797,0.208862)$

$(r,p,y)=(0.232341,0.261524,0.453974)$

图 5-1(续)

获取了相机位置与姿态后,通过上述公式可得到相机的矩阵变换,且通过计算得到由 P1 到 P2 的相机位置与姿态的矩阵变换结果,如表 5-1 所示。

表 5-1　图像间的矩阵变换

P1→P2	$H_{12}=\begin{bmatrix} 0.99997725 & -0.0047744 & 0.004764 & 0.043156 \\ -0.00478545 & 0.999985902 & -0.0022842 & 0.002796 \\ -0.00478551 & 0.002316963 & 0.99998584 & 0.2397133 \\ 0 & 0 & 0 & 1 \end{bmatrix}$
P2→P3	$H_{23}=\begin{bmatrix} 0.999997873 & -0.03035527 & 0.001911473 & 0.0415921 \\ 0.03035324 & -0.999999275 & 0.000058963 & -0.000314 \\ -0.001942585 & -0.0010248 & 0.999997588 & 0.02166 \\ 0 & 0 & 0 & 1 \end{bmatrix}$

5.2.2　基于相机多位姿的点云拼接

1. 基于相机位置姿态粗匹配的 ICP 算法

将获取的 RGBD 图像信息转换为点云图像,如图 5-2 所示。

图 5-2　图像转点云

可以获得相机在每个点处的 RGBD 信息和相应点的全局世界坐标系下的相机位置与姿态，而且能把图像转换为相机坐标系下的点云。以此为基础，用 ICP 算法来进行点云的配准与拼接：加入匹配好的点云 $P=\{p_1,\cdots,p_n\}$，$P'=\{p_1,\cdots,p_n\}$，为了找一个欧式变换 $\boldsymbol{R}$、$\boldsymbol{t}$ 使得任意的点都符合公式(5-5)：

$$p_i=\boldsymbol{R}p_i'+\boldsymbol{t} \tag{5-5}$$

基于相机位置姿态的 ICP 算法步骤：设需要配准的两幅点云分别为 $P=\{p_1,\cdots,p_n\}$，$P'=\{p_1,\cdots,p_n\}$，对两幅点云提取 ISS3D 特征点，构成特征点的点云集合，分别设为 $P_1\in P$，$P_1'\in P'$。通过两幅点云对应的相机位置姿态计算得到两幅点云的旋转矩阵 $\boldsymbol{R}$ 和平移矩阵 $\boldsymbol{t}$。利用当前的 $\boldsymbol{R}$、$\boldsymbol{t}$ 通过欧氏距离寻找 P_1 中的点 p_i 对应于 P' 中的匹配点 p_i'。将已匹配的点云集合 P_1 和 P_1' 中的每个点 p_i 和 p_i' 带入公式(5-6)，这个公式表示匹配点云匹配的误差如下：

$$e=\sum_{i=1}^{n}p_i-(\boldsymbol{R}p'_i+\boldsymbol{t}) \tag{5-6}$$

求解式(5-6)使得 e 最小的解作为当前的 $\boldsymbol{R}$、$\boldsymbol{t}$，如果这个 $\boldsymbol{R}$、$\boldsymbol{t}$ 使得误差 e 小于设定好的阈值或者达到迭代次数的上限，则结束循环。

2. SVD **算法求解** ICP

构建基于相机位置的粗匹配 ICP 算法，其中 ICP 算法中的最优 $\boldsymbol{R}$、$\boldsymbol{t}$ 的求解则需要利用 SVD 算法来求解。先构建最小二乘算式，求使得误差平方和最小的 $\boldsymbol{R}$、$\boldsymbol{t}$，如下式所示：

$$\min_{R,t}\boldsymbol{J}=\frac{1}{2}\sum_{i=1}^{n}\|[p_i-(\boldsymbol{R}p'_i+\boldsymbol{t})]\|_2^2 \tag{5-7}$$

定义两幅点云的质心：

$$p=\frac{1}{n}\sum_{i=1}^{n}(p_i),p'=\frac{1}{n}\sum_{i=1}^{n}(p'_i) \tag{5-8}$$

经过处理并带入质心公式，优化函数可以转换成如下公式：

$$\min_{R,t}\boldsymbol{J}=\frac{1}{2}\sum_{i=1}^{n}\|p_i-p-\boldsymbol{R}(p'_i-p')\|_2^2+\|p-\boldsymbol{R}p'-\boldsymbol{t}\|_2^2 \tag{5-9}$$

上式右边有 $\boldsymbol{R}$ 和 $\boldsymbol{t}$，只和质心有关，所以只要得到 $\boldsymbol{R}$ 就能得到 $\boldsymbol{t}$，所以总结可由下述三步求解：

(1)通过点云坐标计算两幅点云的质心 p、p'，然后得到去掉质心的坐标如下：

$$q=p_i-p,q'=p_i'-p' \tag{5-10}$$

(2)通过该公式计算旋转矩阵如下：

$$\boldsymbol{R}^*=\operatorname{argmin}_R\frac{1}{2}\sum_{i}^{n}\|q_i-\boldsymbol{R}q'_i\|^2 \tag{5-11}$$

(3)由第二步得到的 $\boldsymbol{R}$ 计算 $\boldsymbol{t}$：

$$\boldsymbol{t}^*=\boldsymbol{p}-\boldsymbol{R}\boldsymbol{p}' \tag{5-12}$$

对于 $\boldsymbol{R}$ 的计算，需要展开 R 的误差项然后优化得到

$$\sum_{i=1}^{n}-\boldsymbol{q}_i^{\mathrm{T}}\boldsymbol{R}\boldsymbol{q}'_i=\sum_{i=1}^{n}-\operatorname{tr}(\boldsymbol{R}\boldsymbol{q}'_i\boldsymbol{q}_i^{\mathrm{T}})=-\operatorname{tr}\left(\boldsymbol{R}\sum_{i=1}^{n}\boldsymbol{q}'_i\boldsymbol{q}_i^{\mathrm{T}}\right) \tag{5-13}$$

定义一个矩阵 $\boldsymbol{W}=\sum_{i=1}^{n}\boldsymbol{q}_i\boldsymbol{q}'^{\mathrm{T}}_i$ 是个 3 * 3 的矩阵对，$\boldsymbol{W}$ 进行 *SVD* 分解可得

$$\boldsymbol{W}=\boldsymbol{U}\sum\boldsymbol{V}^{\mathrm{T}} \tag{5-14}$$

式中，$\boldsymbol{U}$、$\boldsymbol{V}^{\mathrm{T}}$ 分别为对角阵矩阵，$\sum$ 为对角矩阵，当 $\boldsymbol{W}$ 满秩时，有

$$\boldsymbol{R}=\boldsymbol{U}\boldsymbol{V}^{\mathrm{T}} \tag{5-15}$$

由上式解得 $\boldsymbol{R}$ 后即可求得 $\boldsymbol{t}$，点云拼接试验拼接流程如图 5-3 所示。

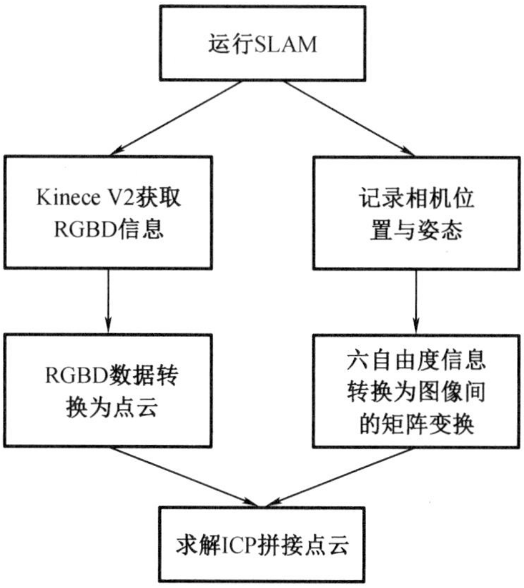

图 5-3　点云拼接流程

根据相机运动模型及标定结果，可得到相机位置与姿态，并通过计算得到图像间的矩阵变换$\boldsymbol{H}_{12}$ 和$\boldsymbol{H}_{23}$，将其代入 ICP 算法，通过 SVD 算法求解精确地矩阵变换如表 5-2 所示。

表 5-2　ICP 算法精配准

P1→P2	$\boldsymbol{H}^*_{12}=\begin{bmatrix}0.9999987 & -0.0048875 & 0.0050741 & 0.041785\\ -0.00414785 & 0.99999744 & -0.0019978 & 0.0030477\\ -0.0044778 & 0.00247852 & 0.99999974 & 0.2517587\\ 0 & 0 & 0 & 1\end{bmatrix}$
P2→P3	$\boldsymbol{H}^*_{23}=\begin{bmatrix}0.99998974 & -0.02947852 & 0.0020485 & 0.0397541\\ 0.03587147 & -0.999998897 & 0.000060477 & -0.000351\\ -0.00207754 & -0.00134875 & 0.999988741 & 0.024267\\ 0 & 0 & 0 & 1\end{bmatrix}$

得到如下精准匹配的点云场景如图 5-4 所示。

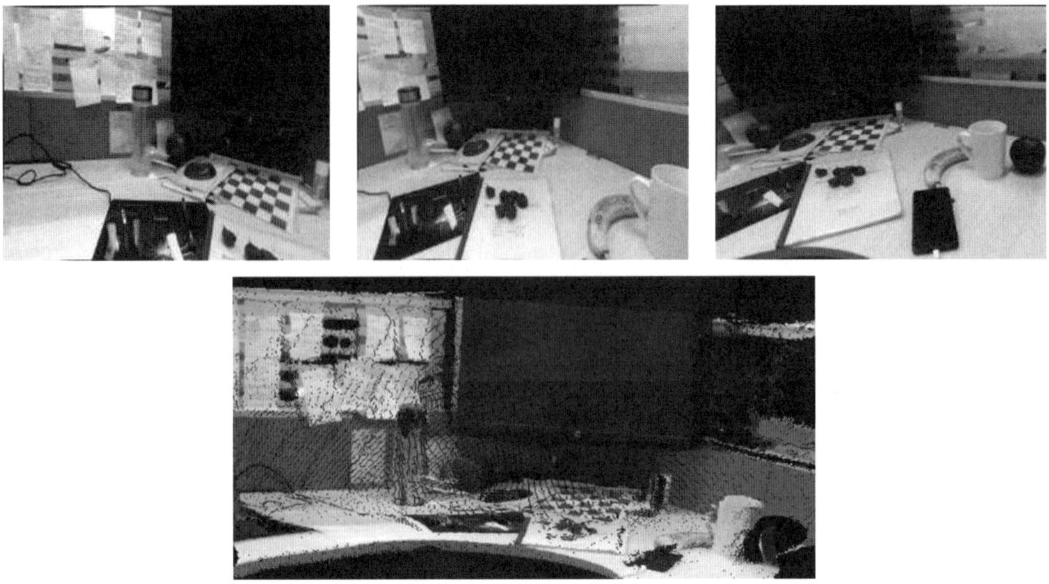

图 5-4　拼接点云

通过实时的 SLAM 方法多角度观测物体，得到待测物体多角度的 RGB-D 信息，还原成点云，并同时记录相机位置与姿态，通过三维空间刚体运动规律得到相邻视角之间的变换矩阵，也就是旋转与平移的变换，作为 ICP 点云配准算法的粗匹配信息，因为 ICP 算法的精确性很大程度受到粗匹配的影响，所以获取精确的相机位置与姿态显得尤为重要，这里通过完善 SLAM 方法得到相机位置与姿态，进行了精确的点云配准。

5.3　基于 RGB 信息与凹凸性特征结合的点云分割方法

考虑到点云数据具有不均匀和高冗余度的数据结构，为了保证点云分割的准确性，对点云场景进行预处理，通过 Kinect V2 获得待识别物体附近的点云，去除背景、去除平面，利用聚类算法进行点云物体的分割，得到每个物体的点云。预处理使得点云场景去除了大量无关信息，提高了点云的处理速度，并减少了噪声，得到了完整且噪声很少的物体点云，为后续识别做好了准备。

5.3.1　超体聚类

超体聚类和体素滤波器中的元素比较相似，实质就是由许多小方块构成，超体聚类可以看作是集合，其中每个元素可以成为“体”，这种方法和之前的分割算法不同，目的不是分割出一个完整的对象，而是把一个空间细分成多个小方块，也就是过度分割，分析小块之间的关系。该算法实质是对局部特征如颜色、纹理、轮廓等相近的区域会聚类到一起。点云与图像的最大区别是点云之间不具备图像那样的相邻关系。因此在做超体聚类前，需要对点云进行处理，通过八叉树的形式进行划分，以此得到点云之间的邻接关系，类似于图像像素间的关系。

超体聚类的过程和结晶过程相似，就像溶液过饱和后导致多晶核结晶，而不是水结成冰那种方式。全部晶核（seed）一起扩展，直到充满全部空间，让物体具备晶体构造，这种方法可以看成是特别方式的区域生长法，而且不是没有限制的生长，超体聚类方法会在整个空间按一定规则分布用来生长的晶核，在空间内均匀布置好晶核，然后设定好晶核距离（R_{seed}）和最小晶粒（MOV），较小的晶粒被较大的晶粒吸收。

设定好各个参数之后，进行结晶就可以把点云空间分开了。实质上就是持续吸收周围粒子的过程，对于类似的定义可用如下公式：

$$D=\sqrt{w_c D_c^2+\frac{w_s D_s^2}{3R_{seed}^2}+w_n D_n^2} \tag{5-16}$$

式中　D_c——颜色的差异程度；

D_n——法线方向的差异程度；

D_s——点与点在距离上的差异程度；

w_c、w_s、w_n——各个变量的权重。

对结晶的形状进行控制，通过对晶核周围的搜索，D 值最小的体素代表最相似，能够被当作下个进行生长的晶核，要注意结晶的过程是空间里的全部晶核一起生长而不是一个一个生长。找到下一个晶核后再重复上一步骤继续寻找，重复循环，当所有晶核生长完成，就将点云分割开，并将相似的点云分割到一起。

5.3.2　凹凸性检验

点云相对于图像最大的特点是具有三维结构，也就是凹凸性，对于二维图像难以理解的性质，对三维图像却很容易理解。对点云空间进行超体聚类的过分割后，在此基础上再聚类，因为超体聚类在通常情况下是不会带入错误信息的，换句话说在此超体聚类后再聚类是很合适的，而且对凹凸性的判断是不需要依靠颜色信息的，所以只需要空间和法线信息，此时令公式（5-17）中 $w_c=0$、$w_s=1$、$w_n=4$。对点云完成超体聚类后，通过计算得到不同小块之间的凹凸性关系，利用 CC 判据来进行计算判别。CC 判据方法是通过相邻的两个面中心连线向量和法向量之间的夹角来决定两个面是凸还是凹。如图 5-5 中 $\alpha_1>\alpha_2$ 判断为凹，否则判断为凸。

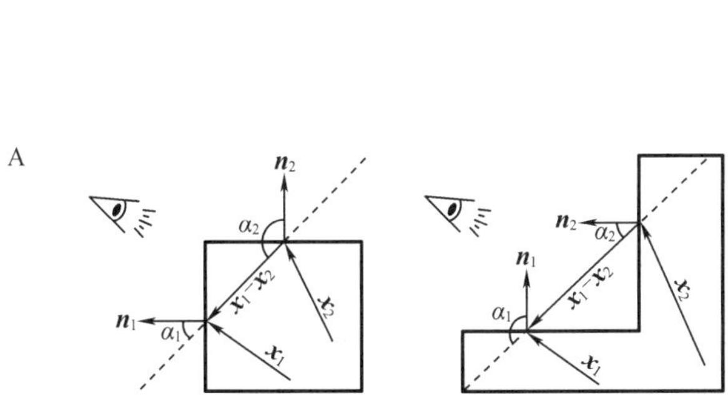

图 5-5　CC 判据图解

因为数据中会有噪声等因素，所以要在真实试验场景中加入上限值来去除比较小的凹凸性判断结果。所以，为了能够去掉一些小噪声造成的误判，再加入一个验证条件，假如该块点云与和相邻的两块点云都相交，那么该点云的凹凸性一定和这相邻的两块相同，该判据用 CC_e 来表示。

$$CC_b(\boldsymbol{p}_i,\boldsymbol{p}_j):=\begin{cases}\text{true}(\boldsymbol{n}_1-\boldsymbol{n}_2)\cdot\hat{d}>0(\beta<\beta_{\text{Thresh}})\\ \text{false otherwise}\end{cases} \tag{5-17}$$

$$CC_e(\boldsymbol{p}_i,\boldsymbol{p}_j)=CC_b(\boldsymbol{p}_i,\boldsymbol{p}_j)\cap CC_b(\boldsymbol{p}_i,\boldsymbol{p}_c)\cap CC_b(\boldsymbol{p}_j,\boldsymbol{p}_c) \tag{5-18}$$

通过上述判据就可以实现凹凸性的检验。

5.3.3 相邻面检验

只通过凹凸性判断来开展聚类工作是不完善的，相邻两个面里，如果他们分别属于两个物体，CC 判据是无法把他们分开的，这里面加入 SC 判据来进行上述物体区分，以上判据此处不做赘述。确定小区域的凹凸关系后，通过区域增长算法开展聚类得到较大物体，该算法会被小的凹凸性限制，只能够让区域沿着凸边增长，至此分割完成。

为了后续处理的准确性，可预处理去除比较复杂的背景，去除背景可以用直通滤波的方法，使用 RANSAC 算法把平面与物体分割开，用基于颜色与凹凸性的聚类方法分割出各个物体，流程如图 5-6 所示。

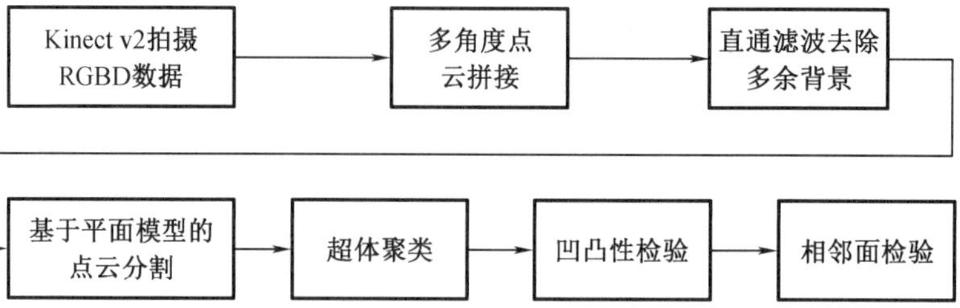

图 5-6 点云分割流程图

利用 Kinect v2 相机获得以下角度的数据，如图 5-7 所示。

通过直通滤波算法将不包含要识别物体的背景去除，在此场景下就是桌子下面多余的电脑机箱部分，结果如图 5-8 所示。

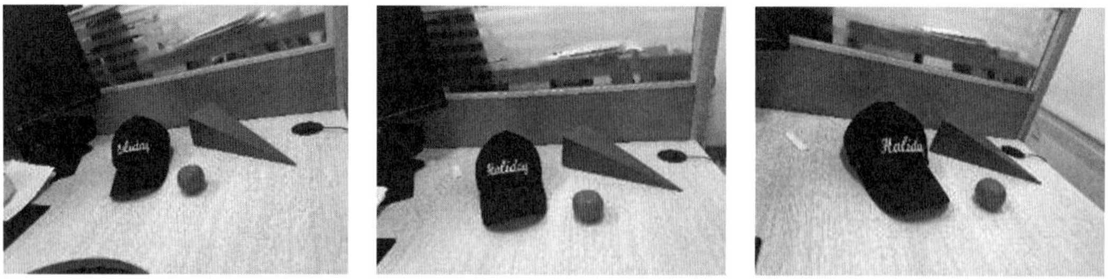

(a) (b) (c)

图 5-7 拼接点云

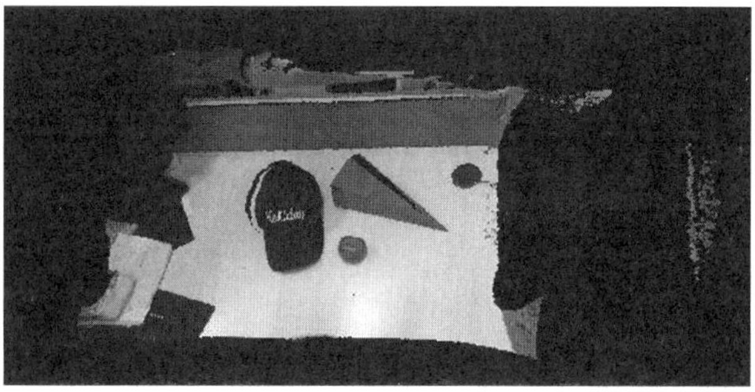

(d)

图 5-7(续)

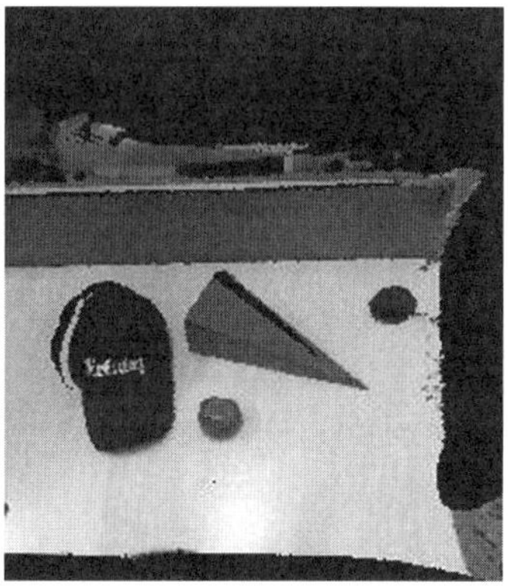

图 5-8　直通滤波后的点云

利用 RANSAC 算法去除图 5-8 中点云场景里的平面,也就是桌面和墙面部分,效果如图 5-9 所示。

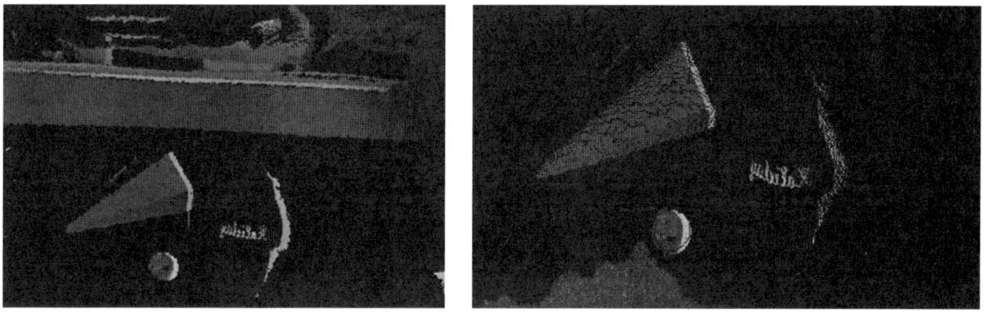

(a)去除桌面　　　　(b)去除墙面

图 5-9　去除平面的点云

通过超体聚类与凹凸性检验和相邻面检测算法对图 5-9 去除后的点云进行处理,分别提取出各个物体,结果如图 5-10 所示。

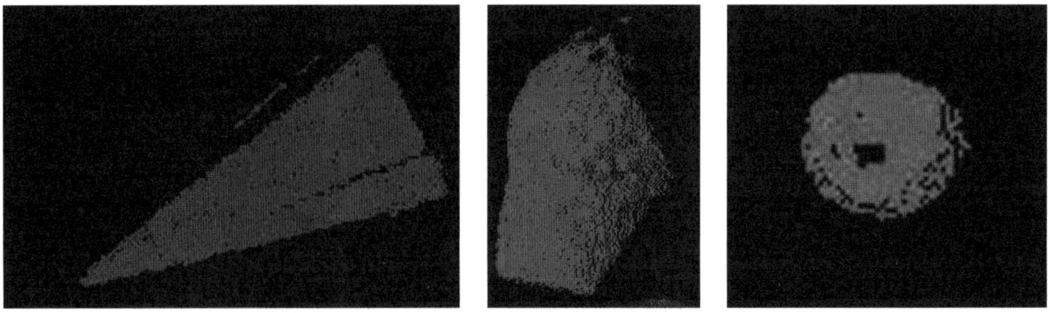

(a)　　　　(b)　　　　(c)

图 5-10　分割结果

5.4　场景重建算法点云配准

在已知的相机姿态下给出多个深度图像条件,可重建出多关节机器人工作场景的三维模型,这个过程被称为密集融合,这里使用 Curless 和 Levoy 的 KinectFusion 方法构建稠密地图,该方法又称为截断符号距离场(TSDF)融合。TSDF(Φ:$R3 \to [\tau,\tau]$)存储了一个场景的体素化表示,其中每个体素编码到最近的表面的距离(以 m 为单位),并包含一个权重值,其中正号距离对应于曲面外的点,负号距离对应于曲面内的点,距离为零的体素隐含地对应于物体的表面。

点云配准是建图算法最终要解决的问题,目的在于融合同一个工作场景的不同视角下测得的点云,以构建整个工作空间的稠密点云。由正运动学容易得到每一个扫描姿态下相机的位姿,可以直接对每一幅点云做位姿变换,让它们全都表示在多关节机器人坐标系下,直接拼接点云,考虑到前文手眼标定的重投影误差,标定出来的 H_{cg} 不精确,那么每一次正运动学计算得到的相机的位姿都是存在误差的,这种情况下对变换后的点云数据直接拼接效果会很差。针对点云总是存在位姿上的误差,需要更加精细地调整点云位姿,或者说以某一幅点云为标准,其他的点云向这幅标准点云做更加精细的对齐。

为了将多个深度的图像融合到一个 TSDF 中,可以计算出投影到场景中的每个深度像素周围的距离场局部线性化,Curless 和 Levoy 提供了一种简单有效的方法计算局部线性化,并用这种方法证明隐式曲面是每个深度图像中的点云的最小二乘最小值。KinectFusion 和其变体算法都使用 TSDF 来进行建图和定位。通过使用 TSDF 的梯度将深度图像的点云与之前构建的地图对齐来计算新的相机姿态,使用类似的方法来估计新的相机位姿,通过将深度图像的点云与之前构建的地图对齐来计算。

5.4.1　对应点匹配条件

如图 5-11 所示,点云$\{q\}$和点云$\{p\}$是对同一个场景下拍摄得到的两幅视角有微小差别的点云,需要通过处理两幅点云中的特征数据将其对准,其实求解的是点云之间的旋转平移变换关系。如图 5-11 所示的两个幅点云 $\{q\}$、$\{p\}$ 是具有形同形状的点集，$\{p\}$ 是 $\{q\}$ 经过旋转平移得到的，现在求解这个变换矩阵。

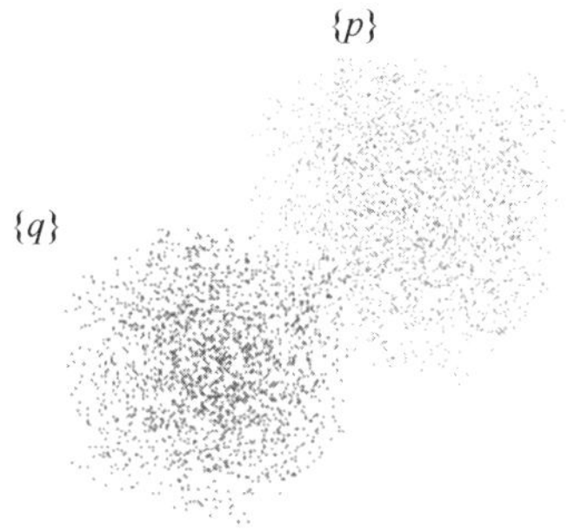

图 5-11　两个形状相同的点集

根据 TSDF 地图的优点，使用的栅格地图里也包含 TSDF 值，在内存中开辟一块三维的地图，用于表示使用的多关节机器人工作场景，实际场景为 1.5 m×1.5 m 的光学标定板工作台，将多关节机器人的工作空间高度设置为 1.5 m，设置栅格地图的分辨率为 2 mm，如图 5-12 所示。

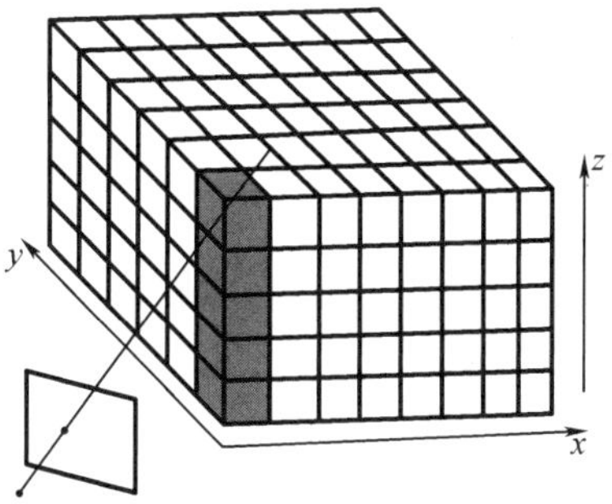

图 5-12　栅格地图

原始的 KinectFusion 点云粗匹配方法：对输入的两幅深度图像做 3 层抽样，用少量的点云做粗匹配，从粗糙点云到计算结构，逐渐计算到精细点云，但是本书中的手眼系统可以通过正运动学直接求解点云的粗略位置，更加节省计算量。对于采样点云的质量的预处理，使用直通滤波截取当前深度相机的视野范围内前方 20~80 cm 距离范围内的点云，上下左右不做限制；启用 RealSense 相机 SDK 内的去除离群点功能，去除噪声点云。KinectFusion 算法采用帧匹配模型的方法，将当前帧深度图像转换成点云，根据上一帧相机位姿，遍历模型投影获取匹配点的方式，而不是采用帧匹配帧方法计算两帧位姿。在遍历整个地图的时候，使用 GPU 多线程的方法，每一个线程遍历上图 z 轴方向上的一组栅格。在从模型投影到深度的过程中，会出现将模型的背面匹配到深度图的情况，在 KinectFusion 里使用的是 TSDF 地图，这也是一种栅格地图，只是在每一个栅格里面添加了 TSDF 值，其大小表示每一个栅格离重建好的表面的距离。这样就能分辨模型的表面了，只有与深度图距离相近的模型表面才能作为匹配点，如图 5-13 所示。

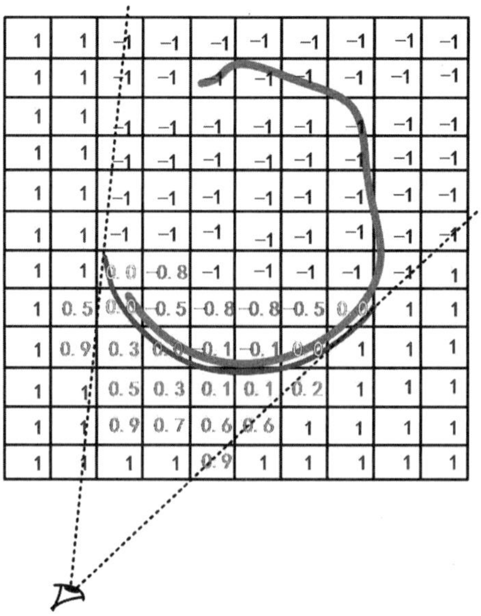

图 5-13　计算 TSDF

图中的红色物体表示相机测量到的点云，蓝色表示已经建好的模型，计算有模型的栅格与测量到的深度图在同一个投影线上的情况对应的符号距离函数值（SDF 值），第 i 个栅格对应的 SDF 值为

$$\mathrm{sdf}_i = \| t_i - v_g \| - D_i(u,v) \tag{5-19}$$

式中　t_i——相机坐标系在全局坐标系下的位置；

v_g——当前遍历到的栅格坐标；

$\| t_i - v_g \|$——当前栅格到相机坐标系的距离；

$D_i(u,v)$——深度图中的像素值。

TSDF 值为

$$\text{if}(\mathrm{sdf}_i>0):$$

$$tsdf_i = \min(1, \mathrm{sdf}_i/\text{max\_truncation})$$

$$\text{else}:$$

$$tsdf_i = \max(-1, \mathrm{sdf}_i/\text{max\_truncation})$$

上式中：max_truncation 是截断距离，可以在调试算法的过程中挑选合适的数值，只有在网格模型中从正到负的穿越点表示重建好的场景表面的点，才能参与 ICP 计算，用于更新一帧地图。

稠密的点云配准前需要找到两幅点云中的对应点，一般有两种解决方法，一个是通过 KD_Tree 查找临近点，另一种方法是投影法匹配点，KinectFusion 使用投影法，如图 5-14 所示。

对于已经建立好的点云模型，遍历已经构建好的点云地图 q_i，每当获取一幅深度图的时候，将其对应的点云 p_i 转换到前一位姿，通过小孔相机模型计算其再前一位姿的深度图中对应的像素点，完成匹配。

$$\frac{1}{z_{q_i}}(u_p, v_p, 1) = KT_{pq}q_i \tag{5-20}$$

式中　u_q、v_q——q_i 对应的像素值，则误差函数表达式可表示为

$$T_{qp}^* = \underset{T_{qp}}{\operatorname{argmin}} \sum_i \left[(T_{qp}p_i - q_i) \cdot \boldsymbol{n}_i \right]^2 \tag{5-21}$$

其中　p_i——当前帧表面点云的第 i 个点；

q_i——表面点云的第 i 个点；

$\boldsymbol{n}_i$——表面点云第 i 个点的法向量；

T_{qp}——将当前帧表面点云转换到表面点云所需要进行的位姿变换。

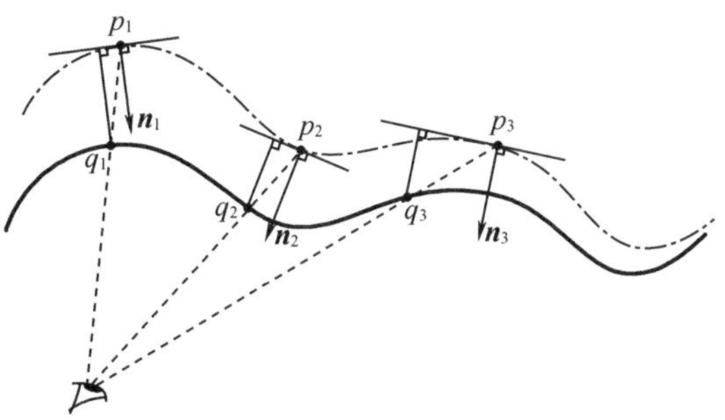

图 5-14　投影距离计算

式(5-21)的直观意义是，在当前帧表面点云中的点 p_i 和表面点云中的一个点 q_i 构成了关联关系之后，误差被定义为点 p_i 到点 q_i 所在表面的切平面的距离，或者也可以理解为点 p_i 到点 q_i 的欧式距离在点 q_i 处法向量上的投影长度$\boldsymbol{n}_i$。

5.4.2　目标函数线性化

式(5-22)中的 $\boldsymbol{T}_{qp}$ 由一个旋转和一个平移组成：

$$\boldsymbol{T}_{qp} = \begin{bmatrix} R & t \\ 0 & 1 \end{bmatrix} = \begin{bmatrix} r_{11} & r_{12} & r_{13} & t_x \\ r_{21} & r_{22} & r_{23} & t_y \\ r_{31} & r_{32} & r_{33} & t_z \\ 0 & 0 & 0 & 1 \end{bmatrix} \tag{5-22}$$

旋转过程可以表示为欧拉角 α、β、γ 的关系式：

$$R(\alpha,\beta,\gamma) = R_z(\gamma) R_y(\beta) R_x(\alpha)$$

结合旋转矩阵和欧拉角的转换关系，式(5-23)中旋转矩阵中的每一项都可以写成关于欧拉角的关系：

$$r_{11} = \cos\gamma\cos\beta$$

$$r_{12} = -\sin\gamma\cos\alpha + \cos\gamma\sin\beta\sin\alpha$$

$$r_{13} = \sin\gamma\sin\alpha + \cos\gamma\sin\beta\cos\alpha$$

$$r_{21} = \sin\gamma\cos\beta$$

$$r_{22} = \cos\gamma\cos\alpha + \sin\gamma\sin\beta\sin\alpha$$

$$r_{23} = -\cos\gamma\sin\alpha + \sin\gamma\sin\beta\cos\alpha$$

$$r_{31} = -\sin\beta$$

$$r_{32}=\cos\beta\sin\alpha$$

$$r_{33}=\cos\beta\cos\alpha$$

上式是一个非线性表达式，在 KinectFusion 中假设了两帧之间的相机运动非常小，即 3 个轴上的旋转角都很小，这意味着得到近似形式：

$$\begin{cases}\sin\theta\approx\theta\\ \cos\theta\approx 1\end{cases}$$

进而对 $\boldsymbol{T}_{qp}$ 中的旋转矩阵进行如下线性化处理：

$$\widetilde{\boldsymbol{T}}_{qp}=\begin{bmatrix}R & t\\ 0 & 1\end{bmatrix}\approx\begin{bmatrix}1 & \alpha\beta-\gamma & \alpha\gamma-\beta & t_x\\ \gamma & \alpha\beta\gamma+1 & \beta\gamma-\alpha & t_y\\ -\beta & \alpha & 1 & t_z\\ 0 & 0 & 0 & 1\end{bmatrix}\approx\begin{bmatrix}1 & -\gamma & -\beta & t_x\\ \gamma & 1 & -\alpha & t_y\\ -\beta & \alpha & 1 & t_z\\ 0 & 0 & 0 & 1\end{bmatrix}$$

那么对于式(5-22)现在获得其近似形式：

$$\boldsymbol{T}_{qp}^{*}=\underset{\widetilde{\boldsymbol{T}}_{qp}}{\operatorname{argmin}}\sum_{i}\left[\left(\widetilde{\boldsymbol{T}}_{qp}\boldsymbol{p}_i-\boldsymbol{q}_i\right)\cdot\boldsymbol{n}_i\right]^2 \tag{5-23}$$

对于第 i 对匹配点，代入式(5-23)，对最终结果提取出 α、β、γ 和 t_x、t_y、t_z 得

$$\begin{aligned}(\boldsymbol{T}_{qp}\cdot\boldsymbol{p}_i-\boldsymbol{q}_i)\cdot\boldsymbol{n}_i&=\left(\boldsymbol{T}_{qp}\cdot\begin{bmatrix}p_{ix}\\ p_{iy}\\ p_{iz}\\ 1\end{bmatrix}-\begin{bmatrix}q_{ix}\\ q_{iy}\\ q_{iz}\\ 1\end{bmatrix}\right)\cdot\begin{bmatrix}n_{ix}\\ n_{iy}\\ n_{iz}\\ 1\end{bmatrix}\\ &=\alpha(n_{iz}p_{iy}-n_{iy}p_{iz})+\beta(n_{ix}p_{iz}-n_{iz}p_{ix})+\gamma(n_{iy}p_{ix}-n_{ix}p_{iy})+t_xn_{ix}+t_yn_{iy}+t_zn_{iz}-\\ &\quad(n_{ix}q_{ix}+n_{iy}q_{iy}+n_{iz}q_{iz}-n_{ix}p_{ix}-n_{iy}p_{iy}-n_{iz}p_{iz})\end{aligned} \tag{5-24}$$

5.4.3 最小二乘 SVD 方式求解

通过上式可以发现，对于其中任意一对点的误差，可以分成三个部分组成：带有因子 α、β、γ 的部分，带有因子 t_x、t_y、t_z 的部分，以及两种因子都不包含的部分，记为 $\boldsymbol{x}=[\alpha\quad\beta\quad\gamma\quad t_x\quad t_y\quad t_z]^{\mathrm{T}}$，若在理想情况下 x 为准确的相机位姿，那么对于第 i 对点的误差为 0，可以写为

$$[\alpha_{i1}\quad\alpha_{i2}\quad\alpha_{i3}\quad n_{ix}\quad n_{iy}\quad n_{iz}]\boldsymbol{x}-\boldsymbol{b}_i=0 \tag{5-25}$$

上式中各变量可表示为

$$\begin{aligned}\alpha_{i1}&=n_{iz}p_{iy}-n_{iy}p_{iz}\\ \alpha_{i2}&=n_{ix}p_{iz}-n_{iz}p_{ix}\\ \alpha_{i3}&=n_{iy}p_{ix}-n_{ix}p_{iy}\\ b_i&=n_{ix}q_{ix}+n_{iy}q_{iy}+n_{iz}q_{iz}-n_{ix}p_{ix}-n_{iy}p_{iy}-n_{iz}p_{iz}\end{aligned} \tag{5-26}$$

对于全部的 N 对匹配点，则有对应矩阵形式如下所示：

$$\begin{bmatrix}a_{11} & a_{12} & a_{13} & n_{1x} & n_{1y} & n_{1z}\\ a_{21} & a_{22} & a_{23} & n_{2x} & n_{2y} & n_{2z}\\ \vdots & \vdots & \vdots & \vdots & \vdots & \vdots\\ a_{N1} & a_{N2} & a_{N3} & n_{Nx} & n_{Ny} & n_{Nz}\end{bmatrix}\cdot\boldsymbol{x}-\begin{bmatrix}b_1\\ b_2\\ \vdots\\ b_N\end{bmatrix}=0 \tag{5-27}$$

上式可以简写成如下形式：

$$\boldsymbol{Ax}-\boldsymbol{b}=0 \tag{5-28}$$

注意到，上述公式所示的最优化问题的终极目标都是使得每一对点的误差之和最小，理想情况下使得误差为 0。因此解 $\boldsymbol{x}^*$ 对应于 $\boldsymbol{T}_{qp}^*$，问题转换成为对上式的求解，由于在实际应用中，ICP 的匹配点个数往往远远多于未知量的个数，因此上式是一个超定方程，一般无解；实际应用中通常求其最小二乘解。

由于矩阵 $\boldsymbol{A}$ 不一定可逆，于是求解上述方程的一个思想就是同求解矩阵 $\boldsymbol{A}$ 的伪逆来求解上述方程组。首先对矩阵 $\boldsymbol{A}$ 进行 SVD 分解：

$$\boldsymbol{A}=\boldsymbol{U\Sigma V}^{\mathrm{T}}$$

得到其伪逆 $\boldsymbol{A}^+$：

$$\boldsymbol{A}^+=\boldsymbol{V\Sigma}^+\boldsymbol{U}^{\mathrm{T}}$$

其中 $\boldsymbol{\Sigma}^+$ 为 $\boldsymbol{\Sigma}$ 中所有不为 0 的元素取逆之后得到，即可以求解前述方程：

$$\boldsymbol{x}^*=\boldsymbol{A}^+\boldsymbol{b}$$

得到 $\boldsymbol{x}$ 之后，使用其中的 α、β、γ 和 t_x、t_y、t_z 来构造 $\boldsymbol{T}_{qp}^*$ 即可。

5.5　场景重建并行化处理

5.5.1　最小二乘求解

前面实现的对非线性旋转的线性化处理，如果不考虑优化问题等价，那么此线性最小二乘问题可以描述为

$$\boldsymbol{x}^*=\min_x\|\boldsymbol{Ax}-\boldsymbol{b}\|^2$$

从数学角度可以证明，上式极小点 $\boldsymbol{x}^*$ 的充要条件是 $\boldsymbol{x}^*$ 是下面方程组的解：

$$\boldsymbol{A}^{\mathrm{T}}\boldsymbol{Ax}=\boldsymbol{A}^{\mathrm{T}}\boldsymbol{b}$$

$$\boldsymbol{Cx}=\boldsymbol{d} \tag{5-29}$$

式(5-29)中

$$\boldsymbol{C}=\boldsymbol{A}^{\mathrm{T}}\boldsymbol{A}$$

$$\boldsymbol{d}=\boldsymbol{A}^{\mathrm{T}}\boldsymbol{b}$$

KinectFusion 中的 ICP 计算是利用 GPU 进行并行加速实现的，对于上述矩阵 $\boldsymbol{A}$ 和向量 $\boldsymbol{b}$ 中的表达，不方便进行并行化，需要进行一些处理。

5.5.2　并行化实现

对于向 $\boldsymbol{p}_i$ 和向量 $\boldsymbol{n}_i$：

$$\boldsymbol{p}_i=\begin{bmatrix}p_{ix}\\p_{iy}\\p_{iz}\end{bmatrix},\boldsymbol{n}_i=\begin{bmatrix}n_{ix}\\n_{iy}\\n_{iz}\end{bmatrix}$$

那么根据向量叉乘的定义，有下式成立：

$$\boldsymbol{p}_i\times\boldsymbol{n}_i=\begin{bmatrix} n_{iz}p_{iy}-n_{iy}p_{iz} \\ n_{ix}p_{iz}-n_{iz}p_{ix} \\ n_{iy}p_{ix}-n_{ix}p_{iy} \end{bmatrix}=\begin{bmatrix} a_{i1} \\ a_{i2} \\ a_{i3} \end{bmatrix}$$

这里做如下定义：

$$\boldsymbol{x}=\begin{bmatrix} r \\ t \end{bmatrix}=\begin{bmatrix} \alpha \\ \beta \\ \gamma \\ t_x \\ t_y \\ t_z \end{bmatrix}$$

将原代价函数中第 i 对匹配点的贡献写成如下形式：

$$(\boldsymbol{T}_{qp}\cdot\boldsymbol{p}_i-\boldsymbol{q}_i)\cdot\boldsymbol{n}_i=\boldsymbol{R}\boldsymbol{p}_i+\boldsymbol{t}-\boldsymbol{q}_i=\boldsymbol{p}_i\times\boldsymbol{n}_i\cdot\boldsymbol{r}+\boldsymbol{n}_i^{\mathrm{T}}\cdot\boldsymbol{t}-(\boldsymbol{q}_i-\boldsymbol{p}_i)\cdot\boldsymbol{n}_i$$

上式可进一步表示为

$$[(\boldsymbol{p}_i\times\boldsymbol{n}_i)\boldsymbol{n}_i^{\mathrm{T}}]\begin{bmatrix} \boldsymbol{r} \\ \boldsymbol{t} \end{bmatrix}-[(\boldsymbol{q}_i-\boldsymbol{p}_i)^{\mathrm{T}}\cdot\boldsymbol{n}_i]=0$$

对于全部的 N 对匹配点，有

$$\begin{bmatrix} (\boldsymbol{p}_1\times\boldsymbol{n}_1)\boldsymbol{n}_1^{\mathrm{T}} \\ (\boldsymbol{p}_2\times\boldsymbol{n}_2)\boldsymbol{n}_2^{\mathrm{T}} \\ \vdots \\ (\boldsymbol{p}_N\times\boldsymbol{n}_N)\boldsymbol{n}_N^{\mathrm{T}} \end{bmatrix}\begin{bmatrix} \boldsymbol{r} \\ \boldsymbol{t} \end{bmatrix}-\begin{bmatrix} [(\boldsymbol{q}_1-\boldsymbol{p}_1)^{\mathrm{T}}\cdot\boldsymbol{n}_1] \\ [(\boldsymbol{q}_2-\boldsymbol{p}_2)^{\mathrm{T}}\cdot\boldsymbol{n}_2] \\ \vdots \\ [(\boldsymbol{q}_N-\boldsymbol{p}_i)^{\mathrm{T}}\cdot\boldsymbol{n}_i] \end{bmatrix}=0$$

因此有下式成立：

$$\begin{aligned}
\boldsymbol{C}&=\boldsymbol{A}^{\mathrm{T}}\boldsymbol{A}\\
&=\begin{bmatrix} \boldsymbol{p}\times\boldsymbol{n}_1 & \cdots & \boldsymbol{p}_N\times\boldsymbol{n}_N \\ \boldsymbol{n}_1 & \cdots & \boldsymbol{n}_N \end{bmatrix}\begin{bmatrix} (\boldsymbol{p}_1\times\boldsymbol{n}_1)\boldsymbol{n}_1^{\mathrm{T}} \\ \vdots \\ (\boldsymbol{p}_N\times\boldsymbol{n}_N)\boldsymbol{n}_N^{\mathrm{T}} \end{bmatrix}\\
&=\begin{bmatrix} \sum\limits_{i=0}^{n}(\boldsymbol{p}_i\times\boldsymbol{n}_i)(\boldsymbol{p}_i\times\boldsymbol{n}_i)^{\mathrm{T}} & \sum\limits_{i=0}^{n}(\boldsymbol{p}_i\times\boldsymbol{n}_i)\boldsymbol{n}_i^{\mathrm{T}} \\ \sum\limits_{i=0}^{n}\boldsymbol{n}_i(\boldsymbol{p}_i\times\boldsymbol{n}_i)^{\mathrm{T}} & \sum\limits_{i=0}^{n}\boldsymbol{n}_i\boldsymbol{n}_i^{\mathrm{T}} \end{bmatrix}\\
&=\sum_{i=0}^{n}\begin{bmatrix} (\boldsymbol{p}_i\times\boldsymbol{n}_i)(\boldsymbol{p}_i\times\boldsymbol{n}_i)^{\mathrm{T}} & (\boldsymbol{p}_i\times\boldsymbol{n}_i)\boldsymbol{n}_i^{\mathrm{T}} \\ \boldsymbol{n}_i(\boldsymbol{p}_i\times\boldsymbol{n}_i)^{\mathrm{T}} & \boldsymbol{n}_i\boldsymbol{n}_i^{\mathrm{T}} \end{bmatrix}\\
&=\sum_{i=0}^{n}\begin{bmatrix} \boldsymbol{p}_i\times\boldsymbol{n}_i \\ \boldsymbol{n}_i \end{bmatrix}[(\boldsymbol{p}_i\times n\boldsymbol{n}_i)^{\mathrm{T}}\quad \boldsymbol{n}_i^{\mathrm{T}}]
\end{aligned}$$

由上式可以发现，矩阵 $\boldsymbol{C}$ 的维度是 6 行 6 列，并且是一个对称矩阵，KinectFusion 中提到了这种对称关系可以节约内存，同时还得到了对于其中每一对匹配点对整个矩阵 $\boldsymbol{C}$ 的贡献，因此可以在 GPU 中使用每一个核函数来单独处理其中一对匹配点的计算。类似地，对于向量 $\boldsymbol{d}$ 如下式所示：

$$\begin{aligned}\boldsymbol{d} &= \boldsymbol{A}^{\mathrm{T}}\boldsymbol{b} \\ &= \begin{bmatrix} \boldsymbol{p}_1 \times \boldsymbol{n}_1 & \cdots & \boldsymbol{p}_N \times \boldsymbol{n}_N \\ \boldsymbol{n}_1 & \cdots & \boldsymbol{n}_N \end{bmatrix} \begin{bmatrix} (\boldsymbol{q}_1 - \boldsymbol{p}_1) \cdot \boldsymbol{n}_1 \\ \vdots \\ (\boldsymbol{q}_N - \boldsymbol{p}_N) \cdot \boldsymbol{n}_N \end{bmatrix} \\ &= \begin{bmatrix} \sum_{i=0}^{n} (\boldsymbol{p}_i \times \boldsymbol{n}_i)(\boldsymbol{q}_i - \boldsymbol{p}_i) \cdot \boldsymbol{n}_i \\ \sum_{i=0}^{n} \boldsymbol{n}_i(\boldsymbol{q}_i - \boldsymbol{p}_i) \cdot \boldsymbol{n}_i \end{bmatrix} \\ &= \sum_{i=0}^{n} \begin{bmatrix} (\boldsymbol{p}_i \times \boldsymbol{n}_i)(\boldsymbol{q}_i - \boldsymbol{p}_i) \cdot \boldsymbol{n}_i \\ \boldsymbol{n}_i(\boldsymbol{q}_i - \boldsymbol{p}_i) \cdot \boldsymbol{n}_i \end{bmatrix}\end{aligned}$$

可以发现向量 $\boldsymbol{d}$ 是一个 6 行 1 列的向量，也得到了其中的每个像素对向量 $\boldsymbol{d}$ 的贡献，可以使用 GPU 对其进行并行处理。综上，GPU 中并行计算得到 $\boldsymbol{C}$ 和 $\boldsymbol{d}$ 后，就可以在 CPU 中求解方程得到的解即为 $\boldsymbol{x}^*$，进而可以得到 $\boldsymbol{T}_{qp}$。

5.5.3　基于移动最小二乘法的曲面拟合

曲面拟合的主要目的是利用三维点云重建形成三维曲面，曲面拟合是一项传统的技术，移动最小二乘法与传统的最小二乘法不同，移动最小二乘法进行曲面拟合的基本思想是先将拟合区网格化，然后利用移动最小二乘法建立的拟合函数求出网格上的节点值，最后连接网格节点形成拟合曲面。移动最小二乘法拟合曲面的程序流程：拟合曲面整体进行网格化；对每个网格点 x 进行循环；确定网格点 x 的影响区域的大小，确定包含在 x 的影响区域内的节点，计算形函数，计算网格点 x 处的节点值；结束网格循环；连接网格点形成拟合曲面。三维点云拟合曲面效果如图 5-15 所示。

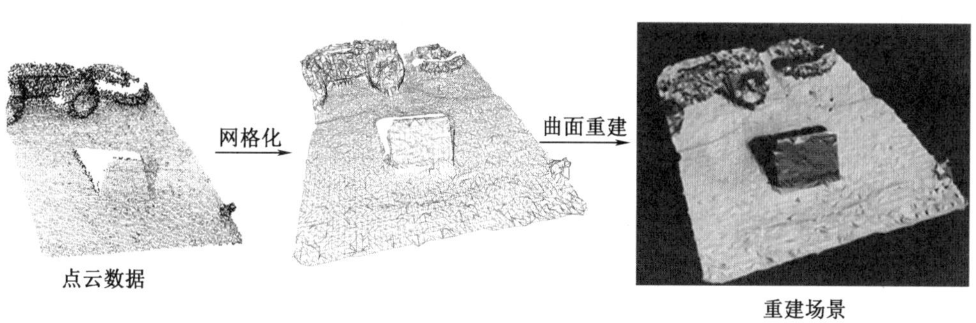

图 5-15　点云曲面拟合

5.6 多关节机器人工作场景重建试验

在 ROS 系统上搭建手眼系统,对 Kinova MICO2 多关节机器人描述文件在系统中获得运动学、动力学和外形数据,在此基础上完成控制多关节机器人在笛卡儿系中运动,利用 Kinect V2 视觉传感器实现了手眼标定,通过点云信息重建场景,基于 ROS 环境,设计手眼系统试验,在 ROS 通信架构下实现多关节机器人控制、深度图与彩色图融合、手眼系统标定、点云数据处理、场景重建等任务。根据前文所述标定 RGB 相机、标定深度相机、对准两个相机图像、获取点云数据,将测量得到的相机内参数、畸变系数作为已知量开展试验。

5.6.1 基础节点

导入多关节机器人 URDF 模型(图 5-16),这里导入模型的原因是为了让 ROS 系统建立 TF 树并且让运动学求解器获得多关节机器人的运动学和动力学参数,图示只是在 Rviz 中可视化多关节机器人的外观,并不是试验设计必需的,Rviz 是 ROS 中一个常用的可视化工具,提供各种节点的可视化接口。

启动 robot_state_publisher 建立 TF 树(图 5-17),TF 可以理解为一个节点,其作用是建立多关节机器人连杆坐标系之间的变化关系,TF 发布连杆间的变换关系建立运动学模型。

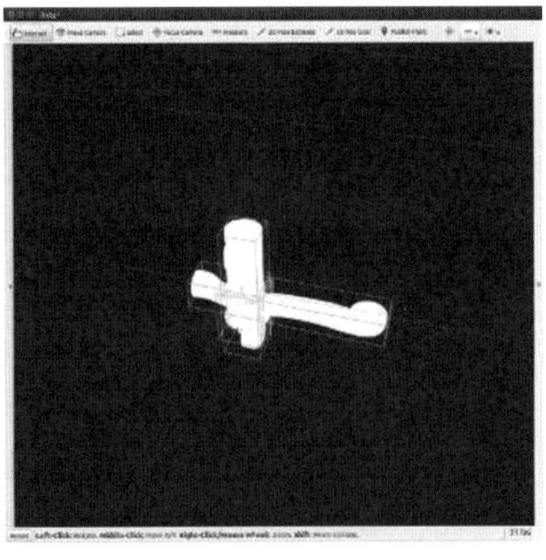

图 5-16 导入 URDF 模型

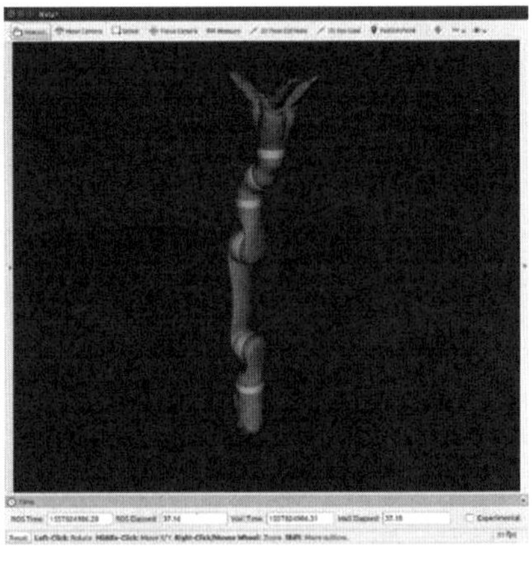

图 5-17 建立 TF

连接真实的多关节机器人,启动 Kinova_bringup 节点建立机器人内置 DSP 与 PC 端的通信,Kinova 的内置 DSP 也可以完成正逆运动学解算,并且可以实现多关节机器人关节空间控制、笛卡儿空间控制、力控制、关节速度控制、手指控制。在试验中发现 Kinova MICO2 多关节机器人的 DSP 控制笛卡儿位姿总是存在误差,而关节角读取没有误差。本试验不使用多关节机器人内置笛卡儿空间控制指令,启动 Moveit 节点获得对多关节机器人的关节空间控制,利用 Moveit 下的 OMPL(open m-otion planning library)进行运动规划,而 OMPL 基于 KDL(kinematics and dynamics library)解算逆运动学、基于 TOPP(time-optimal path parameteri-zation)进行轨迹插值、基于 FCL(flexible collision library)进行碰撞检测,Moveit 提供了 ROS 与 KDL、TOPP、FCL 的接口。启动 Kinect_bridge 节点,该节点在有其他节点订阅其 Topic 时才会发布相关的 Topic,该节点可以发布高清、中高清的 RGB 相机原始图像、深度图像以及对齐的点云消息。

5.6.2　手眼标定节点设计

使用黑白棋盘格标定板的左下角的第一个格点作为坐标系原点如图 5-18 所示。

图 5-18　标定板坐标系

在图像中使用 OpenCV 的 findChessboardCorners 函数找到每一个格点,由于这个函数在寻找格点时使用从左上到右下的方法,所以当相机绕着它的 z 轴旋转一定角度的时候,图像中找的角点顺序可能与在其他图像中找的顺序相反,所以在使用 PnP 法求解时需要人为判定图像中的角点顺序。如图 5-19 所示为错误的角点顺序。

考虑在节点程序设计中加入图像坐标轴渲染,找到图像中第一个角点,并将标定板坐标系$\{W\}$下的 x、y、z 坐标轴的定点(5,0,0)(0,5,0)(0,0,5)变换到图像中,分别用线条与(0,0,0)连接,通过渲染的图像让试验人员判定角点检测顺序是否正确,只有使用正确的角点顺序才能算出正确的相机外矩阵,PnP 法中的角点对应关系必须固定,当图像以右上角的角点为检测到的第一个点时,坐标系原点应该对应图像中的第 35 个点,如果程序没有纠正的话,将会计算出错误的结果。

图 5-19　错误的角点顺序

5.6.3 场景重建节点设计

如图 5-20 所示,启动该节点将会在笛卡儿空间中规划出运动轨迹,该路径是随意选取的,在实际使用中多关节机器人的运动轨迹是随机的,以此模拟实际工况,利用计算出来的多关节机器人位姿和关节角,操作实际机器人,在 Rviz 中显示出以下轨迹,Rviz 与多关节机器人是联动的,各关节状态一致。

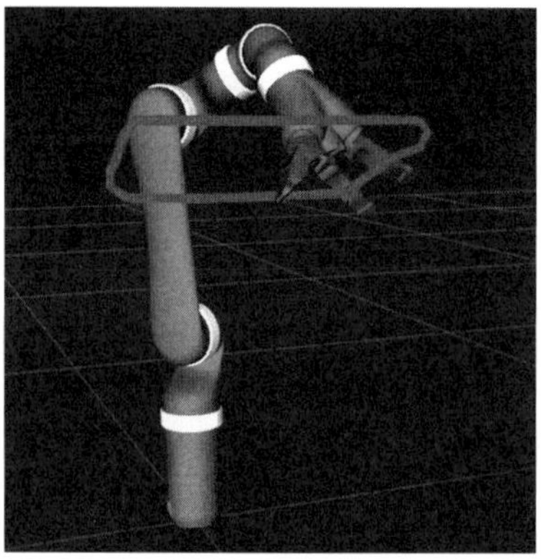

图 5-20 扫描轨迹

场景重建任务设计的思路如图 5-21 所示,在机器人末端运动过的路径中加入停顿,在机器人停顿的间隙采集点云图像,这样可以避免图像因为运动产生模糊。在 kinect_bridge 节点运行发布点云信息时,需要完成点云对齐工作,计算时间较长,所以该节点的延时比其他节点多很多。这一部分程序利用点云的处理时间和机器人移动的时间重叠,在每次移动机器人之后停顿一下,这时候的节点 kinect_bridge 发布的点云与机器人返回的末端姿态信息都是现在停顿时的状态,将点云位姿变换到正运动学的相机位姿下,为 ICP 算法提供更好的初始姿态。

在多关节机器人的工作台上随意放置一些物品作为机器人的工作场景,如图 5-22 所示,然后开启重建节点。

在 Rviz 中订阅/cloud_home 可以观察到场景重建的效果,如图 5-23 所示。

在点云场景重建的过程中,使用当前多关节机器人位姿与标定出的相机相对于多关节机器人末端位姿计算当前点云的初始位姿,完成点云粗对齐,利用 ICP 进行点云精准对齐,其中 ICP 的最大迭代次数设置为 50 次。在结束节点进程时会保存重建出来的点云文件(.pcd 格式)。作为对照,另一组试验只使用 ICP 算法对齐点云,而不使用手眼标定关系处的点云初始位姿,也就是在节点运行过程中不更新流程图中的 T,效果如图 5-24 所示。

可以看出在这组试验过程中除了第一帧的点云在指定位姿外,其他点云都没有配准好,在这组试验运行过程中,将 ICP 迭代的次数设置成了 500 次,相比之前的试验,这一次每一帧的处理时长明显增加,却还是没有完成点云对齐,这里使用的方法可以为点云提供粗对齐,加快迭代速度,减少迭代次数,处理 ICP 法无法对齐的大视差的点云信息。

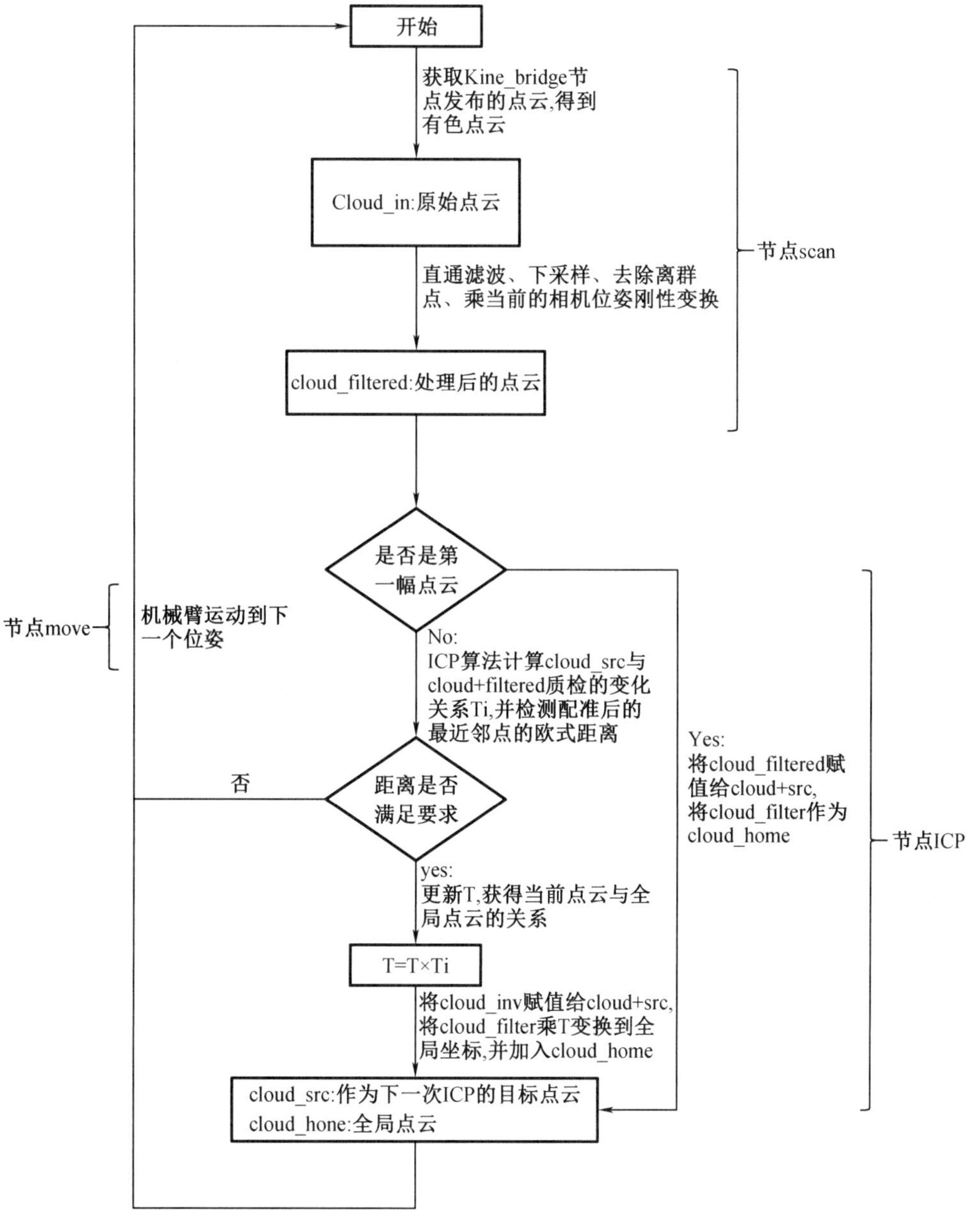

开始
获取Kine_bridge节点发布的点云,得到有色点云
Cloud_in:原始点云
直通滤波、下采样、去除离群点、乘当前的相机位姿刚性变换
cloud_filtered:处理后的点云
节点scan
是否是第一幅点云
No:
ICP算法计算cloud_src与cloud+filtered质检的变化关系Ti,并检测配准后的最近邻点的欧式距离
距离是否满足要求
否
yes:
更新T,获得当前点云与全局点云的关系
T=T×Ti
将cloud_inv赋值给cloud+src,将cloud_filter乘T变换到全局坐标,并加入cloud_home
cloud_src:作为下一次ICP的目标点云
cloud_hone:全局点云
Yes:
将cloud_filtered赋值给cloud+src,将cloud_filter作为cloud_home
节点ICP
节点move
机械臂运动到下一个位姿

图 5-21　重建任务步骤

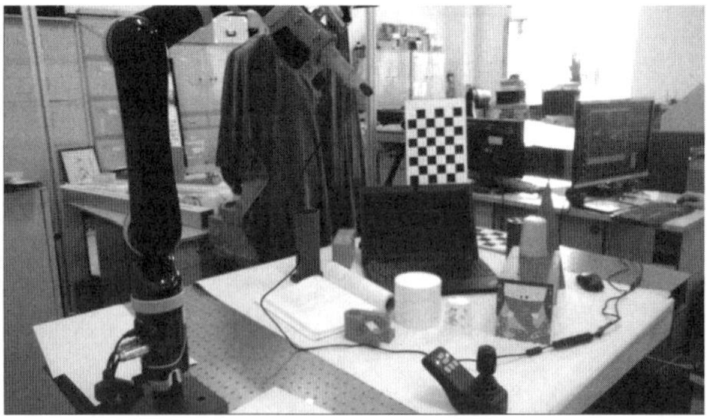

图 5-22　试验场景

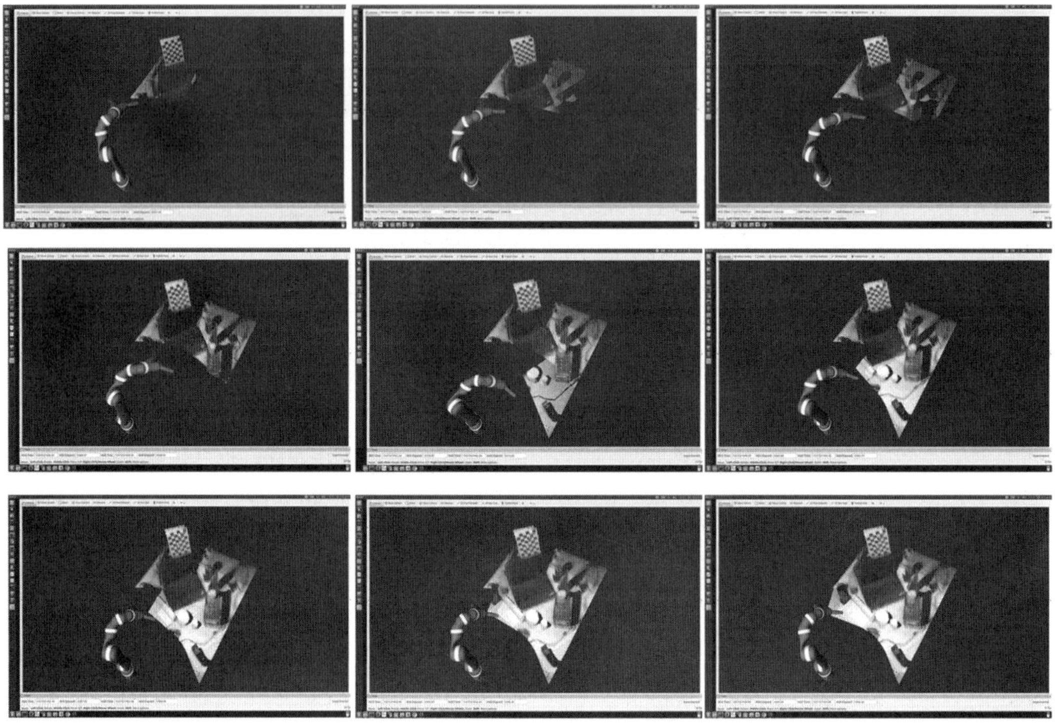

图 5-23　运行场景重建节点

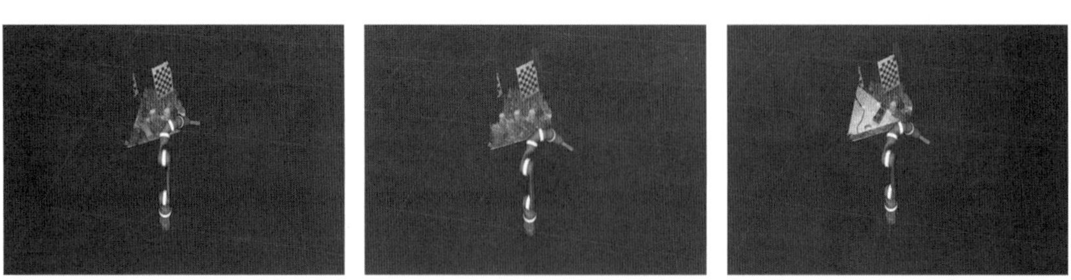

图 5-24　没有正运动学的场景重建效果

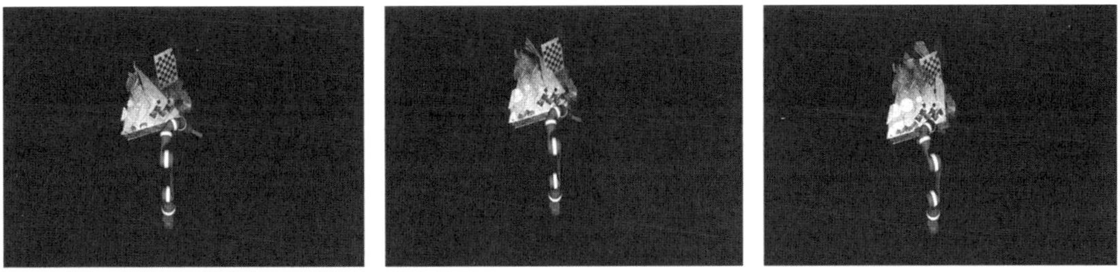

图 5-24(续)

第 6 章　多关节机器人智能轨迹规划技术

6.1 引　　言

多关节机器人的轨迹规划是指对机器人的各关节以及末端位姿开展作业规划设计,一方面使机器人能够消耗更少的能量,完成指定任务,另一方面需要在运动过程中避免碰撞其他物体,为此需要对多关节机器人开展专门的轨迹规划算法设计。

6.2 无障碍条件下笛卡儿空间轨迹规划

6.2.1 笛卡儿空间直线插补

在笛卡儿空间进行直线插补,是指在已知直线的起始点和期望点的位置和姿态的情况下,对直线进行定距插补或定时插补。定距插补是指在直线上每隔一段固定距离就插补一个点,而定时插补是指在运动过程中每隔一段固定周期进行一次插补。定距插补方法的重点在于恒定距离,对于多关节机器人来说,这要求运动时对不同的速度进行时间上的控制,ROS 的 Moveit 包中的 TOPP 算法可以实现此要求。因此本书采用定距插补的方法进行直线的轨迹规划。

如图 6-1 所示,在已知多关节机器人的起始点和目标点的位姿时,对多关节机器人进行直线插补的关键是求出插补的中间点的位姿,而在大多数情况下,多关节机器人进行直线运动时姿态不会发生改变,因此不考虑姿态的插补。

可以根据直线长度 L 来合理选取插补点的个数,设插补点的个数为 N,直线长度 L 的表达式为

$$L=\sqrt{(x_2-x_1)^2+(y_2-y_1)^2+(z_2-z_1)^2} \tag{6-1}$$

在得到插补点的个数 N 之后,相邻插补点的增量可以用下式来表示:

$$\left.\begin{aligned}\Delta x&=\frac{x_2-x_1}{N+1}\\ \Delta y&=\frac{y_2-y_1}{N+1}\\ \Delta z&=\frac{z_2-z_1}{N+1}\end{aligned}\right\} \tag{6-2}$$

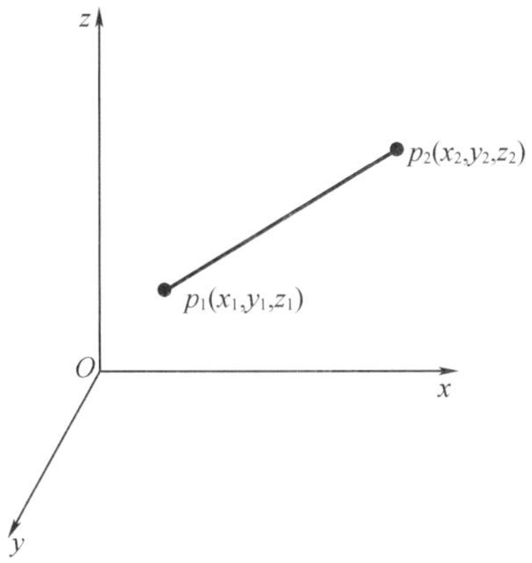

图 6-1　笛卡儿坐标系下的直线轨迹

得到增量之后,插补点的一般表达式坐标可以用下式来表示:

$$\left.\begin{aligned} x_{i+1} &= x_1 + i\Delta x \\ y_{i+1} &= y_1 + i\Delta y \\ z_{i+1} &= z_1 + i\Delta z \end{aligned}\right\} \tag{6-3}$$

其中,$i=0,1,2,3\cdots,N$,插补点的位置坐标为 $P_{i+1}=(x_1+i\Delta x, y_1+i\Delta y, z_1+i\Delta z)$,将插补点的位姿代入运动学逆解中可以得到一系列关节角度的变化,最终通过控制多关节机器人的各关节进行运动达到期望点的位置从而完成机器人的直线插补。

6.2.2　笛卡儿空间圆弧插补

圆弧插补与直线插补不同,根据数学的几何关系,需要三个不共线的点才能在三维空间中确定一个圆,而且由于三维笛卡儿空间描述的复杂性,在进行圆弧插补点的空间坐标计算时,需要用到坐标系变换的原理。为了计算上的简便,先在圆弧所在平面建立一个二维直角坐标系,在这个坐标系中可以计算出圆弧插补点对应的二维坐标值,最后根据坐标变换对应的关系可以将插补点坐标通过矩阵变换映射到三维笛卡儿空间坐标系,完成坐标的求取工作。

如图 6-2 所示,假设机器人的末端执行器从起始点 P_1 经过中间点 P_2 到达期望点 P_3,在这三点不共线的条件下,必然存在一个圆弧同时经过三点,计算圆弧上的插补点在三维笛卡儿坐标系下的坐标表达是圆弧轨迹规划的重点,步骤如下:

(1)根据 P_1、P_2、P_3 求出圆心点 P_0 的坐标及圆弧的半径;

(2)在圆弧平面上建立坐标系,并求出该坐标系与基坐标系之间的变换关系;

(3)根据圆弧的轨迹求出圆弧对应的角度;

(4)利用数学三角函数关系,求出每个插补点的圆弧坐标系坐标,并映射到基坐标系。

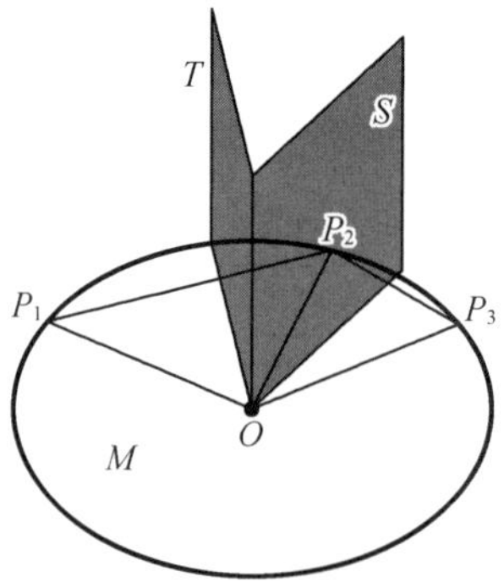

图 6-2　不共线三点确定一圆

首先计算圆心坐标与圆弧的半径,假设空间中的平面方程的基本形式为

$$k_{11}x+k_{12}y+k_{13}z+k_{14}=0 \tag{6-4}$$

则根据 $P_1(x_1,y_1,z_1)$、$P_2(x_2,y_2,z_2)$、$P_3(x_3,y_3,z_3)$ 三点的坐标可以确定平面 M 的平面方程表达式,行列式表示为

$$\begin{vmatrix} x-x_3 & y-y_3 & z-z_3 \\ x_1-x_3 & y_1-y_3 & z_1-z_3 \\ x_2-x_3 & y_2-y_3 & z_2-z_3 \end{vmatrix}=0 \tag{6-5}$$

将式(6-5)展开,可以得到 M 的平面方程的基本形式,系数表达式如下所示:

$$\left.\begin{aligned} k_{11}&=(y_1-y_3)(z_2-z_3)-(y_2-y_3)(z_1-z_3) \\ k_{12}&=(x_2-x_3)(z_1-z_3)-(x_1-x_3)(z_2-z_3) \\ k_{13}&=(x_1-x_3)(y_2-y_3)-(x_2-x_3)(y_1-y_3) \\ k_{14}&=-(k_{11}x_3+k_{12}y_3+k_{13}z_3) \end{aligned}\right\} \tag{6-6}$$

同样,可以得到过 P_1、P_2 的中点与 P_1P_2 垂直的平面 T 的平面方程表达式以及过 P_2、P_3 的中点与 P_2P_3 垂直的平面 S 的平面方程表达式,如下式(6-7)(6-8)所示:

$$\left.\begin{aligned} &k_{21}x+k_{22}y+k_{23}z+k_{24}=0 \\ &k_{21}=(x_2-x_1) \\ &k_{22}=(y_2-y_1) \\ &k_{23}=(z_2-z_1) \\ &k_{24}=\frac{(x_2^2-x_1^2)+(y_2^2-y_1^2)+(z_2^2-z_1^2)}{2} \end{aligned}\right\} \tag{6-7}$$

$$\left.\begin{aligned} &k_{31}x+k_{32}y+k_{33}z+k_{34}=0 \\ &k_{31}=(x_3-x_2) \\ &k_{32}=(y_3-y_2) \\ &k_{33}=(z_3-z_2) \\ &k_{34}=\frac{(x_3^2-x_2^2)+(y_3^2-y_2^2)+(z_3^2-z_2^2)}{2} \end{aligned}\right\} \tag{6-8}$$

可以得到平面 M、S、T 的交点即为圆弧的圆心坐标,因此,联立三个平面方程的表达式

如下所示：

$$\begin{bmatrix} k_{11} & k_{12} & k_{13} \\ k_{21} & k_{22} & k_{23} \\ k_{31} & k_{32} & k_{33} \end{bmatrix} \begin{bmatrix} x_0 \\ y_0 \\ z_0 \end{bmatrix} = \begin{bmatrix} -k_{14} \\ -k_{24} \\ -k_{34} \end{bmatrix} \tag{6-9}$$

即可求出圆心 $P_0(x_0, y_0, z_0)$，如下所示：

$$\begin{bmatrix} x_0 \\ y_0 \\ z_0 \end{bmatrix} = \begin{bmatrix} k_{11} & k_{12} & k_{13} \\ k_{21} & k_{22} & k_{23} \\ k_{31} & k_{32} & k_{33} \end{bmatrix}^{-1} \begin{bmatrix} -k_{14} \\ -k_{24} \\ -k_{34} \end{bmatrix} \tag{6-10}$$

在求出圆心坐标 $P_0(x_0, y_0, z_0)$ 之后，可以得到圆弧的半径，见下式：

$$r = \sqrt{(x_1 - x_0)^2 + (y_1 - y_0)^2 + (z_1 - z_0)^2} \tag{6-11}$$

在圆弧平面建立坐标系，命名为 O_1-UVW 坐标系，求出坐标变换矩阵，以 $P_0(x_0, y_0, z_0)$ 为原点 O_1，过原点 O_1 的平面 M 的法向量为 W 轴方向，$\overrightarrow{P_0P_1}$ 为 U 轴方向，由 W 轴和 U 轴方向根据右手法则可得到 V 轴方向。根据平面 M 的法向量和 $\overrightarrow{P_0P_1}$ 的方向可以得到 W 轴和 U 轴的方向余弦，进而得到 V 轴的方向余弦，如下所示：

$$\boldsymbol{w} = \begin{bmatrix} \dfrac{k_{11}}{\sqrt{k_{11}^2 + k_{12}^2 + k_{13}^2}} & \dfrac{k_{12}}{\sqrt{k_{11}^2 + k_{12}^2 + k_{13}^2}} & \dfrac{k_{13}}{\sqrt{k_{11}^2 + k_{12}^2 + k_{13}^2}} \end{bmatrix}^{\mathrm{T}}$$

$$\boldsymbol{u} = \begin{bmatrix} \dfrac{x_1 - x_0}{r} & \dfrac{y_1 - y_0}{r} & \dfrac{z_1 - z_0}{r} \end{bmatrix}^{\mathrm{T}}$$

$$\boldsymbol{v} = [\, w_y * u_z - w_z * u_y \quad w_z * u_x - w_x * u_z \quad w_x * u_y - w_y * u_x \,]^{\mathrm{T}} \tag{6-12}$$

根据 UVW 三轴的方向余弦可以建立 O_1-UVW 坐标系与基坐标系之间的变换矩阵，如下所示：

$$\boldsymbol{T}_R = \begin{bmatrix} u_x & v_x & w_x & x_0 \\ u_y & v_y & w_y & y_0 \\ u_z & v_z & w_z & z_0 \\ 0 & 0 & 0 & 1 \end{bmatrix} \tag{6-13}$$

变换矩阵可以使基坐标系下的空间圆与 O_1-UVW 坐标系下的平面圆相互转换，有利于插补点的后续计算，在计算圆弧对应的角度之前，先将 P_0、P_1、P_2、P_3 的坐标从基坐标系变换至 O_1-UVW 坐标系下，假设 P_0、P_1、P_2、P_3 在 O_1-UVW 坐标系下的坐标分别为 (u_0, v_0, w_0)，(u_1, v_1, w_1)，(u_2, v_2, w_2)，(u_3, v_3, w_3)，则求解坐标如下所示：

$$\begin{bmatrix} u_1 \\ v_1 \\ w_1 \end{bmatrix} = \boldsymbol{T}_R^{-1} \begin{bmatrix} x_1 \\ y_1 \\ z_1 \end{bmatrix}$$

$$\begin{bmatrix} u_2 \\ v_2 \\ w_2 \end{bmatrix} = \boldsymbol{T}_R^{-1} \begin{bmatrix} x_2 \\ y_2 \\ z_2 \end{bmatrix}$$

$$\begin{bmatrix} u_3 \\ v_3 \\ w_3 \end{bmatrix} = \boldsymbol{T}_R^{-1} \begin{bmatrix} x_3 \\ y_3 \\ z_3 \end{bmatrix} \tag{6-14}$$

式中，$u_0 = v_0 = w_0 = w_1 = w_2 = w_3 = 0$，$u_1 = r$，在得到 O_1-UVW 坐标系下的新坐标之后，可以得到圆弧上各点在 O_1-UVW 坐标系下的坐标位置，通过 O_1-UVW 坐标系与基坐标系之间的变换关系可以得到圆弧上这些点在基坐标系下的位置，从而完成圆弧轨迹规划。但在将圆弧轨迹变换为基坐标系下的轨迹之前，在二维坐标系中先确定圆弧的旋转角度与方向，旋转方向可由 P_1、P_2、P_3 的顺序进行确定，旋转角度由 P_3 的二维坐标进行计算，如下：

$$\theta = \angle P_3 O_1 P_1 = \arctan \frac{v_3}{u_3} \tag{6-15}$$

由以上计算可以得到 O_1-UVW 坐标系下的各插补点的坐标 (u_i, v_i, w_i)，假定插补点个数为 N，则在 O_1-UVW 坐标系下的插补点坐标计算如下：

$$\left.\begin{aligned} \Delta\theta &= \frac{\theta}{N+1} \\ u_i &= r * \cos(i * \Delta\theta) \\ v_i &= r * \sin(i * \Delta\theta) \end{aligned}\right\} \tag{6-16}$$

式中，$i = 0, 1, 2\cdots, N$，且插补点坐标中 w_i 恒等于 0。在得到插补点坐标的平面形式之后，可以通过坐标变换矩阵 $\boldsymbol{T}_R$ 将其映射至基坐标系，设插补点坐标在基坐标系下为 $P_i(x_i, y_i, z_i)$，映射关系可表示为

$$\begin{bmatrix} x_i \\ y_i \\ z_i \end{bmatrix} = \boldsymbol{T}_R \begin{bmatrix} u_i \\ v_i \\ w_i \end{bmatrix} \tag{6-17}$$

在得到基坐标系下各个插补点的位置后，可以根据插补点的位姿通过运动学逆解求出插补点对应的关节角变化，最终通过控制机器人的各关节进行运动达到期望点的位置从而完成机器人的圆弧插补。

6.2.3 笛卡儿空间圆形轨迹规划

在圆弧轨迹基础上可开展圆形轨迹规划任务，插补方法有不同的种类，这里只讨论一种，且做一个完整的圆形轨迹规划。圆弧插补不同于直线插补，圆由多关节机器人工作空间内可达的不共线的三点确定。在计算圆弧插补点的空间坐标时需要齐次坐标系变换的原理。首先是在圆平面上建立一个二维直角坐标系，在坐标系原点与圆心重合，然后在圆上插值，把插值后的这些二维平面点的坐标映射到世界坐标系，完成坐标的求取工作。最后求解这些点对应的逆运动学中的关节角，按照一定的时间间隔把这些关节变量输入到多关节机器人中，完成圆形轨迹规划。

假设多关节机器人的可到达的空间中存在不共线的三点，那么必然存在一个圆同时经过三点，这就是期望的圆形。计算圆弧上的插补点并扩充到整个圆上，这在三维笛卡儿坐标系下的坐标表达是重点，步骤如下：

(1)求出圆心坐标以及半径；

(2)建立以圆心为坐标原点的二维平面坐标系，选择 Z 轴方向，求出该坐标系与基坐标系之间的复合变换矩阵；

(3)利用数学三角函数计算圆上每个插补点的二维坐标，并通过变换矩阵转换到世界坐标系下。

在多关节机器人的工作三维空间中，选定 3 个点 $P_1(x_{c1}, y_{c1}, z_{c1})$、$P_2(x_{c2}, y_{c2}, z_{c2})$ 和 $P_3(x_{c3}, y_{c3}, z_{c3})$，将这 3 点确定的唯一平面记为 α，该平面表示为

$$Ax+By+Cz+D=0 \tag{6-18}$$

在平面 α 上分别求取两条线段 P_1P_2 与 P_2P_3 的垂直平分线，垂直平分线的交点就是圆心 $O(x_{co}, y_{co}, z_{co})$。建立平面坐标系，再推导出圆所在坐标系的相应齐次变换矩阵为

$$ {}_{c}^{0}\boldsymbol{T}=\begin{bmatrix} n & o & a & p \\ 0 & 0 & 0 & 1 \end{bmatrix} \tag{6-19}$$

若每次插补的角度位移量为 $\Delta\theta$，则插补次数为

$$N=2\pi/\Delta\theta+1 \tag{6-20}$$

圆形的插补为

$$\begin{cases} x_{i+1}=x_i\cos\ \Delta\theta-z_i\sin\ \Delta\theta \\ z_{i+1}=z_i\cos\ \Delta\theta+x_i\sin\ \Delta\theta \end{cases} \tag{6-21}$$

式中，$i=1,2,3,\cdots,N$。对于圆所在坐标系上任意点 P 的齐次坐标$[x_c, y_c, z_c]^{\mathrm{T}}$，可通过齐次变换将其转化到基坐标系$(x_0, y_0, z_0)$下：

$$[x_0, y_0, z_0]^{\mathrm{T}}={}_{c}^{0}\boldsymbol{T}[x_c, y_c, z_c]^{\mathrm{T}} \tag{6-22}$$

就可将坐标系 $x_cy_cz_c$ 中圆上的点变换到基坐标系上。

6.2.4　多关节机器人任务规划试验

在 Moveit 中仿真时，可以通过显示轨迹清晰地看到 Kinova 机器人的末端执行器运动的轨迹，从而验证笛卡儿空间轨迹规划的正确性，当连接真实机器人进行控制时，由于缺少参照，难以直观演示轨迹规划的结果，因此，使 Kinova 机器人的机械爪夹持一根碳素笔，然后当对机器人进行运动控制时，在机器人相对的平面前放置一张 A4 纸，如图 6-3 所示，碳素笔会在纸上画出相应的运动轨迹，从侧面验证轨迹规划的结果。

图 6-3　机器人在纸上画出轨迹

1. 直线插补试验

由前面直线轨迹规划原理编写程序,使机器人从初始位姿沿一条直线运动至目标点。在这个过程中,机器人的每个路径点的笛卡儿空间坐标都会进行逆运动学的求解,并由TOPP 算法加入时间、速度和加速度的约束,形成一条完整的空间轨迹。

根据返回的轨迹信息,可以通过 *Qt* 工具箱画出关节角对应的变化曲线,以关节 3 为例,如图 6-4 所示,其中 *y* 轴表示关节角的弧度值,*x* 轴表示时间,重点关注关节角的变化情况。

对图 6-4 中直线插补时关节角的变化曲线进行分析,可以得出结论,机器人在进行直线运动过程中各个关节可以平滑地运动达到目标点。

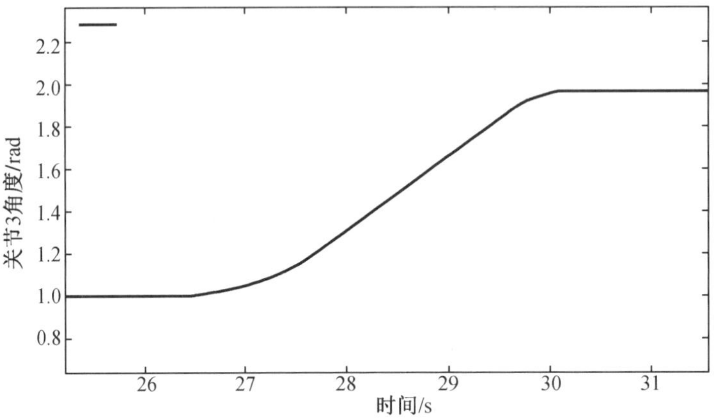

图 6-4　关节 3 变化曲线

将机器人的末端执行器在 Rviz 界面的运动轨迹进行表示,机器人夹持碳素笔在 A4 纸上留下的轨迹,两者对比分别如图 6-5、图 6-6 所示。

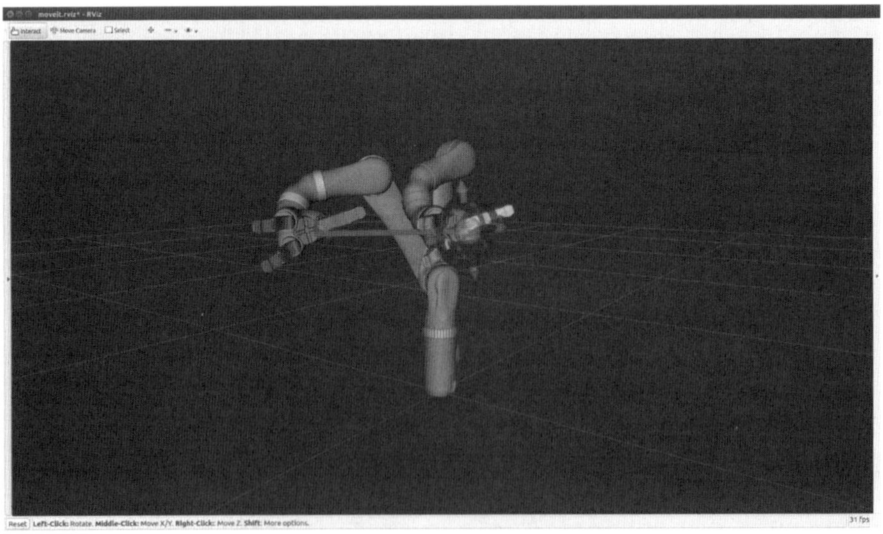

图 6-5　机器人直线规划仿真轨迹

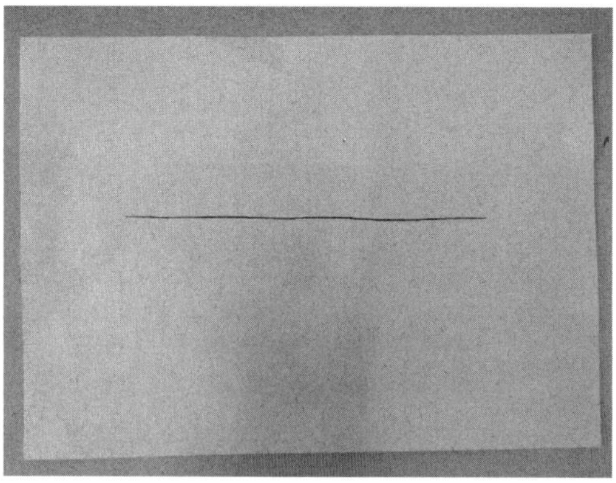

图 6-6　机器人直线规划真实轨迹

通过对比可以看到,碳素笔在纸上得到的直线轨迹并不平整,与仿真轨迹略有偏差,这是因为机器人相对纸面进行运动时有一定的抖动,不能完全反馈出真实的运动轨迹。

2. 圆弧插补试验

圆弧插补试验的过程与直线插补类似,在编写程序控制机器人沿圆弧运动后,可以根据机器人的轨迹信息画出各个关节的变化信息,同样以关节 3 的关节角变化为例,如图 6-7 所示。

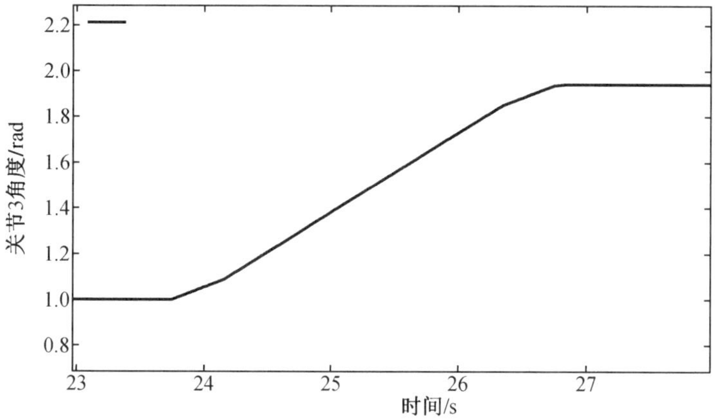

图 6-7　关节 3 变化曲线

由圆弧轨迹规划时各关节的变化曲线可以得出结论,机器人在圆弧轨迹规划过程中各个关节可以平滑地运动到目标点的关节位置,进而完成轨迹规划。

将圆弧轨迹规划在 Rviz 界面中的仿真轨迹与真实轨迹对比如图 6-8、图 6-9 所示。

与直线轨迹相同,由于碳素笔跟随机器人运动的过程中相对纸面存在一定的抖动,因此画出的真实轨迹并不平滑,相比仿真轨迹略有偏差。

3. 圆形轨迹规划试验

借助于齐次变换矩阵公式,完成位姿变换,做到笛卡儿空间上的圆轨迹这一目标。这个试验的验证过程,也是在 Moveit 和 RVIZ 软件上进行控制并实现和展示的。机器人上的末端执行器也就是机械爪部分完成圆轨迹运动时，机器人的部分关节角度变化如图 6-10 所示。

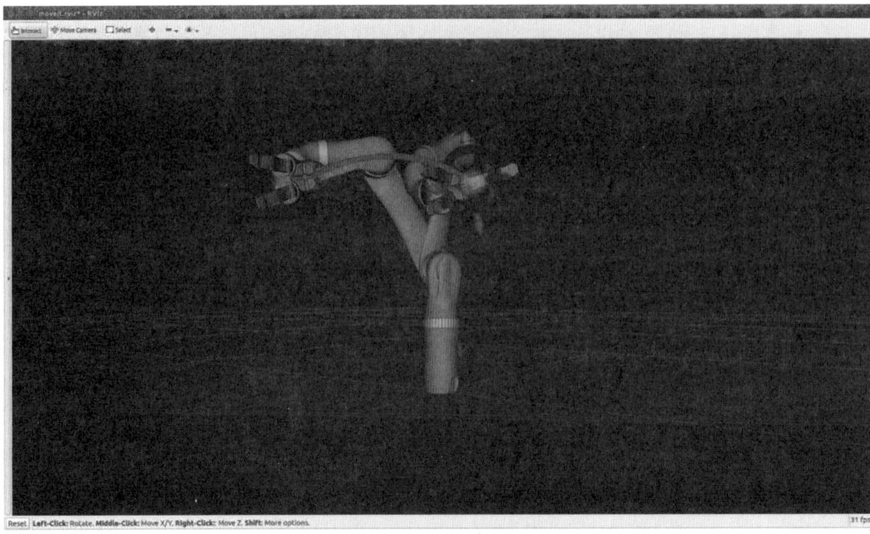

图 6-8　圆弧仿真轨迹

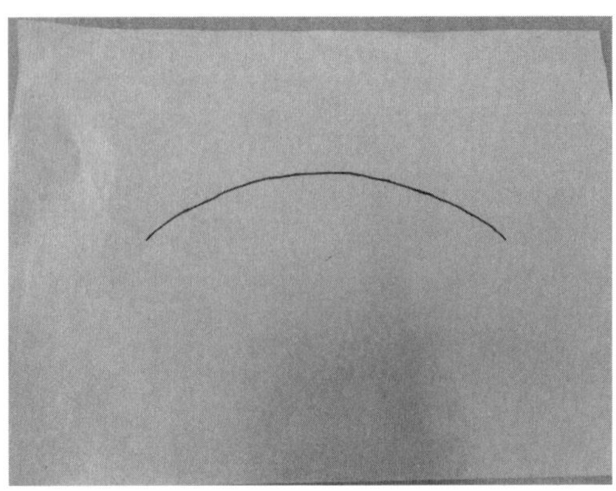

图 6-9　圆弧真实轨迹

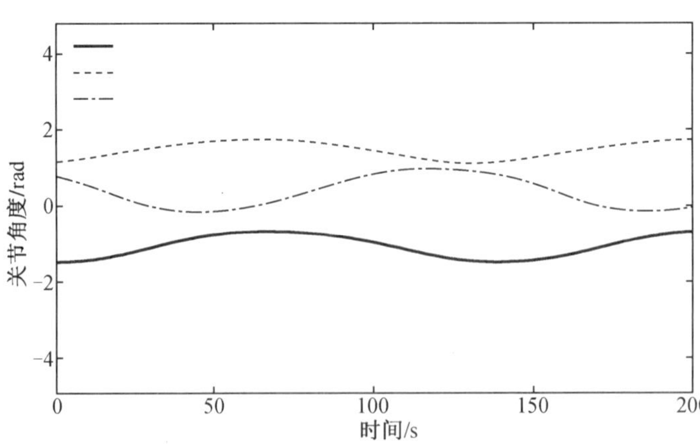

图 6-10　关节 1,3,6 的角度变化

在 Moveit 中仿真中,可以通过显示轨迹清晰地看到 Kinova 机器人的末端执行器运动轨迹。

图 6-10、图 6-11 展示了轨迹规划过程中部分关节角的变化以及在机器人在仿真环境下的圆形轨迹规划。

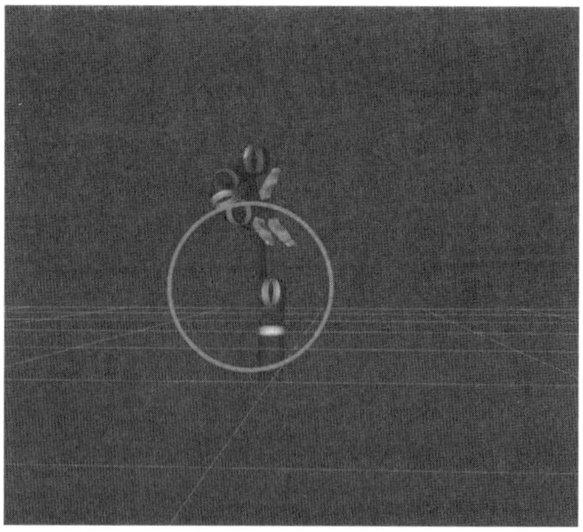

图 6-11　圆形轨迹展示

4. 轨迹规划综合试验

当在空间中规划一条直线路径的时候,只用直线起点和终点位姿的逆解控制机器人关节角,大概率下机器人末端并不是走直线路径的,而且存在碰撞风险。解决方法是在笛卡儿空间中的两点间插入多个点,分别对这些点的逆运动学求解,这样在关节空间中就会生成一系列对应的关节角,由于在本试验中使用的是优化法求解逆运动学的解,并不具有完备性,解算出来的两个相邻的路径点对应的关节角可能差很多,例如希望解出角度 θ,却解出了 $2\pi-\theta$,这时机器人就不会产生期望的直线路径了,所以这里不去对直线路径进行规划,而仅规划起止点间的随机路径。

在本试验中不考虑空间中的障碍物,只考虑机器人自身连杆之间的碰撞风险。在路径规划时需要建立机器人位型空间(configuration space,又称构型空间),对于 Kinova MICO2 来说,关节变量向量 $\boldsymbol{q}=[\theta_1\quad\theta_2\quad\theta_3\quad\theta_4\quad\theta_5\quad\theta_6]^{\mathrm{T}}$ 的任意取值就是一个位型,取遍所有值就组成了位型空间。根据前文,机器人上的任意一点的笛卡儿位置都可以通过正运动学求解,对于每一个属于机器人上的点,求解所有可能的关节变量向量 $\boldsymbol{q}$ 对应的位置并判断是否存在碰撞,去除存在碰撞的位型就得到了无碰撞位型空间。

这里利用 OMPL(open motion planning library)来规划路径并生成轨迹,在 OMPL 中主要实现了基于采样的规划算法求解器,使用随机化采样的方法,在高自由度系统或复杂动力学场景中是非常有效的,在本试验中使用几个随意笛卡儿位姿作为采样点,实现扫描任务,采样点位姿如表 6-1 所示。

表 6-1　采样点的机器人位姿

位姿	x/m	y/m	z/m	R/rad	P/rad	Y/rad
1	0.281 71	-0.221 48	0.429 640	-2.252 51	-0.327 77	2.992 12
2	0.280 83	-0.221 06	0.323 14	-2.159 99	-0.321 73	3.000 39
3	0.370 72	-0.221 98	0.231 84	-2.071 56	-0.434 12	2.928 98
4	0.171 09	-0.195 53	0.256 66	-2.180 22	-0.078 81	2.863 92
5	0.112 41	-0.265 34	0.368 49	-2.296 29	-0.070 20	-3.088 35
6	0.076 034	-0.232 21	0.528 89	-2.454 86	-0.093 11	-3.045 34
7	-0.255 77	-0.274 29	0.379 94	-2.251 59	-0.267 10	-2.469 18
8	-0.310 82	-0.215 99	0.219 023	-2.168 60	-0.127 12	-2.477 10
9	-0.295 75	-0.256 85	0.071 580	-2.099 40	-0.276 55	-2.519 69

在每一个采样点停顿一秒拍摄图像,可以得到末端位姿相对于时间的变化,如图 6-12、图 6-13 所示。

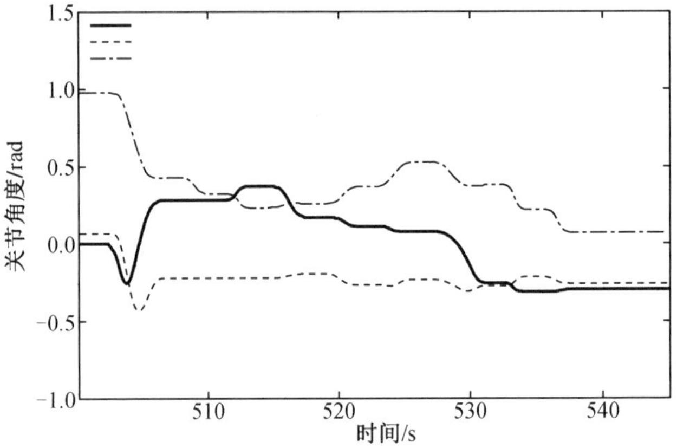

图 6-12　运动过程中末端位置变化

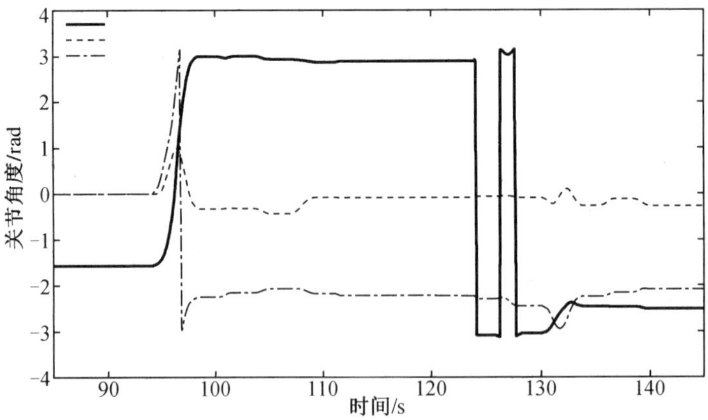

图 6-13　运动过程中末端姿态变化

对应表 6-1 求解逆运动学,求得的每一个姿态对应的 6 个关节角如表 6-2 所示。

表 6-2　采样点的关节角　　单位：rad

序号	1	2	3	4	5	6
1	3. 157 78	3. 642 54	2. 210 58	-0. 112 52	2. 578 63	0. 817 52
2	3. 129 98	3. 688 37	1. 544 16	0. 327 79	1. 863 25	0. 698 11
3	3. 129 98	3. 688 37	1. 544 16	0. 327 79	1. 863 25	0. 698 11
4	3. 063 18	3. 499 402	0. 771 58	0. 565 55	1. 383 41	0. 120 55
5	3. 620 86	2. 957 55	0. 879 25	0. 731 53	1. 056 71	1. 255 5
6	3. 543 74	2. 946 96	2. 114 64	-0. 288 59	2. 479 79	1. 506 88
7	5. 964 43	3. 618 10	2. 244 98	-1. 760 59	2. 266 98	4. 161 5
8	6. 131 05	4. 036 95	2. 209 30	-1. 653 18	2. 196 86	4. 551 93
9	6. 042 36	4. 411 43	2. 134 43	-1. 554 94	1. 680 93	5. 242 64

同样可以得到关节角随时间的变化关系，如图 6-14 所示。

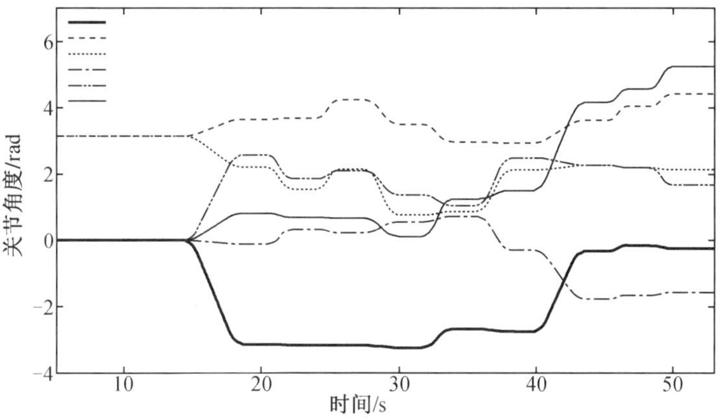

图 6-14　运动过程中关节角变化

图 6-14 中的曲线序号 0~5，分别对应着关节 1~6。

6.3　有障碍条件下多关节机器人避障路径规划

6.3.1　避碰路径规划概述

多关节机器人的避碰路径规划问题的研究，包含环境建模技术、碰撞检测算法、路径规划方法等，其中环境建模主要研究怎样有效地描述机器人或环境物体的信息，前面章节已介绍相关技术，此处不再赘述。碰撞检测研究机器人与环境或自身的干涉问题，路径规划方法考虑的是在环境建模和碰撞检测的基础上搜索避碰路径的方法策略。

避碰路径规划问题的具体内容是按照某个评价指标，规划出一条从起始点到达期望点的最优（或次优）无碰路径，如果从最优控制角度考虑，避碰路径规划问题则可以等效于求解目标函数的极小值（或极大值）问题：目标函数代表了所规划避碰路径的代价，约束条件是机器人不能与环境以及自身发生碰撞，不能超出关节的转角限制等，其数学模型如下：

$$\min f(x) \quad x \in R^n$$
$$\text{s.t.} \quad g_i(x) \leqslant b_i i = 1,2,\cdots,p \tag{6-23}$$

式中　$f(x)$——问题的目标函数；

$g_i(x)$——第 i 个约束条件，而 p 为约束不等式的个数。

当空间中存在障碍物时，可以根据障碍物的坐标通过标定的方式人为地规划出一条无碰撞路径，然而当空间中障碍物的位置发生改变时，就需要重新规划路径，这给多关节机器人的工作带来很大不便。因此，针对多关节机器人根据空间中的障碍物信息进行自主避障需求，这里采用基于随机采样的方法开展多关节机器人避障运动规划，其中 RRT 算法最为常用。在多关节机器人的构型空间中进行随机采样，通过生成步长的方式来对未知构型空间进行探索，减少碰撞检测计算量，提高了规划效率，后文将介绍 RRT 算法。

6.3.2　基于 RRT 算法的规划与避碰

在避障功能方面需要重点考虑多关节机器人逆运动学解的不唯一性，其中快速扩展随机树法 RRT(rapidly-exploring random tree)及其相关改进算法，是解决多关节机器人避碰的典型方法。

1. RRT 算法基本原理

在多关节机器人的运动场景中，通常在已知当前位姿的情况下希望多关节机器人运动到期望的目标位姿，假设当前位姿为 RRT 上“树”的起始点 X_{init}，目标位姿为 X_{goal}。则标准 RRT 算法的基本步骤为：

Step 1：将起始点作为根节点 X_{init}，对“树”进行初始化；

Step 2：在机器人的构型空间随机选取一个采样点 X_{rand}；

Step 3：在“树”上搜索距离 X_{rand} 点最近的点，记为 X_{near}；

Step 4：X_{near} 朝着 X_{rand} 生长，在它们的连线上根据设定的步长产生新的节点 X_{new}；

Step 5：对从 X_{near} 到 X_{new} 的生长过程进行碰撞检测，判断是否发生碰撞，如果发生碰撞，放弃本次生长，返回 Step 2 进行循环，如果没有发生碰撞，将 X_{new} 添加到“树”的枝丫上；

Step 6：检测 X_{new} 到 X_{goal} 的距离，判断 X_{new} 是否到达 X_{goal} 附近邻域，如果到达，任务结束。如果没有到达，返回 Step 2，继续进行循环，直到到达目标点邻域为止。

标准 RRT 算法的节点扩展图如图 6-15 所示。

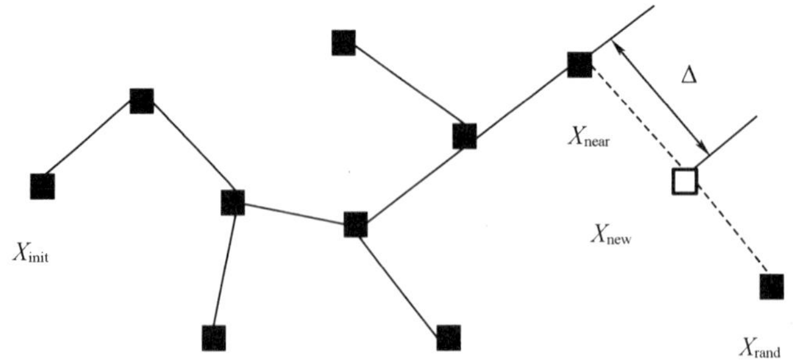

图 6-15　节点扩展过程图

标准 RRT 算法的流程图如图 6-16 所示。

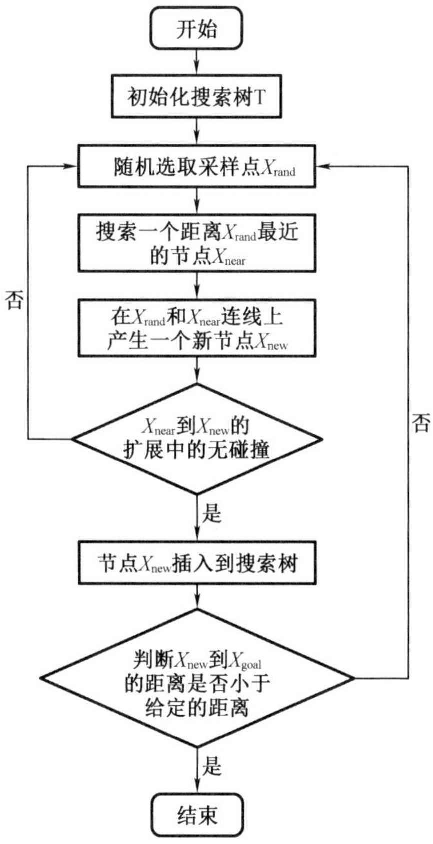

图 6-16　RRT 算法流程图

为了更直观地对 RRT 算法进行说明，将 RRT 算法的伪代码写出，见表 6-3。

表 6-3　标准 RRT 算法的伪代码

RRT Planner Algorithm	
1.	T. init(x_{init})
2.	for k = 1⋯N do
3.	x_{rand} = Sample( )
4.	Extend(T, x_{rand})
5.	end for
6.	return

代码中的函数定义如下：

采样函数 Sample：采样函数的作用是在机器人的构型空间中采样生成随机点，本书采用随机采样的方法进行采样，即最后采集得到的样点服从均匀分布。

最近节点函数 Nearest：Nearest 函数用来在“树”上寻找距离 x_{rand} 点最近的点，将找到的

点定义为 x_{near}，x_{near} 要满足两个条件，一是在“树”上，二是距离 x_{rand} 最近。

节点生长函数 Steer：Steer 函数是让 x_{near} 朝着 x_{rand} 进行生长得到新的节点 x_{new}，生长公式如下式所示：

$$x_{new}=x_{near}+L*\frac{(x_{rand}-x_{near})}{\| x_{rand}-x_{near} \|} \tag{6-24}$$

式中，L 为生长的步长，在生长的过程中要根据实际情况选取合适的步长来进行生长。

碰撞检测函数 ObstacleFree：检测节点生长过程是否发生碰撞，当返回值为 1 时，代表没有发生碰撞，将 x_{new} 加入到“树”上，成为新的叶子节点。当返回值为 0 时，代表生长过程存在障碍物，放弃本次生长。

在表 6-3 中的代码中可以指导碰撞检测进行完毕之后，判断新加入的叶子节点 x_{new} 与目标点 x_{goal} 之间的距离，当距离满足要求时，即视为 x_{new} 已到达目标点邻域，停止循环。如果距离不满足要求，就要继续进行采样、生长、碰撞检测的循环直到“树”的新节点 x_{new} 与目标点 x_{goal} 之间的距离达到给定要求。

在二维空间展示标准 RRT 算法搜索目标的能力，输入一副像素尺寸为 500×500 的地图，在地图中设置一定的障碍，起始点为地图的左上角即(0,0)点，目标点为地图的右下角即(500,500)点，RRT 规划无碰撞路径的结果如图 6-17 所示。

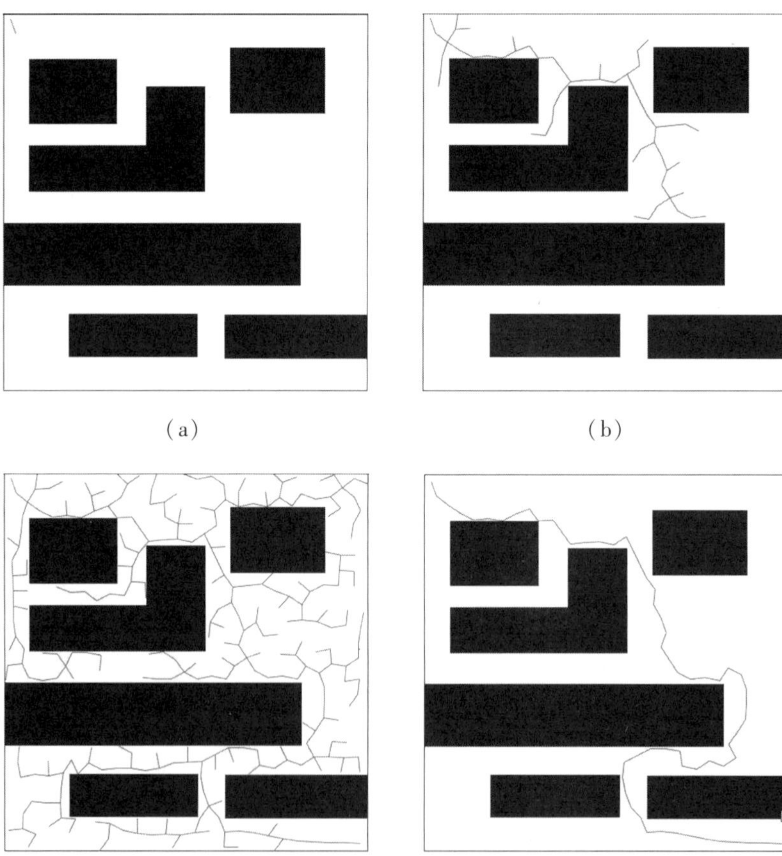

(a) (b)

(c) (d)

图 6-17 标准 RRT 算法路径规划示意图

由于传统的 RRT 算法效率较低,研究人员提出 RRT-Connect 算法使得该类型算法的计算速度得到提升,这个算法选择从初始点和目标点同时生成两棵树的父节点,两棵树同时拓展,当两棵树的最新节点连在一起时代表该算法结束。

2. RRT Connect

RRT Connect 算法与 RRT 相比的不同之处在于 RRT Connect 为双向采样算法,即从起始点和目标点同时进行随机树的扩展,为了更好地解释,将 RRT Connect 算法的伪代码写出,如表 6-4 所示。

表 6-4　RRT Connect 的伪代码

RRT Connect Planner Algorithm
1.　$V_1 \leftarrow \{x_{init}\}$; $E_1 \leftarrow \varnothing$; $G_1 \leftarrow (V_1, E_1)$
2.　$V_2 \leftarrow \{x_{goal}\}$; $E_2 \leftarrow \varnothing$; $G_2 \leftarrow (V_2, E_2)$; $i \leftarrow 0$
3.　while $i < N$ do
4.　　$x_{rand} \leftarrow Sample(i)$; $i \leftarrow i+1$
5.　　$x_{near} \leftarrow Nearest(G_1, x_{rand})$
6.　　$x_{new} \leftarrow Steer(x_{near}, x_{rand})$
7.　　if $ObstacleFree(x_{near}, x_{new})$ then
8.　　$V_1 \leftarrow V_1 \cup \{x_{new}\}$
9.　　$E_1 \leftarrow E_1 \cup \{(x_{near}, x_{new})\}$
10.　$x'_{near} \leftarrow Nearest(G_2, x_{new})$
11.　$x'_{new} \leftarrow Steer(x'_{near}, x_{new})$
12.　if $ObstacleFree(x'_{near}, x'_{new})$ then
13.　$V_2 \leftarrow V_2 \cup \{x'_{new}\}$
14.　$E_2 \leftarrow E_2 \cup \{(x'_{near}, x'_{new})\}$
15.　do
16.　$x''_{new} \leftarrow Steer(x'_{new}, x_{new})$
17.　if $ObstacleFree(x'_{new}, x''_{new})$ then
18.　$V_2 \leftarrow V_2 \cup \{x''_{new}\}$
19.　$E_2 \leftarrow E_2 \cup \{(x'_{new}, x''_{new})\}$
20.　$x'_{new} \leftarrow x''_{new}$
21.　else break
22.　while not $x'_{new} = x_{new}$
23.　if $x'_{new} = x_{new}$ then return (V_1, E_1)
24.　if $|V_2| < |V_1|$ then $Swap(V_1, V_2)$

由表 6-4 中的代码可以知道 RRT Connect 在算法的初始阶段与 RRT 进行的工作是相

同的，即对随机点进行采样然后扩展，不同之处在于当得到第一棵“树”扩展的节点 x_{new} 之后，开始进行第二棵“树”的扩展，同时，第二棵树扩展节点的方向并非来自随机采样点，而是向 x_{new} 方向扩展，扩展方式也有所区别。第二棵“树”第一次扩展得到新的节点 x'_{new} 之后，如果没有发生碰撞，会继续向 x_{new} 方向扩展直到发生碰撞扩展失败或者 x_{new} 与 x'_{new} 重合，即两棵树相连，算法结束，这里称这种扩展方式为基于贪婪策略的扩展，相比标准的 RRT 算法，可以降低路径规划的时间成本。当然，由于两棵树之间的节点数在同一时刻并不相同，为了保证平衡性，在算法的最后加入了两棵树的节点数目比较的环节，比较之后进行交换，选择节点数目少的“树”进行扩展。

为了对比 RRT Connect 与 RRT 之间的不同，在二维空间输入一副像素尺寸为 500×500 的地图，同时设置一定的障碍，起始点为地图的左上角即(0,0)点，目标点为地图的右下角即(500,500)点，进行 RRT Connect 的路径规划演示，如图 6-18 所示。

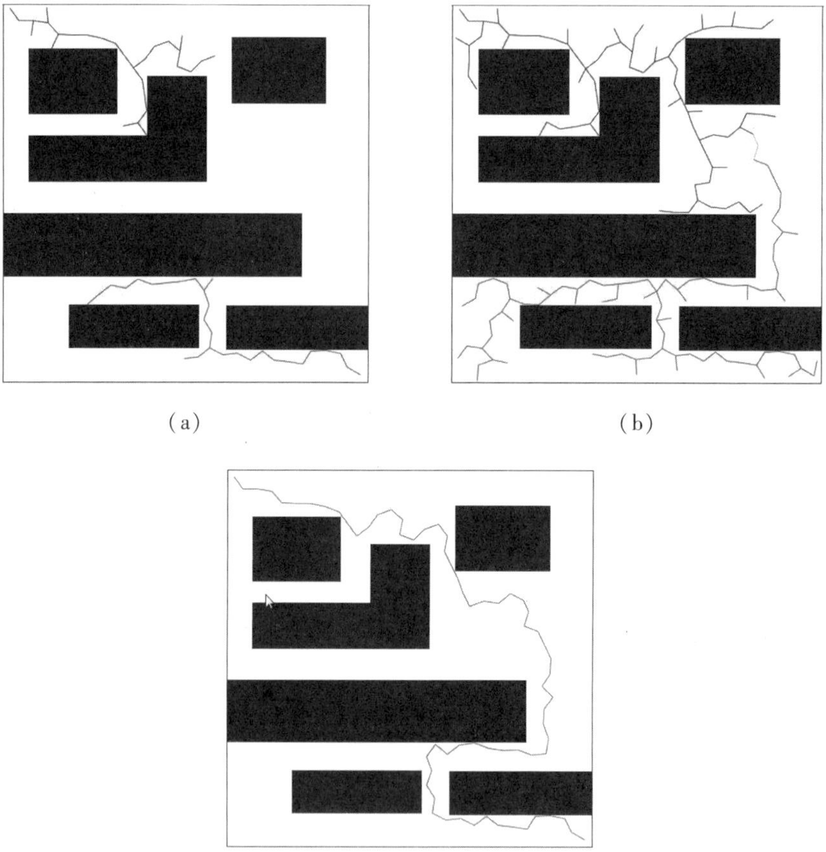

(a)　　(b)　　(c)

图 6-18　RRT Connect 算法路径规划示意图

在图 6-18 中，RRT Connect 较少进行对空白地图的探索，在算法迭代次数较少的情况下就规划出了路径。可以得出结论，RRT Connect 算法在迭代次数上比标准 RRT 少的情况下就可以规划出最终路径，缩减了时间成本，提高了规划效率。

3. RRT *

在多关节机器人的运动规划中，最优规划对机器人的运动效率有着十分重要的意义，标准 RRT 和 RRT Connect 在对运动的规划中都没有考虑到路径的最优解，并且由于采样的随机性，最终得到的路径都是锯齿的形状，路径往往不平滑，因此，有学者提出了 RRT * 的方法来对标准 RRT 加以改进，这在一定程度上实现路径的最优规划，为了更好地解释，将 RRT * 的伪代码写出如表 6-5 所示。

表 6-5　RRT * 的伪代码

RRT * Planner Algorithm
$V \leftarrow \{x_{init}\}$; $E \leftarrow \varnothing$; x_{goal}; r
fori = 1... N do
$x_{rand} \leftarrow$ Sample(i)
$x_{nearest} \leftarrow$ Nearest(G = (V,E), x_{rand})
$x_{new} \leftarrow$ Steer($x_{nearest}$, x_{rand})
if ObstacleFree($x_{nearest}$, x_{new}) then
$X_{near} \leftarrow$ Near(G, x_{new}, r); $V \leftarrow V \cup \{x_{new}\}$
$x_{min} \leftarrow x_{nearest}$; $c_{min} \leftarrow$ Cost($x_{nearest}$) + c(Line(x_{min}, x_{new}))
foreach $x_{near} \in X_{near}$ do
if ObstacleFree(x_{near}, x_{new}) $\wedge$ Cost(x_{near}) + c(Line(x_{near}, x_{new})) < c_{min} then
$x_{min} \leftarrow x_{near}$; $c_{min} \leftarrow$ Cost(x_{near}) + c(Line(x_{min}, x_{new}))
$E \leftarrow E \cup \{(x_{min}, x_{new})\}$
foreach $x_{near} \in X_{near}$ do
if ObstacleFree(x_{new}, x_{near}) $\wedge$ c_{min} + c(Line(x_{new}, x_{near})) < Cost(x_{near}) then
$x_{parent} \leftarrow$ Parent(x_{near}); $E \leftarrow (E / \{(x_{parent}, x_{near})\}) \cup \{(x_{new}, x_{near})\}$
return G = (V,E)

在 RRT * 算法中引入了 Cost 函数来对路径的选取进行评价，Cost 函数的定义为从起始点到定义点的代价，通过对路径的代价进行比较、选择，RRT * 可以相比 RRT 和 RRT Connect 规划出更优的路径。由表 6-5 中的代码可知，RRT * 在对随机点进行采样、在随机树上寻找最近点以及朝着随机点生长进行碰撞检测之后，在路径的扩展上其主要分为两个阶段。

第一阶段，在得到 x_{new} 节点之后，通过 Near 函数对随机树进行节点选取，在一定半径 r 之内的所有节点都归入到 X_{near} 集合之内。为了更好地比较 X_{near} 集合之内的节点，先将 $x_{nearest}$ 定义为 x_{min}，即从初始点到 $x_{nearest}$，再到 x_{new} 的路径为最小路径 c_{min}，为了寻找路径的最优节点，需要遍历 X_{near} 集合之内的所有节点，计算从起始点到这些节点再到 x_{new} 之间的路径花费，分别与 c_{min} 相比较，找出路径花费最小且同时满足碰撞检测的节点，将此节点定义

为新的最小的 $x_{\min}$，最小花费路径为此节点到初始节点与此节点到 x_{new} 的和，最后将最小的节点 $x_{\min}$ 与 x_{new} 的连线加入到“树”上，第一阶段结束。

第二阶段，需要对“树”的枝丫进行修剪，修剪的目的是在 X_{near} 集合之内只保留路径花费最短的节点，以实现最优路径的规划。修建的方法为在 X_{near} 集合之内遍历所有的节点，比较这些节点本身的路径花费与这些节点到 x_{new} 加上 x_{new} 的路径花费，如果节点本身的路径花费较大且满足碰撞检测的要求，那么将此节点定义为父节点，删除所有与父节点相连的路径，将父节点与 x_{new} 进行连接，修剪结束，第二阶段结束。

不断循环第一阶段与第二阶段进行算法的迭代，即可完成路径的最优规划，值得一提的是，这里的最优路径规划是相对标准 RRT 与 RRT Connect 而言的。由于机器人本身约束的复杂性与 RRT 类采样算法的随机性，无法实现绝对意义上的最优路径规划，只能得到渐进的更优路径规划，将 RRT＊算法节点扩展原理图的两个阶段分阶段表示，如图 6-19、图 6-20 所示。

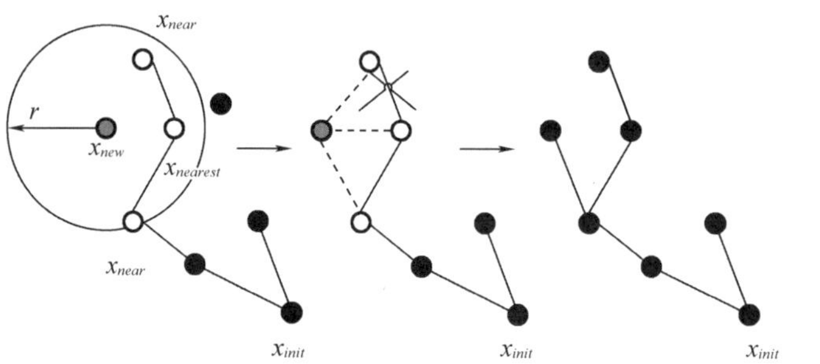

图 6-19　RRT＊节点扩展第一阶段

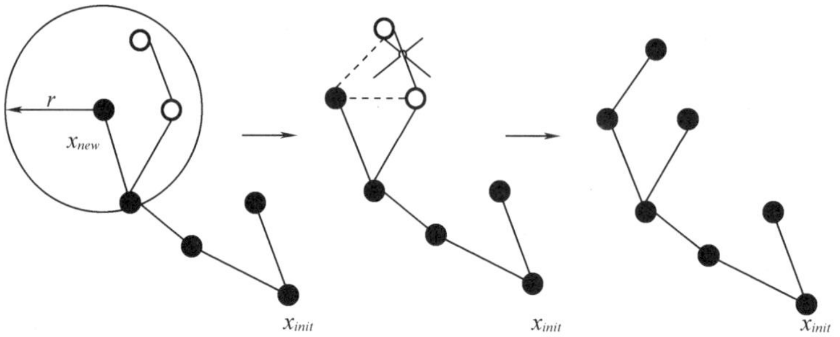

图 6-20　RRT＊节点扩展第二阶段

为了将标准 RRT、RRT Connect 和 RRT＊进行更好的对比，仍然选择在二维空间输入一副像素尺寸为 500×500 的地图，设置一定的障碍，以地图的左上角即(0,0)为起始点，以地图的右下角即(500,500)为目标点进行路径的无碰撞规划，现将三种算法得到的最终路径进行对比，如图 6-21 所示。

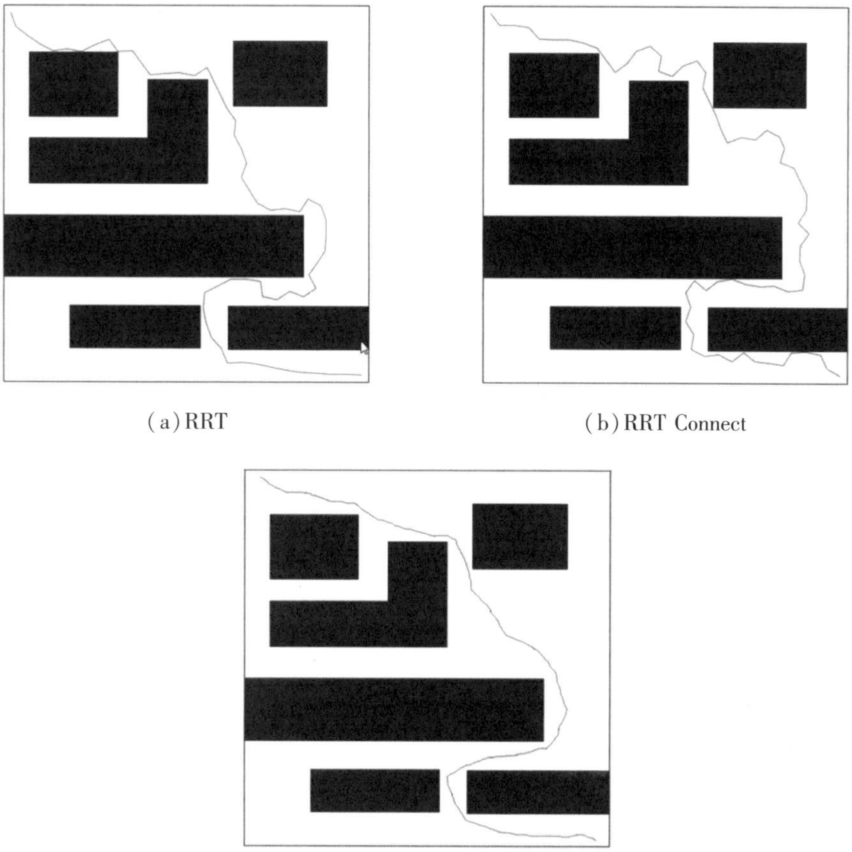

(a) RRT　　(b) RRT Connect

(c) RRT *

图 6-21　三种算法得到的无碰撞路径对比

从图中可以得出结论,标准 RRT 与 RRT Connect 得到的路径都是锯齿形且路径都存在一定程度上的偏离,并非最优解,而 RRT * 规划得到的路径虽然也并非完全平滑,但相比 RRT 与 RRT Connect 的路径而言不仅更为直接,而且在路径的形状上也做到了一定程度的优化。除此之外,由于 RRT * 修剪掉了“树”上无用的枝丫,会渐进地优化规划出的路径,因此在探索时不会探索无用的空间,RRT * 算法在收敛速度上相比标准 RRT 更为快速,减少了时间成本,提高了路径的规划效率。

4. RRT 系列算法对比

这里对标准 RRT、RRT Connect 和 RRT * 三种算法在无障碍和有障碍环境下的运动规划时间和规划路径进行对比,选取最优算法进行运动规划。

(1) 无障碍环境下规划对比

如图 6-22 所示为多关节机器人设定好一个规划的目标位置,然后分别载入标准 RRT、RRT Connect 和 RRT * 三种算法开展运动规划试验(图 6-23、图 6-24),对比各算法的运动规划时间,由于 RRT 类算法具有随机性,因此,这里取 10 次规划的结果进行对比(表 6-6)。

图 6-22　无障碍运动规划场景

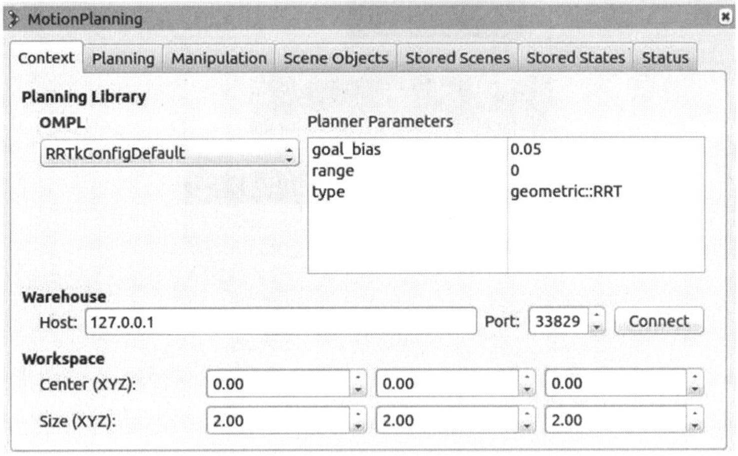

图 6-23　在 Rviz 界面中进行算法的载入

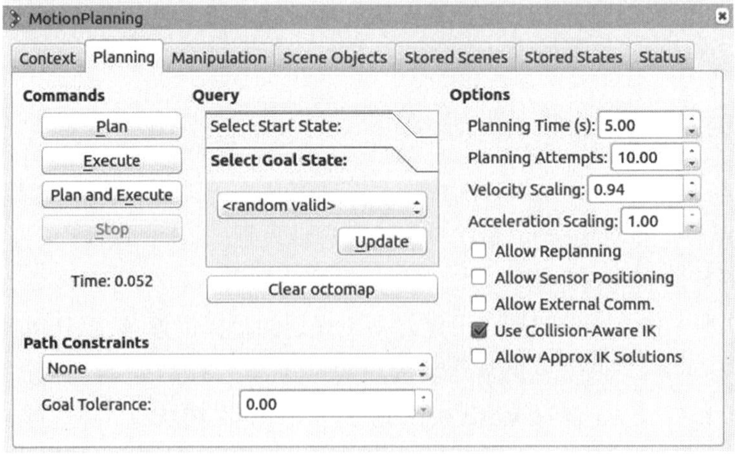

图 6-24　运动规划时间记录

表 6-6　无障碍三种算法运动规划时间对比(单位:s)

算法	1	2	3	4	5	6	7	8	9	10
RRT	0.054	0.044	0.042	0.052	0.071	0.029	0.037	0.039	0.035	0.053
RRT Connect	0.029	0.012	0.014	0.025	0.021	0.030	0.026	0.025	0.028	0.024
RRT *	0.021	0.023	0.012	0.014	0.022	0.025	0.019	0.024	0.029	0.025

将表 6-6 的数据进行对比可以得出结论,标准 RRT 算法在无障碍环境下的运动规划时间相比 RRT Connect 和 RRT * 更为耗时,而 RRT Connect 和 RRT * 算法的运动规划时间大致相同。与理论相互验证,RRT Connect 和 RRT * 运动规划的效率高于标准 RRT 算法。

(2)有障碍环境下规划对比

编写程序向场景信息中发布障碍物的信息,将障碍物设置为一个木板与两个长方体,将多关节机器人的起始点设置为初始位姿,设置两个中间点分别为两个长方体中间与木板下方,最后再回到初始位姿,即多关节机器人要分三段路径完成相应的运动。编写程序依次使用三种算法完成这一过程,将返回的时间信息记录,标红的部分分别为算法对三段路径的规划时间。障碍场景设置、避障规划场景和程序返回的时间信息分别如图 6-25、图 6-26、图 6-27 所示。

```
# 设置桌面的高度
table_ground = 0.25

# 设置table、box1和box2的三维尺寸
table_size = [0.2, 0.7, 0.01]
box1_size = [0.1, 0.05, 0.05]
box2_size = [0.05, 0.05, 0.15]

# 将三个物体加入场景当中
table_pose = PoseStamped()
table_pose.header.frame_id = reference_frame
table_pose.pose.position.x = 0.36
table_pose.pose.position.y = 0.0
table_pose.pose.position.z = table_ground + table_size[2] / 2.0
table_pose.pose.orientation.w = 1.0
scene.add_box(table_id, table_pose, table_size)

box1_pose = PoseStamped()
box1_pose.header.frame_id = reference_frame
box1_pose.pose.position.x = 0.31
box1_pose.pose.position.y = -0.1
box1_pose.pose.position.z = table_ground + table_size[2] + box1_size[2] / 2.0
box1_pose.pose.orientation.w = 1.0
scene.add_box(box1_id, box1_pose, box1_size)

box2_pose = PoseStamped()
box2_pose.header.frame_id = reference_frame
box2_pose.pose.position.x = 0.29
box2_pose.pose.position.y = 0.15
box2_pose.pose.position.z = table_ground + table_size[2] + box2_size[2] / 2.0
box2_pose.pose.orientation.w = 1.0
scene.add_box(box2_id, box2_pose, box2_size)
```

图 6-25　障碍场景设置

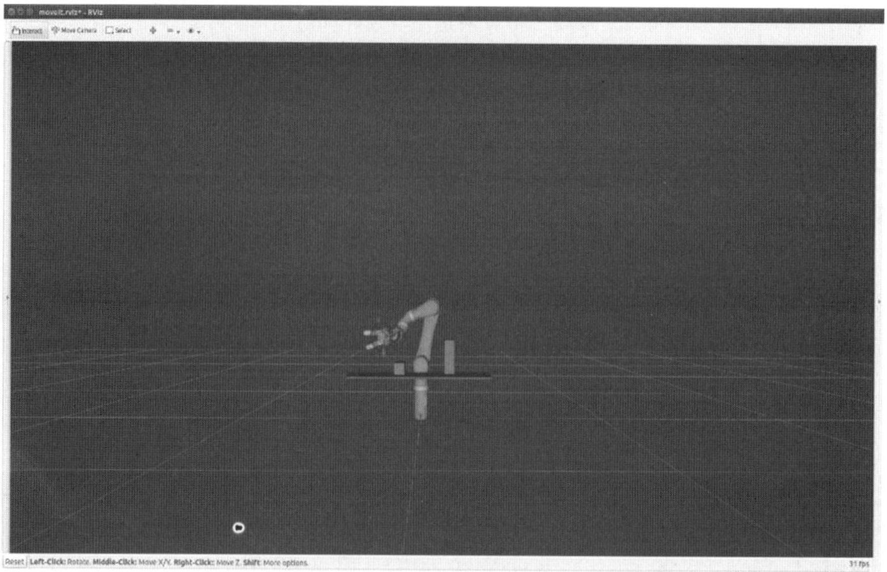

图 6-26　避障规划场景

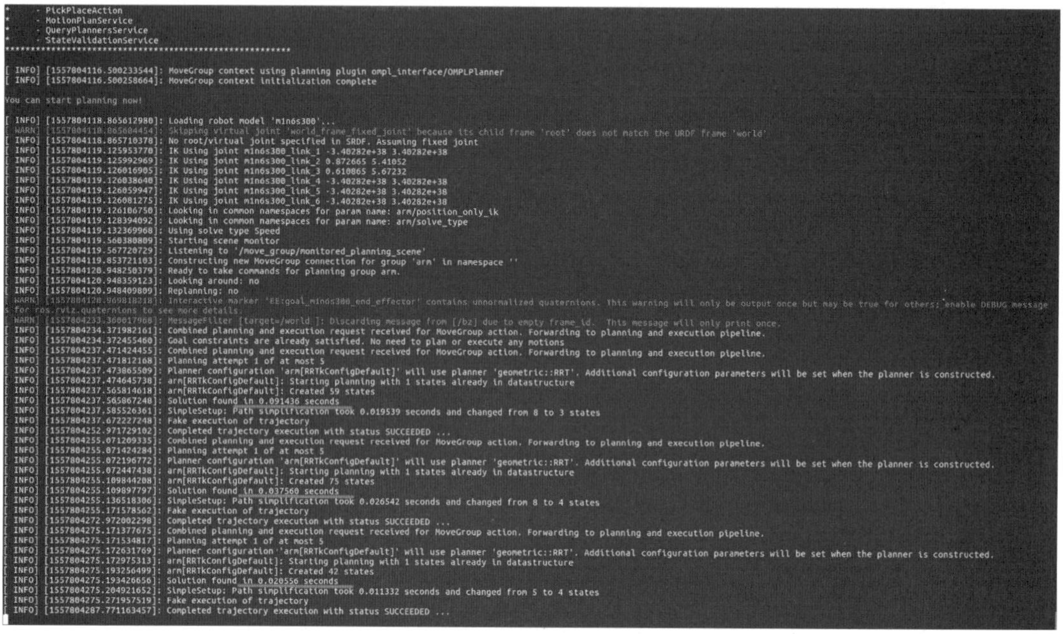

图 6-27　程序返回的时间信息

为了方便比较，取从木板上方两长方体中间运动至木板下方即第二段路径的规划时间进行对比，两个目标点分别如图 6-28、图 6-29 所示。

图 6-28　第一个目标点

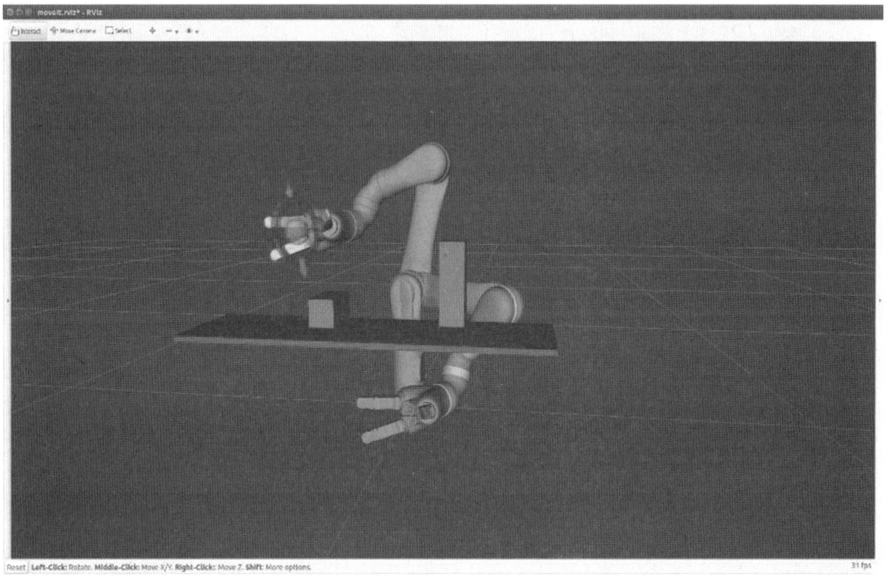

图 6-29　第二个目标点

从第一个目标点运动至第二个目标点的规划时间记录信息见表 6-7,这一过程可以最大程度地利用障碍物的信息,对算法的效率检测最为有效。

表 6-7　有障碍三种算法运动规划时间对比(单位:s)

算法	1	2	3	4	5	6	7	8	9	10
RRT	0.037	0.044	0.055	0.091	0.124	0.065	0.078	0.085	0.052	0.063
RRT Connect	0.024	0.025	0.023	0.032	0.056	0.026	0.037	0.054	0.027	0.030
RRT *	0.031	0.024	0.030	0.023	0.035	0.037	0.029	0.024	0.030	0.026

由表 6-7 的数据分析可以得出结论，在有障碍物的场景下进行避障规划时，RRT Connect 和 RRT * 算法的规划效率相比标准 RRT 算法有很大的提高，而 RRT Connect 和 RRT * 两者之间的规划效率并无很大差异。

(3)最优运动规划对比

前面两个试验的数据，验证了改进的 RRT 算法确实相比标准 RRT 算法在路径的规划效率上有显著提高。从理论方面，RRT Connect 规划的路径应该优于标准 RRT，而 RRT * 规划的路径又应该优于 RRT Connect，为了更直观地进行对比，分别将三种算法实现运动过程的末端轨迹进行显示，如图 6-30~6-33 所示。

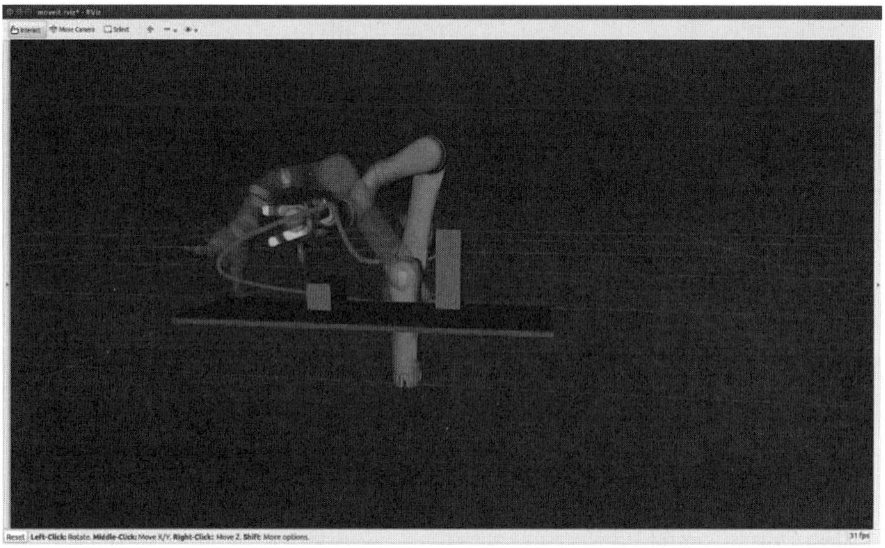

图 6-30　标准 RRT 前半段轨迹

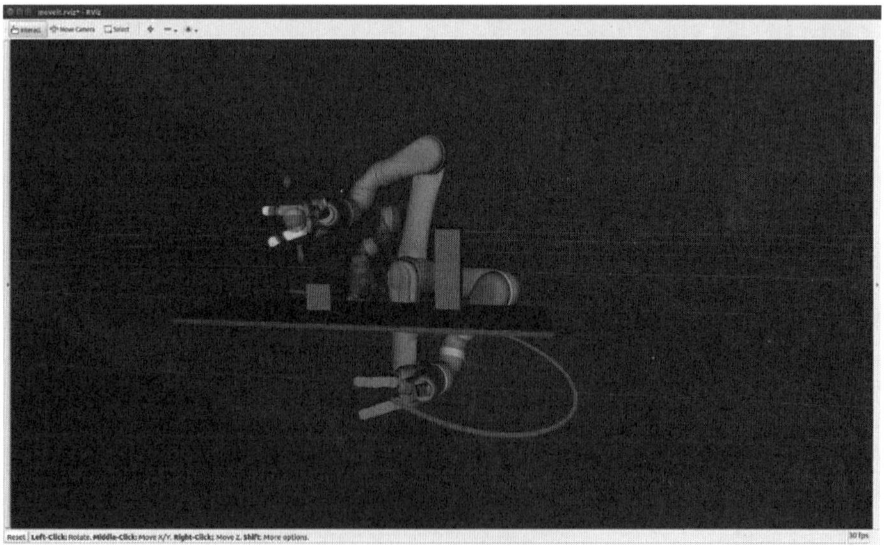

图 6-31　标准 RRT 后半段轨迹

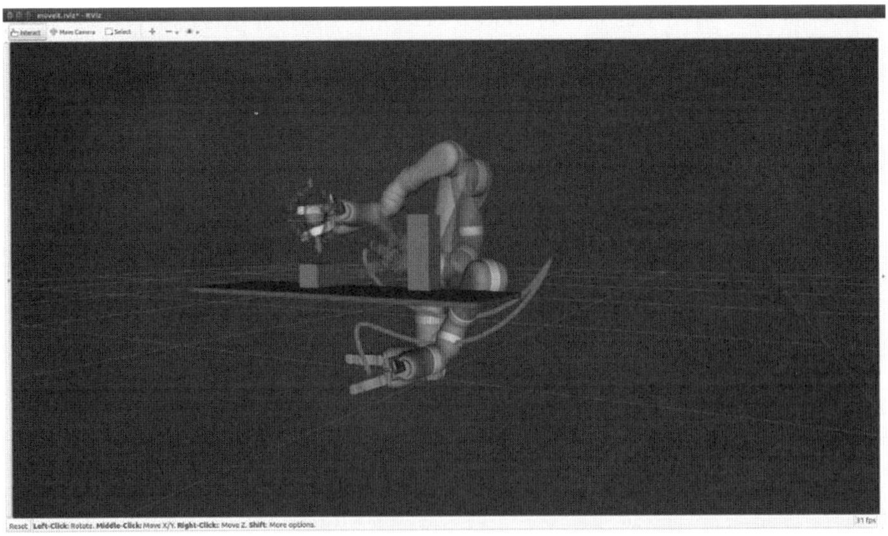

图 6-32　RRT Connect 轨迹

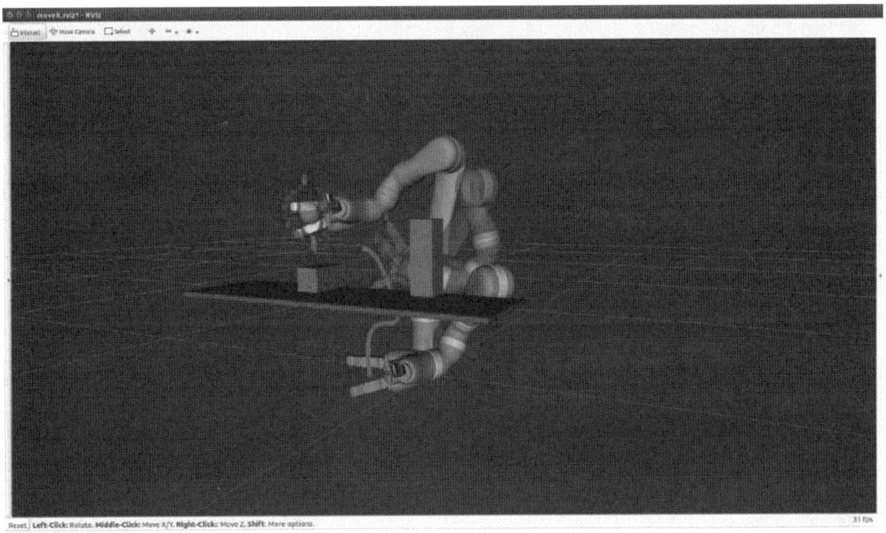

图 6-33　RRT * 轨迹

由上面四幅图对比可以得出结论，标准 RRT 在进行路径规划时由于其采样的随机性得到的路径往往会“走远路”，并非最优路径；而 RRT Connect 由于具有双向采样的特点，得到的路径相比标准 RRT 更为直接；RRT * 规划算法会对路径花费进行对比并修剪随机树的“枝丫”，因此 RRT * 规划出的路径要优于标准 RRT 和 RRT Connect。

综合考虑规划效率与路径的最优性，往往选择 RRT * 算法进行避障运动规划的实现。多关节机器人采样空间的高维性，使这里无法显示 RRT * 算法迭代的过程，为了更直观地演示，将关节空间的坐标放在两个三维空间进行显示，如图 6-34 所示。每个关节的坐标范围均为 $(-\pi,\pi)$，前三个关节组成一个三维空间，后三个关节组成一个三维空间，可以看到各个关节在算法的迭代过程中不断由起始点向目标点运动。

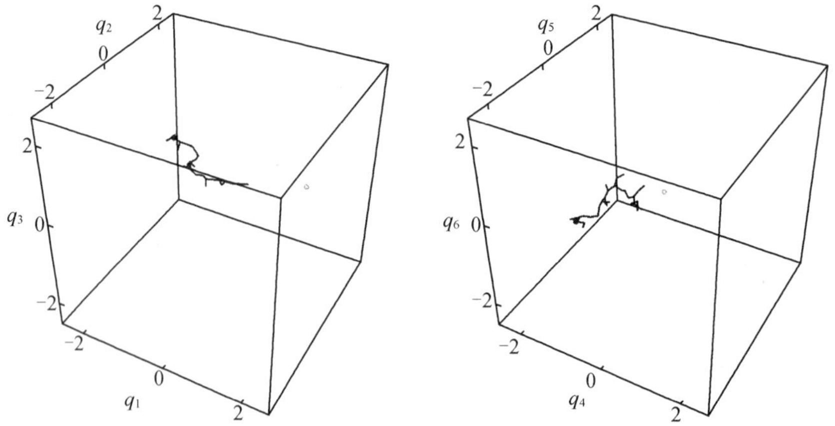

图 6-34 RRT * 迭代过程

6.3.3 基于 D * 的笛卡儿空间规划与避碰

利用开辟好的内存表示空间中的栅格地图,在栅格地图中将空间中的位置离散化为一组状态,利用欧氏距离代表状态之间的转换带来的消耗,其中每个边都代表一个可行的路径。因此,栅格地图提供了一种方法将运动规划问题表示为图搜索的形式。然而,与许多基于图的表示相比,栅格连接的可行性要求使用栅格找到的解是可行的。

获取栅格地图,将建图算法得到的稠密的地图降采样,由于建图时使用的是栅格地图,在降采样时算法的更新速度还是相当快的。同时设置多关节机器人的工作范围,超出的范围的不作为栅格地图,将地图的栅格分辨率设置为 5 cm。

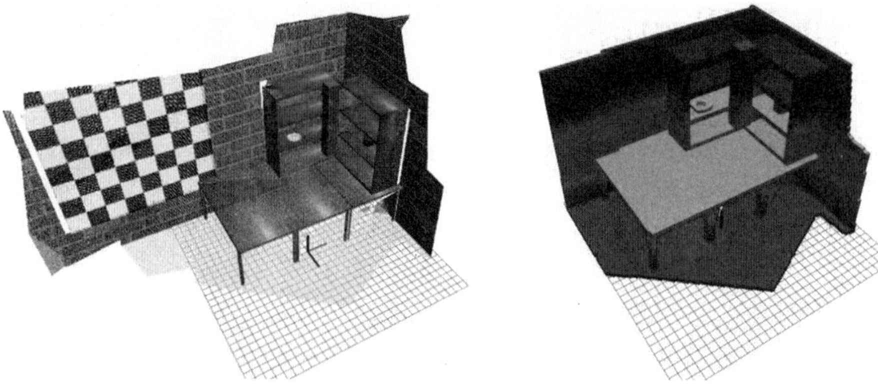

图 6-35 稠密地图转换到内存中

这里使用 D * 算法,在三维栅格地图中规划出一条路径,代表机器人末端的运动路径,D * 和 Dijkstra's 一样,维护一个优先状态队列 OPENSET。该队列的特性是插入一个新元素时,队列按照元素的某一个值进行从小到大的排列,这样队列每次取出一个值时,总是得到队中排列依据值最小的那个元素,在 D * 中队列的排序依据 k 值,该队列在 D * 中用于传播边的成本变换和累计计算空间中状态的路径成本。每一个状态 X 都包含一个标志位 tag(X),tag(X)= NEW,表示状态 X 没有被搜索算法扩展过;tag(X)= OPEN,表示状态 X 在 OPENSET 中;tag(X)= CLOSED,表示状态 X 被搜索算法搜扩展过。在 D * 中 OPENSET 的

排列依据是状态的 $k(G,X)$ 值,如同 Dijkstra's 算法,$D*$ 算法的搜索过程是从后向前的,也就是首先用 Dijkstra's 算法从目标点向当前位置搜索路径,算法运行过后会得到每一个状态 X 到目标状态 G 的路径的最小代价 $h(G,X)$,在首次 Dijkstra's 算法搜索时,每个状态的 k 和 h 是相等的,在之后的地图变化时,h 值会发生变化,k 值总是等于变化前后的较小的 h 值。

在 h 值变化后会将状态 X 分为两种类型:RAISE 状态,$k<h$;LOWER 状态,$k=h$。$D*$ 算法在 OPENSET 中利用 RAISE 状态传播路径成本上升的信息,利用 LOWER 状态则传播路径成本下降的信息。该传播是通过从 OPENSET 中重复提取状态并扩展来进行的,每次从 OPENSET 中删除一个状态时,都会被扩展为将成本更改传递给其邻居节点,这些邻居节点依次被列入 OPENSET 中,以继续这个过程。

$D*$ 算法主要由两个函数组成:PROCESS_STATE( ) 和 MODIFY_COST( )。PROCESS_STATE( ) 用于计算目标的最优路径成本,MODIFY_COST( ) 用于更改状态间的成本 $c(X1, X2)$,并在 OPENSET 中输入受影响的状态。初始化时,所有状态设置为 tag=NEW,$h(G)$ 设置为零,并将节点 G 放在 OPENSET 中。反复调用 PROCESS_STATE( ),直到机器人当前的状态 X 从 OPENSET 中弹出。然后,机器人继续跟踪序列中的反向指针,直到达到目标位置或发现下一个执行的节点的成本函数中变化。这时调用第二个函数 MODIFY_COST( ),以纠正节点间的转换成本并将受影响的节点重新放在列表中。假设这样的情况发生了,继续调用 PROCESS_STATE( ) 直到弹出的节点的 $k>=h$,此时,一个新的路径已经构建出来,机器人继续跟随路径中的反向指针指向目标。表 6-8 是 $D*$ 算法描述。

表 6-8　$D*$ 算法伪代码

$D*$ Algorithm
1. 　$h(G)=0,k_{min}=-1$
2. 　while $k_{min}=-1$ 且 Start 节点在 OPENSET 中
3. 　$k_{min}=$ PROCESS_STATE( )
4. 　if $k_{min}=-1$
5. 　无法达到目标
6. 　else
7. 　while 1
8. 　while 没有达到目标 且 map 没有更新
9. 　机器人追踪最优路径
10. 　if 到达目标
11. 　结束
12. 　else
13. 　Y 为当前机器人所处的状态,X 为下一个发生变化的节点
14. 　MODIFY_COST(X,Y,cual)
15. 　while $k_{min}\leqslant h(x)$ 且 $k_{min}\neq-1$
16. 　$k_{min}=$ PROCESS_STATE( )
17. 　if $k_{min}=-1$
18. 　结束

其中 MODIFY_COST(X,Y,cual)算法如下所示：

MODIFY_COST(X,Y,cual)

1. $c(X,Y) = cual$

2.   if $t(X) = CLOSED$

3.   INSERT$(X,h(X))$

4.   return GET_KMIN( )

在 MODIFY_COST(X,Y,cual)函数中,成本函数用更改后的值进行更新。由于节点 Y 的路径成本将发生变化,因此 X 将被放置到在 OPENSET 队列中。当 X 通过 PROCESS_STATE( )扩展时,计算一个新的 h 值,即 $h(x) = h(X) + c(X,Y)$,并将 Y 放置到 OPENSET 队列里,Y 的成本将传播到其后代中。

PROCESS_STATE( )函数如下所示：

PROCESS_STATE( )

1. $X = MIN\_STATE$

2.   if $X = NULL$

3.   return -1

4. $k_{old} = GET\_KMIN( )$

5.   if $k_{old} < h(X)$

6.   for each X 的邻居节点 Y

7.   if $h(Y) \leqslant k_{old}$ 且 $h(X) > h(Y) + c(Y,X)$

8. $b(X) = Y$

9. $h(x) = h(Y) + c(Y,X)$

10.   if $k_{old} = h(X)$

11.   for each X 的邻居节点 Y

12.   if $t(Y) = NEW$ 或 $(b(Y) = X$ 且 $h(Y) \neq h(X) + c(X,Y))$ 或 $(b(Y) \neq X$ 且 $h(Y) > h(X) + c(X,Y))$

13. $b(Y) = X$

14.   INSERT$(Y,h(X) + c(X,Y))$

15.   else

16.   for each X 的邻居节点 Y

17.   if $t(Y) = NEW$ 或 $(b(Y) = X$ 且 $h(Y) \neq h(X) + c(X,Y))$

18. $b(Y) = X$

19.   INSERT$(Y,h(X) + c(X,Y))$

20.   else

21.   if $b(Y) \neq X$ 且 $h(Y) > h(X) + c(X,Y)$

```
22.  INSERT(X,h(X))
23.  else
24.  if b(Y)≠X 且 h(Y)>h(x)+c(X,Y) 且 t(Y)=CLOSED 且 h(Y)>k_old
25.  INSERT(Y,h(Y))
26.  return GET_KMIN()
```

其中 MIN_STATE 返回 OPENSET 中位于队列头部的节点,如果 OPENSET 为空就返回 NULL。GET_MIN 返回 OPENSET 中首个节点的 k 值,如果 OPENSET 为空返回-1。DELETE(X)是删除 OPENSET 中的 X 节点,并将 S 节点的 tag 设置为 CLOSED。INSERT(X, h_{new})表示如果 t(X)= NEW,令 k(X)= h_{new},如果 t(X)= OPEN 或者 CLOSED,令 k(X)= min(h(X), h_{new}),把 h= h_{new}、t(X)= NEW,以及 X 以 k 值为排序依据放入 OPENST。

在 PROCESS_STATE()中的 1~4 行,表示将 OPENSET 中 k 值最小的节点取出称之为 X,如果 X 为 LOWER 状态,比如 k(X)= h(X),那么 h(X)= k_{old} 则在地图中这个点的就是路径消耗最优的。在第 10~14 行,每一个 X 节点的相邻节点 Y 都被做一侧检查,检查到达它们的路径消耗是否可以更小。另外,那些相邻节点是 NEW 状态的会被初始化,在这一过程中,X 路径成本的改变将会传播到 Y,不管新的路径成本相较于原先是增大还是减小。因为在当前的扩展相邻节点的情况下,这些状态只能由 X 到达,所以 X 状态的改变一定会影响它们。Y 的反向指针被重定向,指向 X。所有的邻居节点获得了一个新的路径成本值,并重新放回到 OPENSET 列表中,这就实现了路径成本值传播。

如果 X 的状态是 RAISE,那么其路径成本可能不是最优的,在 X 节点将路径成本传递到其邻居节点之前,其最优邻居节点首先被检查,是否可以降低 X 的 h 值,这部分对应算法中的 5~9 行。算法的 16~19 行表示 LOWER 状态的成本改变传播到 tag=NEW 的节点和直接相邻的子节点。算法的 21~22 行表示如果 X 能够降低非直接相连的后代节点的路径成本,那其只能先放入 OPENSET 队列中等待之后弹再做扩展。算法的 24~25 行表示如果路径成本能够被一个次优邻居降低,那么这个邻居节点也要放入 OPENSET 队列,这样次优的路径成本传播就被放置在最优传播的后面了。

图 6-36 是在二维空间中使用 D * 算法的试验结果,在 2 维栅格地图上,设置起点坐标为(5,5),终点坐标为(45,25),每当路径上有新的障碍物时,算法就会重新规划路径,比起 A * 和 Dijkstra's,D * 在重规划时只会重新扩展图中灰色部分的节点(扫码见彩色版),而 A * 和 Dijkstra's 会重新计算。

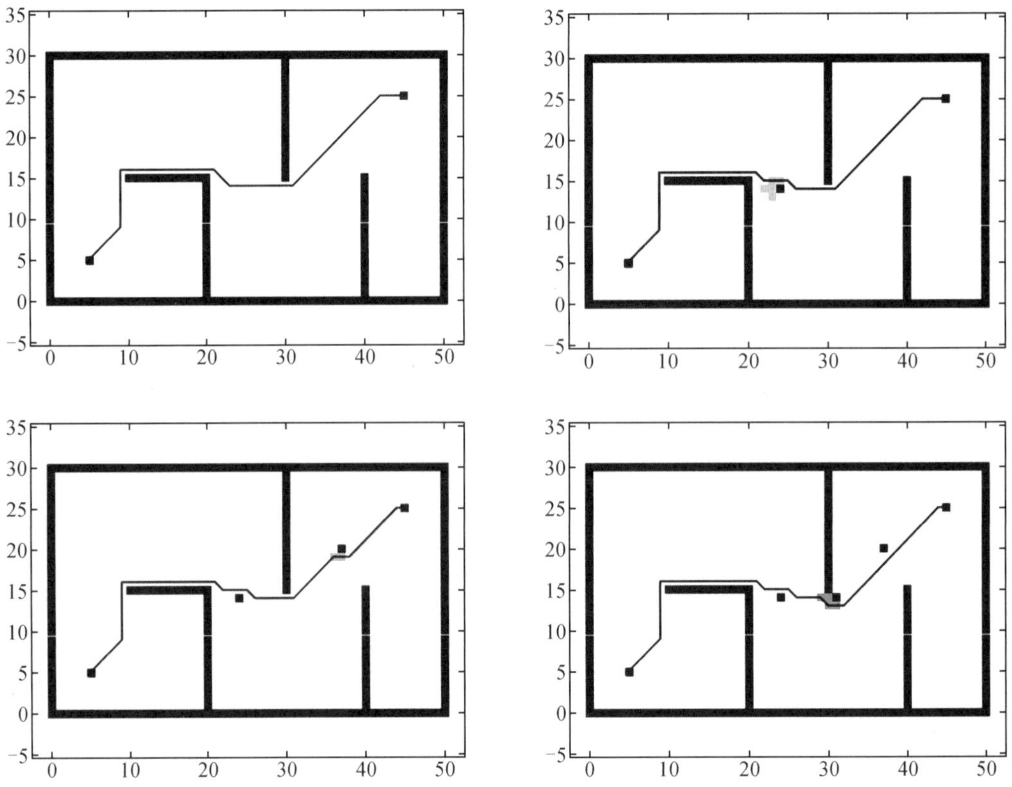

图 6-36　二维 D＊算法

图 6-37 是算法在三维空间中算法运行的结果。

图 6-36 彩色版

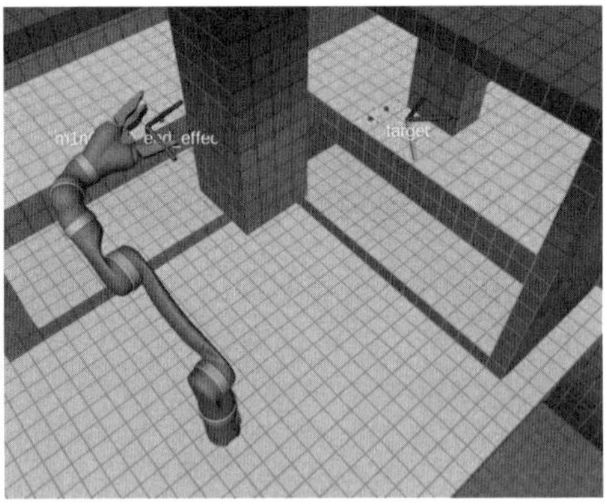

图 6-37　三维 D＊算法

1. 关节轨迹生成

得到的路径是不包含多关节机器人末端的姿态信息的，使用如下方法给每个路径点插入姿态：在除了起点和终点的位置以外的每一个路径点上，z 轴指向下一个路径点，x 轴和 y 轴通过该点的上一个点的位姿得到的最小旋转获得。插值获得的 z 轴如图 6

-38 所示。

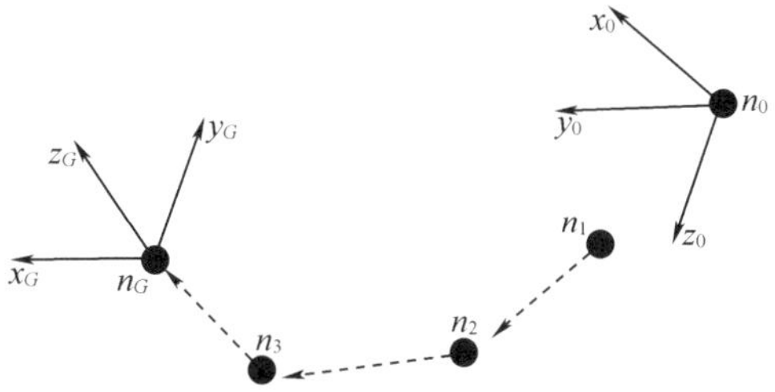

图 6-38　求解姿态原理图

首先,求解第 i 个点的 z 轴方向为

$$\boldsymbol{z}_i=\boldsymbol{n}_{i+1}-\boldsymbol{n}_i \tag{6-25}$$

求解向量$\boldsymbol{z}_i$ 与$\boldsymbol{z}_{i-1}$ 的旋转轴

$$\boldsymbol{k}_i=\boldsymbol{z}_{i-1}\times\boldsymbol{z}_i \tag{6-26}$$

旋转角度为

$$\theta_i=\arccos\left(\frac{\boldsymbol{z}_{i-1}\cdot\boldsymbol{z}_i}{|\boldsymbol{z}_{i-1}||\boldsymbol{z}_i|}\right) \tag{6-27}$$

坐标系$\{n_{i-1}\}$的姿态绕着$\boldsymbol{k}_i$ 旋转 θ_i,得到第 i 个点的姿态:

$$R_i=\mathrm{AngleAxisd}(\theta_i,\boldsymbol{k}_i)\cdot\boldsymbol{R}_{i-1} \tag{6-28}$$

得到姿态插值结果如图 6-39 所示。

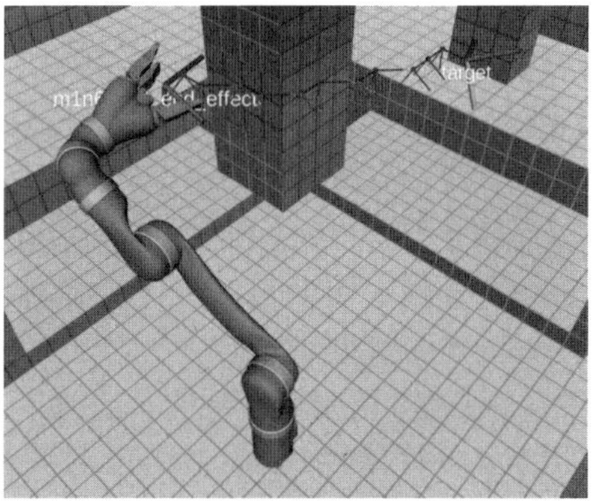

图 6-39　生成路径点姿态

图 6-39 使用的地图最小栅格尺寸是 5 cm,所以每一个位姿之间的间隔距离比较大,仍然需要做插值,使用对两个相邻点的位姿做空间线性插值和四元数球面线性插值。设置插值点的个数为 N 个,第 i 个点与 i+1 个点的位置插值序列为

$$\boldsymbol{p}_t=\boldsymbol{n}_i+\frac{t}{N}(\boldsymbol{n}_{i+1}-\boldsymbol{n}_i)=\frac{t}{N}\boldsymbol{n}_{i+1}+\left(1-\frac{t}{N}\right)\boldsymbol{n}_i \tag{6-29}$$

式中,$t=1,2,3,\cdots,N$。同理,对于姿态利用四元数的球面线性插值可以表示为

$$q_t = q_i + \frac{t}{N}(q_{i+1} - q_i) \tag{6-30}$$

使用插值之后的结果如图 6-40 所示。

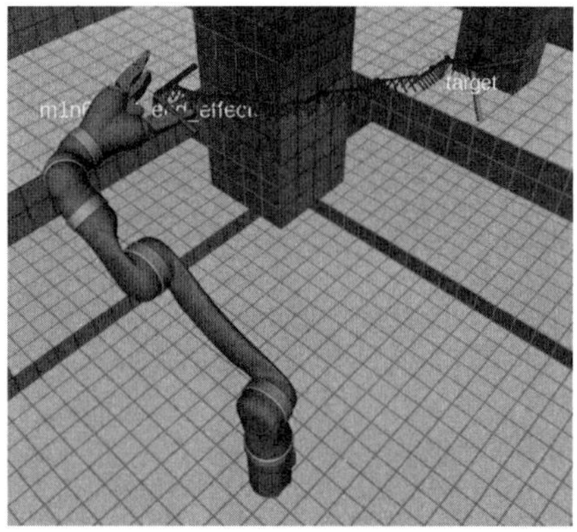

图 6-40　路径姿态

在获得多关节机器人的末端位姿之后，调用逆运动学算法求解机器人关节位置，在求解得到的多组解中利用相邻两组解的二范数最近原则选取一组连续的关节路径。根据关节路径点，将待求解的轨迹分为 k 段，计算每一段中每个关节的距离，按预先设定的机器人关节速度值设定的距离平分时间，使用匀速分配，假设每段的曲线速度满足匀速，根据每段的距离将总时间 T 分配到每段。

综合以上内容设计如下算法流程：将 GPU 显存中的栅格实时地利用降采样方法更新规划用的地图，利用 D * 算法规划出一条可行的最小距离路径。通过设置每一个路径点的姿态为 z 轴指向下一个位置，计算最小的旋转，给每个路径点赋予姿态，再利用位置线性插值和姿态的四元数球面线性插值计算插值点，将路径细化。利用逆运动学求解方法得到关节路径，通过关节速度阈值，匀速分配每一对相邻路径点之间距离的时间。在机器人执行过程中，利用 D * 算法性质可以实现路径点的重规划。

2. 基于 ROS 平台的轨迹规划仿真

基于 ROS 平台的轨迹规划仿真设计流程如图 6-41 所示。

将多关节机器人放置在一个需要避障规划的场景中，多关节机器人从相同的初始位姿规划到同一个目标位姿，使用 MoveIt 中常用的基于关节空间采样的方法进行对比，关节空间轨迹如图 6-42 所示，由于基于采样和基于搜索的算法都会使用关节空间随机采样算法，所以每次规划得到的关节轨迹都是不同的，同时在该类算法中，规划时间通常不确定，而在规划器调用时设置严格的规划时间将会导致规划失败，通常将规划时间设置在 2～3 s 以内。该类方法在规划多关节机器人关节空间时不需要考虑多关节机器人在 3 维空间中的路线，不会产生震荡，不需要考虑多关节机器人中的奇点位型问题。

在笛卡儿空间上使用轨迹规划算法，保证结果的次最优性的同时，还保证在机器人工作场景不变的情况下，每次规划产生的路径是相同的，生成如图 6-43 所示的关节轨迹。

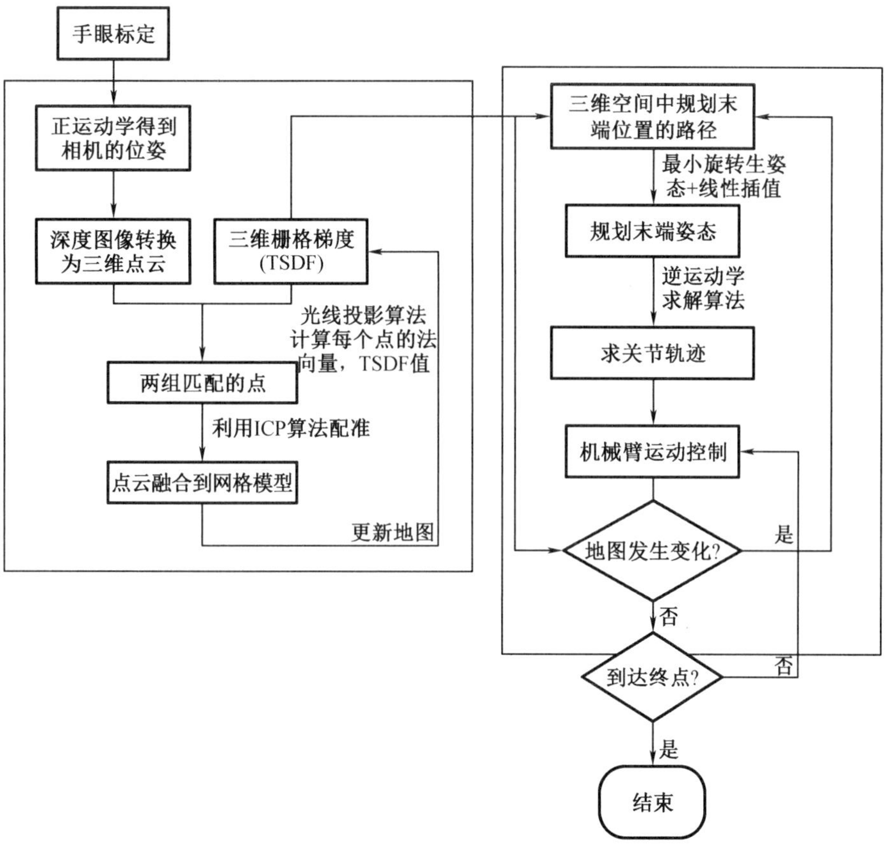

图 6-41　系统算法流程图

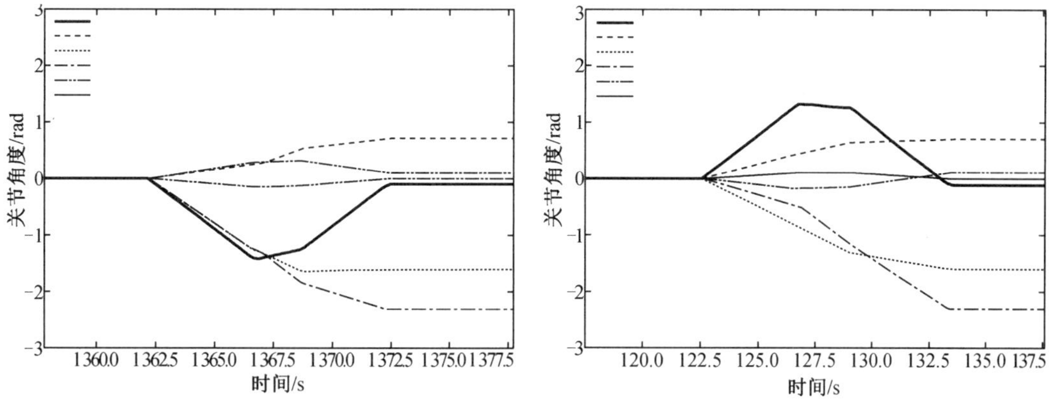

(a) PRM　　　　(b) PRM *

图 6-42　关节空间轨迹

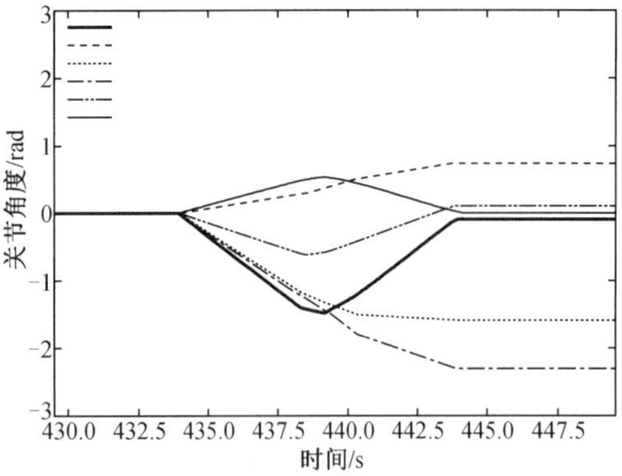

(c) PRT

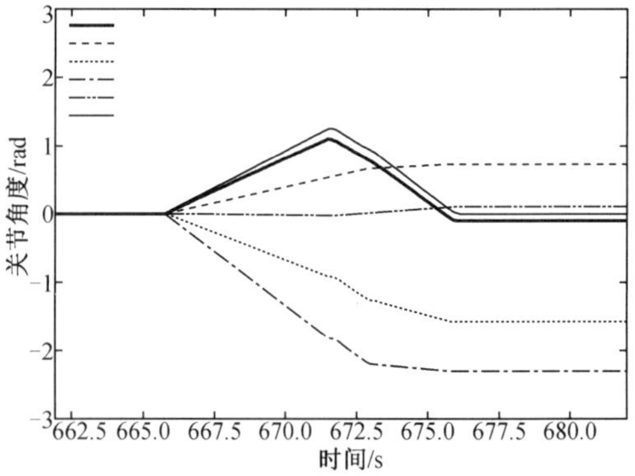

(d) RRTConnect

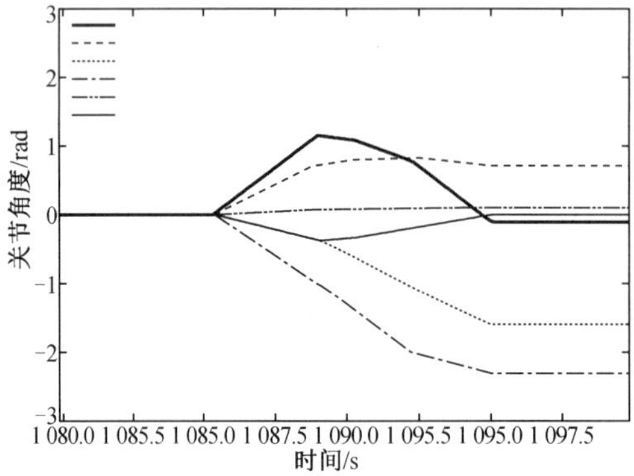

(e) RRT *

图 **6-42**(续)

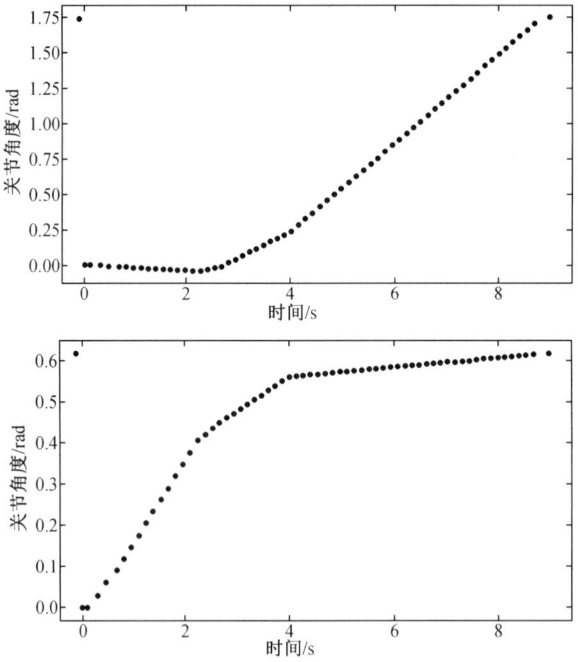

图 6-43　关节轨迹

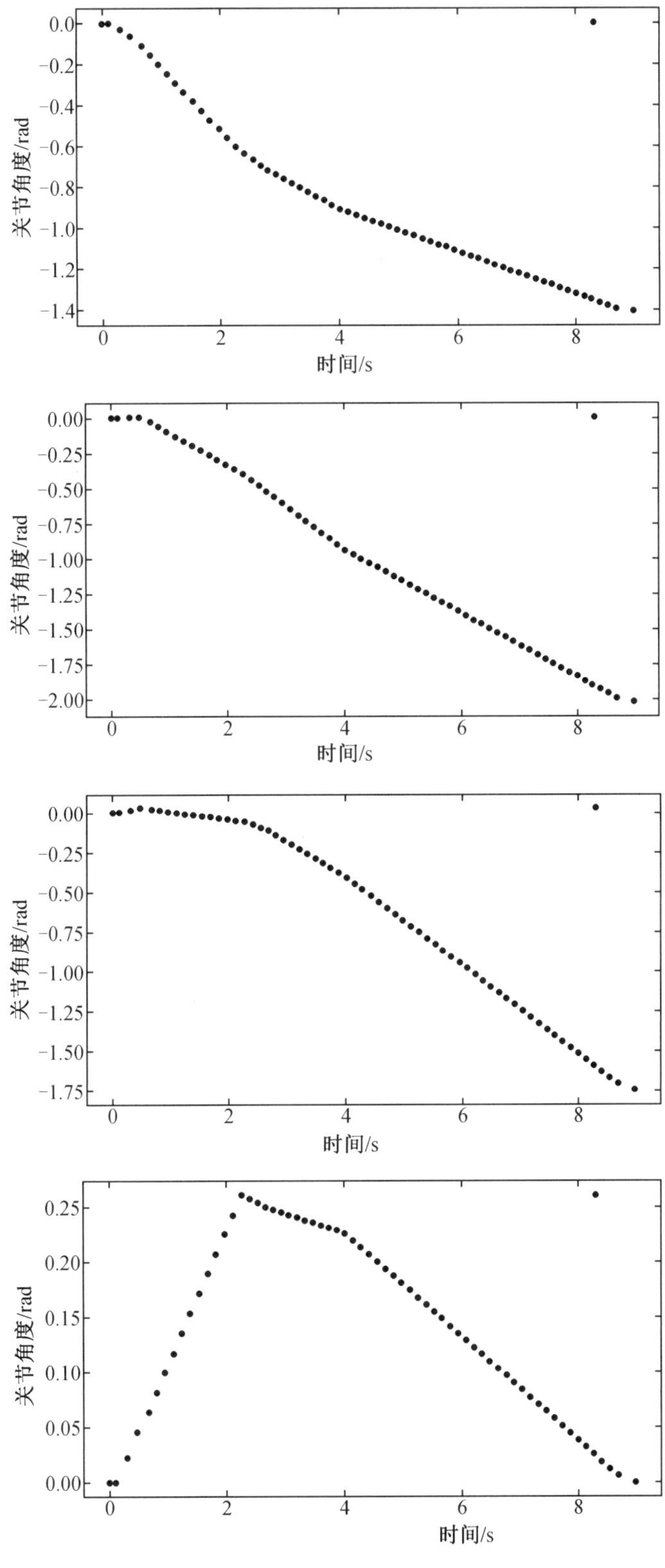

图 6-43(续)

对比两种方案,在关节空间中通常使用逆运动学计算目标点和途径点的关节角度值,设计一条合理曲线,平滑地连接各点,一般不检查机器人在笛卡儿空间中的合理性。而在笛卡儿系中的规划是在笛卡儿系中规划一条路径,使用逆运动学算法计算关节路径,进而设计合理的关节轨迹,显然该方法会频繁调用系运动学算法。

6.3.4 基于遗传算法的机器人避碰路径规划

碰撞检测技术是多关节机器人避碰路径规划的重要组成部分,其作用是判断工作环境中的多关节机器人自身或与环境物体是否发生碰撞,快速而精确的碰撞检测算法是避碰路径规划仿真系统成功的关键。复杂环境下,多关节机器人避碰路径规划要求多关节机器人的碰撞检测算法具有较高的检测效率和精度,并能适用于多关节机器人连续运动的情况。

1. 遗传算法介绍

遗传算法(genetic algorithm, 简称 GA)是一种模拟自然进化规律的智能优化方法,其主要依据自然选择和群体遗传学机理。遗传算法如今广泛地应用于机器人控制领域,如运动学逆解的求取、路径搜索、轨迹优化等。遗传算法的基本计算流程如图 6-44 所示。

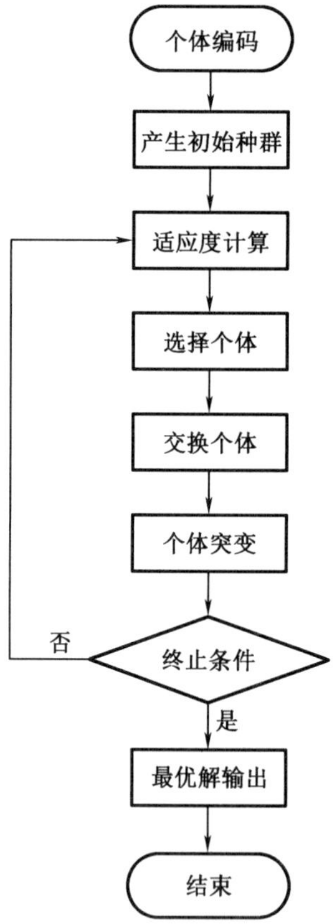

图 6-44 遗传算法基本计算流程

遗传算法应用广泛,不依赖于问题的复杂性,只与需要优化的指标有关,因此在设计遗传避碰方法的适应度函数时应该综合考虑各种指标。一般来说,遗传算法进行一次成功的搜索过程往往需要进行多次迭代，对于复杂环境下的机器人避碰路径规划而言，避碰路径规划的搜索时间取决于碰撞检测算法执行的执行次数，因此在设计避碰方法时应该尽量使碰撞检测运算次数降低，确保避碰路径规划的实时性。

2. 适应度函数的设计

避碰路径规划需要研究一种通用可靠的算法使多关节机器人运动过程中尽量平稳、安全、精确，平稳体现在机器人能够避免位移的突变、安全规定机器人在运动过程中不与障碍发生碰撞，精确要求算法的执行结果与用户期望一致。所以平稳、安全、精确一直是避碰路径规划需要重点关注的目标，多关节机器人避碰路径规划问题是一个多目标问题的优化模型。

下面设计遗传避碰算法的适应度函数，这里以 Reinovo 型六自由度多关节机器人为研究对象，工作空间存在若干个已知障碍物。设多关节机器人运动始末位姿已知，起始点为 s，目标点为 g。多关节机器人路径避碰路径规划的约束多目标问题描述如下：求解多关节机器人多目标优化问题的方法为：将多个子目标通过权值系数组合成一个单目标函数，权值根据问题的实际情况由决策者指定，或者将其加入到优化方法中自动，进而采用单目标优化方法进行求解。常见的方法有加权系数法、目标规划法、目标约束法等。

寻找可行路径 $\boldsymbol{P}=\boldsymbol{P}^*$，使得

$$F(\boldsymbol{P})=w_1f_1(\boldsymbol{P})+w_2f_2(\boldsymbol{P})+w_3f_3(\boldsymbol{P})+w_4f_4(\boldsymbol{P}) \tag{6-31}$$

式中　$F(\boldsymbol{P})$——避碰路径规划问题的适应度函数；

$w_i(i=1,2,3,4)$——各项指标对应的加权系数；

$\boldsymbol{P}=[p_1,p_2,\cdots,p_n]^{\mathrm{T}}$——决策向量，每一个分量 p_j 均对应一个路径点，若在关节空间中表示，p_j——关节转角组成的 6 维矢量；

$\boldsymbol{P}^*$——可行解，$p_j^*(j=1,2,\cdots,n)$——路径$\boldsymbol{P}^*$ 的经过点；

$F(\boldsymbol{P})$为目标函数，有多个子目标组合而成，其中 $f_1(\boldsymbol{P})$表示路径的安全性、$f_2(\boldsymbol{P})$表示多关节机器人沿路径运动时耗费的能量、$f_3(\boldsymbol{P})$表示多关节机器人末端运动的总长度、$f_4(\boldsymbol{P})$表示关节的位移限位。

遗传算法评价因素如下：

(1) 安全性 $f_1(\boldsymbol{P})$，表征多关节机器人沿轨迹 $\boldsymbol{P}$ 运动时碰撞次数，碰撞次数为

$$f_1(\boldsymbol{P})=f_{ob} \tag{6-32}$$

(2) 耗费能量 $f_2(\boldsymbol{P})$，表征多关节机器人沿路径 $\boldsymbol{P}$ 运动过程中所消耗的能量，对于 n 个中间路径点的六自由度多关节机器人，其能量为

$$f_2(\boldsymbol{P}) = \sum_{j=0}^{n} \sum_{i=1}^{6} \alpha_i [\theta_i^{j+1} - \theta_i^j]^2 \tag{6-33}$$

式中　$\theta_i^{j+1}-\theta_i^j$——多关节机器人相邻两路径点关节角度的变化；

α_j——多关节机器人各关节变化的权重，反映了多关节机器人各关节运动代价的比例关系。

(3) 总长度 $f_3(\boldsymbol{P})$，表征多关节机器人沿路径 $\boldsymbol{P}$ 运动过程时末端所经过的距离。

$$f_3(\boldsymbol{P}) = \sum_{j=1}^{n-1} |\boldsymbol{p}_j\boldsymbol{p}_{j+1}| \tag{6-34}$$

式中 $f_3(\boldsymbol{P})$——多关节机器人沿轨迹 $\boldsymbol{P}$ 运动时路径的长度；

$|\boldsymbol{p}_j\boldsymbol{p}_{j+1}|$——相邻两路径点的长度。

(4)关节位移限制 $f_4(\boldsymbol{P})$，$f_4(\theta)$ 代表多关节机器人沿路径 $\theta(t)$ 运动时关节角位移限制，对于 N 个中间路径点的六自由度多关节机器人，其代价为

$$f_4(\theta) = \sum_{i=0}^{N}\sum_{j=1}^{6}\beta_j[\theta_j^i - \theta_{j.m}]^2 \quad \theta_j^i \notin [\theta_{j.\min} \quad \theta_{j.\max}] \tag{6-35}$$

式中 $\theta_{j.\min}$，$\theta_{j.\max}$——关节最小和最大限位，当 $\mathrm{fabs}(\theta_{j.m}-\theta_{j.\max})<\mathrm{fabs}(\theta_{j.m}-\theta_{j.\min})$ 时，$\theta_{j.m}=\theta_{j.\max}$，反之取 $\theta_{j.m}=\theta_{j.\min}$。

3. 基于中间点的路径编码设计

多关节机器人运动的描述空间有两个，一个是任务空间，即以多关节机器人末端在笛卡儿坐标系下的运动量来描述多关节机器人的运行，另外一个则是关节空间，即以各关节运动分量描述多关节机器人的运动。任务空间中能够直观地描述多关节机器人的位置、姿态，方便用户控制或示教，完成任务的指定，缺点是多关节机器人末端位姿难以测量，并且任务空间向关节空间的转换不唯一以及任务空间的奇异性。多关节机器人避碰路径规划更多地在关节空间进行，一般来说，操作者首先在任务空间中给定避碰规划始末路径关键点的位姿初始值，然后通过运动学逆解求出关节空间下始末角度序列，得到关节空间中的始末关键点，然后在指定的角度范围中搜索中间关键点，根据这些关键点按照规定的方法复原出运动路径，进而利用遗传算法对路径进行优化。将任务空间转换到关节空间，避免了在任务空间规划导致的频繁逆解运算，降低了计算量。

路径编码即是对多关节机器人的解进行编码，根据上文分析，仅根据关键点即可实现全部路径构造。路径编码将在关节空间进行，根据作业情况确定任务空间始末位置的位姿序列，通过逆运动学解算出关节空间相应的始末位置角度序列，再计算出相应的过渡位置，由始末位置关节角度序列和过渡位置的关节角度序列一起组成了路径规划的关键点，关键点同样也是路径上的路径点。每个路径点将由六个关节转角构成的六维矢量表示，最终在遗传算法中采用的染色体的编码方式为

$$(\theta_1^1,\theta_2^1,\theta_3^1,\theta_4^1,\theta_5^1,\theta_6^1,\cdots,\theta_1^N,\theta_2^N,\theta_3^N,\theta_4^N,\theta_5^N,\theta_6^N) \tag{6-36}$$

如图 6-45 所示，染色体编码中的每一组角度矢量，均对应着多关节机器人的一种空间位姿，将若干个路径点通过插值算法连接，便可形成空间连续运动路径。当搜索过程不断调整中间点的位置时，可以得到符合避碰路径规划多目标优化问题的解。中间点个数 N 应选取适当，N 过大会导致搜索复杂，算法收敛速度变慢，N 太小将无法找到可行解，一般应根据规划任务的复杂性及规划实时性要求折中选取，这里取 $N=3$，由于每个中间点均在 6 维空间变化，因此编码后仍能保证多关节机器人具有较强的避碰规划能力。

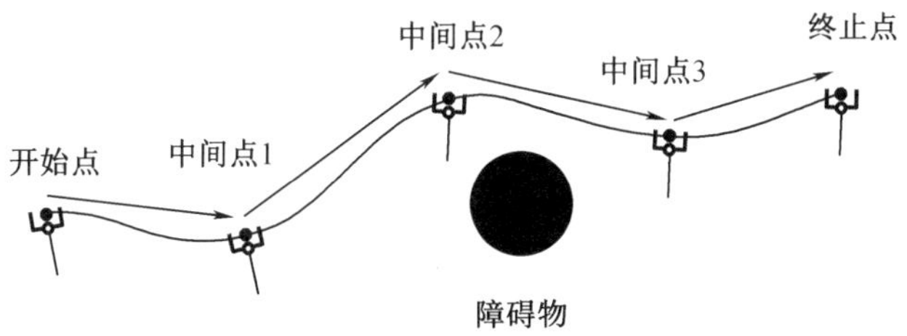

图 6-45　机器人避碰运动路径点示意图

编码过程中,各关节角度的搜索区间选择比较重要,在满足避碰需求的情况下应尽量控制每个中间点的分布范围。设给定的多关节机器人起点和终点对应的关节角度序列分别为$\{\theta_j^{\mathrm{START}}\}$、$\{\theta_j^{\mathrm{END}}\}$(如果起点及终点位姿在直角坐标空间给定,需用 4.1.3 节方法解出关节角度),那么各中间点分布中心可沿着$\{\theta_j^{\mathrm{START}}\}$、$\{\theta_j^{\mathrm{END}}\}$在六维角度空间连线上排列,计算方法如下:

$$\theta_j^i=\theta_j^{\mathrm{START}}+(\theta_j^{\mathrm{END}}-\theta_j^{\mathrm{START}})\times \mathrm{search}^i+\delta_j^i\times p_j/p_{\mathrm{MAX}} \tag{6-37}$$

式中　θ_j^i——第 i 个路径点第 j 个角度;

$\theta_j^{\mathrm{START}}$、$\theta_j^{\mathrm{END}}$——起始点及终止点对应的第 j 个角度;

search^i——路径点分布系数,当其取值在 0 到 1 间变化时,表示中间点的分布中心在六维空间连线上分布;

δ_j^i——θ_j^i 的角度搜索范围,决定了多关节机器人避碰规划时能够绕行的空间区域大小;

p_j——θ_j^i 所对应二进制串代表的十进制数;

p_{MAX}——θ_j^i 所对应二进制串能代表的最大十进制数,若 θ_j^i 由 K 位二进制串$(q_0,q_1,\cdots,q_K)$表示,则有

$$\begin{cases}p_j=(q_0,q_1,\cdots,q_k)_2=\left(\sum\limits_{k=0}^{K}q_{jk}\cdot 2^k\right)_{10}\\ p_{\mathrm{MAX}}=2^K-1\end{cases} \tag{6-38}$$

编码时每个关节对应的角度变化范围 δ_j^i 及二进制串长度 K 可以不相同,对于 Reinovo 型多关节机器人,前 3 关节变化时对机器人末端位置变化影响较大,因此对前 3 关节取 $\delta_j^i\in[-50°\quad 50°]$,每个角度占 2 个字节(16 bit),后 3 个关节取 $\delta_j^i\in[-30°\quad 30°]$,每个角度占 1 个字节(8 bit)。

4. 基于线性插值的路径解码设计

路径解码就是根据中间点还原一条连续运动路径,并且保证路径的唯一。路径设定的开始点、结束点以及 N 个中间点构成 N+2 组六维位姿矢量,本书需要依次连接相邻的两个矢量构成子路径片段,最终连接各子路径还原整个路径。针对任意给定的两个位姿,本书将推导出路径片段的还原方法。

采用关节空间线性插值方法,采用随时间连续变化的关节变量 $\theta(t)$ 描述机器人的运动路径,$\theta(t)=\{\theta_j^{i,i+1}(t)\mid 1\leqslant i\leqslant N,1\leqslant j\leqslant 6\}$,其中 $\theta_j^{i,i+1}(t)$ 为机器人从第 i 个路径点到第 i+1 个路径点的连续路径。若已知两路径点关节角度序列$\{\theta_j^i\}$和$\{\theta_j^{i,i+1}\}$,$\theta_j^{i,i+1}(t)$计算方法如下:

$$\theta_j^{i,i+1}(t)=\theta_j^i(t)+[\theta_j^{i+1}(t)-\theta_j^i(t)]t/t_f^{i,i+1} \tag{6-39}$$

式中　$t_f^{i,i+1}$——从第 i 个路径点到第 $i+1$ 个路径点运动最长时间,为使多关节机器人各关节能同步运动,$t_f^{i,i+1}$ 采用下式求取:

$$t_f^{i,i+1}=\max\left\{\frac{|\theta_j^i-\theta_j^{i+1}|}{w_{j.\max}}\right\},1\leqslant j\leqslant 6 \tag{6-40}$$

其中　$w_{j.\max}$——每个关节允许转动的最大角速度。

5. 基于遗传算法的多关节机器人避碰路径规划方法

基于关节空间内遗传算法的多关节机器人避碰路径规划方法流程图如图 6-46 所示。其中多关节机器人运动情况下的碰撞检测过程是:先对包含 3 个中间点和起始、末端路径点在内的 5 个路径点进行插值,然后针对相邻路径点构造离散轨迹包围盒,进而判断构造轨迹包围自身或与环境的碰撞检测,如图 6-47 所示。

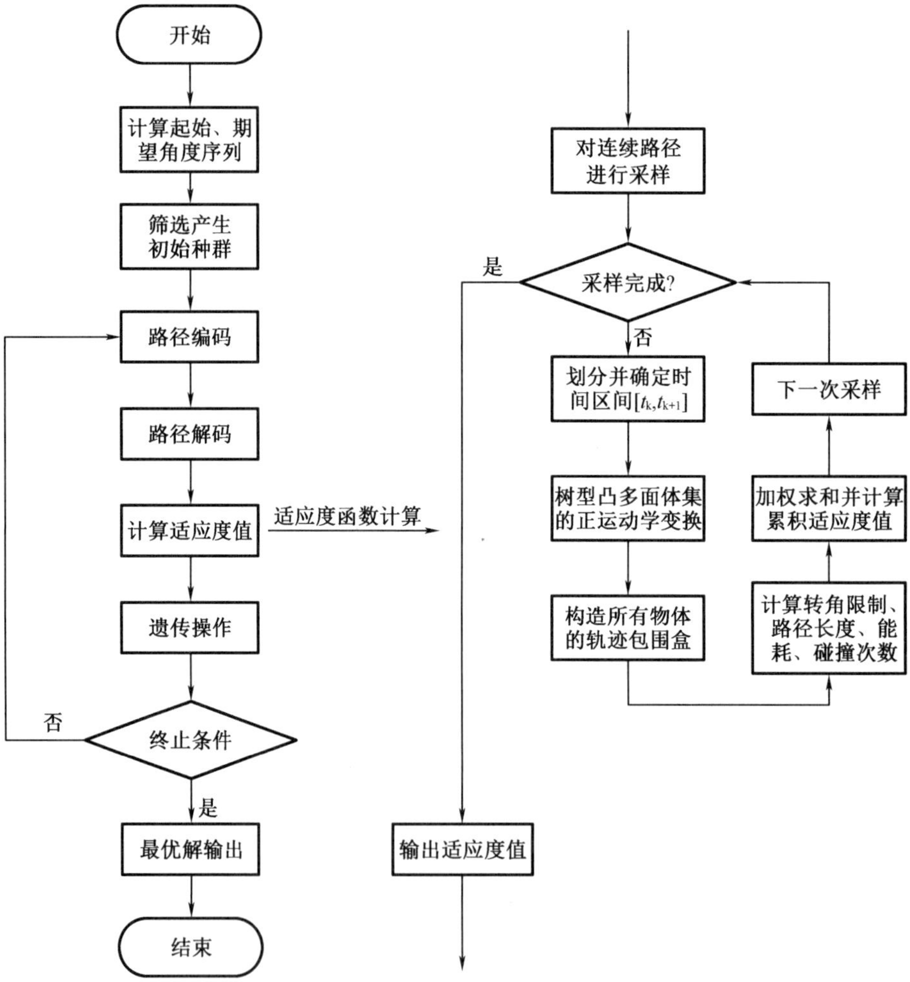

图 6-46　基于遗传算法的多关节机器人路径规划方法流程图

这里提出基于遗传算法的多关节机器人路径规划方法,步骤如下:

Step1:计算起始、期望角度序列。根据任务要求确定多关节机器人起点、终点位形的位姿矩阵,利用逆解方法求解出起点、终点的关节角度,对于多解情况,可根据适应度函数中对碰撞、限位的约束项,选出最适合的期望角度序列。

Step2:筛选产生初始种群。根据关节自由度数、路径点数,每个关节自由度数对应的字节数确定染色体的串长,并利用随机生成法产生 K 倍于当前种群大小的"种群池",然后计算每个染色体的适应度值,从"种群池"中筛选出适应度值较大的染色体组成初始种群,设初始迭代次数 $k=0$。

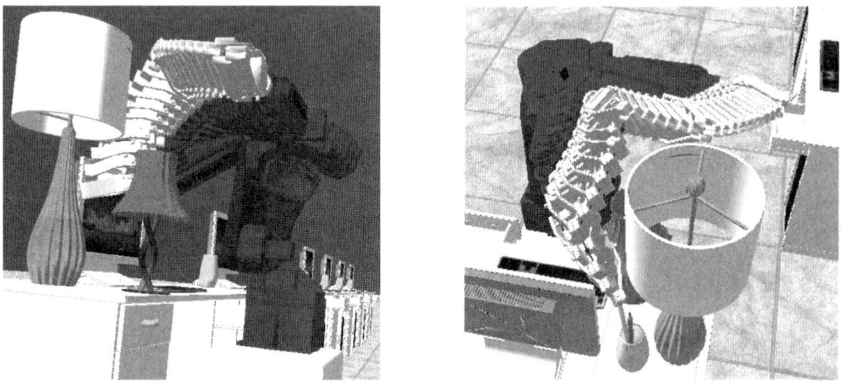

(a)离散碰撞检测场景一　　(b)离散碰撞检测场景二

图 6-47　多关节机器人离散碰撞检测示意图

Step3:路径编码。对 N 个中间点编码,并得到 N 个中间点的关节角度序列。

Step4:路径解码。根据起始、期望和 N 个中间点角度序列还原出一条连续路径。

Step5:计算适应度值。计算 Step4 中连续轨迹的适应度值。

Step6:遗传操作。遗传算法的常见操作包括选择、交叉、变异等。选择:每次随机地从种群中挑选一定数目的个体,并将其最好的作为父个体;交叉:父染色体采用离散重组方法实现相互交叉;变异:交叉后的染色体采用实值变异方法进行突变成为新的染色体,上述三项遗传操作将旧染色体转换为新的染色体,实现了种群的更新。

Step7:循环条件。若 $F(\theta)\leqslant F_{\min}$,则 flag = 1,转 Step8;若 $k\geqslant k_{\mathrm{MAX}}$,则 flag = 0,转 Step8;否则 $k=k+1$,转 Step3。当优秀个体满足一定指标或迭代一定代数后,将所得的最优个体按照 4.3 节内容进行解码,最后还原整个路径。

Step8:若 flag=0,输出"k_{MAX} 次迭代未能满足指标";若 flag = 1,输出"经过 k 次迭代满足指标",并规划一条满足指标的无碰撞路径;本次遗传操作结束。

参考文献

[1] 张智,邹盛涛,董然. 复杂环境建模与机器人避障规划研究[J], 哈尔滨工程大学学报, 2016,37(10): 1373-1380.

[2] HOSKE, MARK T. ROS Industrial aims to open, unify advanced roboticprogramming[J]. Control Engineering,2013,60(2):20.

[3] MONTIEL O,OROZCO-ROSAS U,SEPÚLVEDA,et al. Path planning for mobile robots using Bacterial Potential Field for avoiding static and dynamic obstacles[J]. Expert Systems With Applications,2015,42(12):5177-5191.

[4] 厉进步. 基于多构型的双臂机器人运动能力研究[D]. 哈尔滨:哈尔滨工程大学, 2017.

[5] MOHAMED ELBANHAWI,MILAN SIMIC. Randomised kinodynamic motion planning for an autonomous vehicle in semi-structured agricultural areas[J]. Biosystems Engineering, 2014,126(1):30-44.

[6] 刘钲. 机器人目标位置姿态估计及抓取研究[D]. 哈尔滨:哈尔滨工程大学, 2019.

[7] MERAT F. Introduction to robotics: Mechanics and control[J]. Robotica and Automation,1987,3(2):166.

[8] WEI K,REN B Y. A method on dynamic path planning for robotic manipulator autonomous obstacle avoidance based on an improved RRT algorithm. [J]. Sensors(Basel, Switzerland),2018,18(2):71.

[9] YU S H,YU X H,SHIRINZADEH B,et al. Continuous finite-time control for robotic manipulators with terminal sliding mode[J]. Automatica,2005,41(11):1957-1964.

[10] CHETTIBI, TAHA. Smooth point-to-point trajectory planning for robot manipulators by using radial basisfunctions[J]. Robotica,2018,37(3):539-559.

[11] 邹盛涛. 复杂环境下机械手自主避碰路径规划[D]. 哈尔滨:哈尔滨工程大学, 2015.

[12] NEWCOMBE R A, IZADI S, HILLIGES O, et al. KinectFusion: Real-time dense surface mapping and tracking[C]// 2011 10th IEEE International Symposium on Mixed and Augmented Reality. IEEE Computer Society, 2011.

[13] FRASER C S. Automatic camera calibration in close range photogrammetry[J]. Photogrammetric Engineering & Remote Sensing, 2013, 79(4):381-388.

[14] ZHANG Z Y. A Flexible New Technique for Camera Calibration[J]. IEEE Transactions on Pattern Analysis and Machine Intelligence, 2000, 22(11):1330-1334.

[15] LEPETITV, MORENO-NOGUER F, FUA P. EPnP: an accurateO(n) solution to the

PnP problem[J]. International Journal of Computer Vision, 2009, 81(2):155-166.

[16] PAN J, CHITTA S, MANOCHA D. FCL: A general purpose library for collision and proximity queries[J]. Proceedings - IEEE International Conference on Robotics and Automation, 2012:3859-3866.

[17] 李伟. 未知环境下机械手动态场景建图与轨迹规划[D]. 哈尔滨:哈尔滨工程大学, 2021.

[18] EKEKRANTZ J, FOLKESSON J, JENSFELT P. Adaptive Cost Function for Pointcloud Registration[J]. 2017:10.

[19] COHEN-STEINER D, DA F. A greedy Delaunay-based surface reconstructionalgorithm [J]. Visual Computer, 2004, 20(1):4-16.

[20] MUR-ARTAL R,MONTIEL J M M,TARDOS J D. ORB-SLAM: A Versatile and Accurate Monocular SLAM System[J]. IEEE Transactions on Robotics, 2015, 31(5):1147-1163.

[21] QIN T, LI P L, SHEN S J. VINS-Mono: A robust and versatile monocular visual-Inertial stateestimator[J]. IEEE Transactions on Robotics, 2018,34(4):1004-1020.

[22] 张智, 邹盛涛, 李佳桐, 等. 六自由度机械手三维可视化仿真研究[J]. 计算机仿真, 2015, 32(02): 374-377,382.